DRONE WARS

「無人戦」の世紀

セス・J・フランツマン
SETH J. FRANTZMAN
安藤貴子／杉田 真 訳

軍用ドローンの黎明期から現在、AIと未来戦略まで

原書房

「無人戦」の世紀

軍用ドローンの黎明期から現在、ＡＩと未来戦略まで

目次

ダニエルとアミットに捧げる

プロローグ

コンクリートの階段はパニックになりそうなほど狭い。下からは銃声が聞こえる。ここはモスルにある3階建てビル。屋上に続く小さな扉の向こうでは、ブンブンという音が止むことなく続いている。そしてどこか離れた場所では、マットレスの陰や階段に隠れて、ＩＳＩＳのスナイパーがこちらの動きを注視している。イラク軍の少佐はそう言うと、路地から丸見えになる壁と壁のあいだをすばやくすり抜けて階段を駆け上がれと、3人の兵士に合図を送った。２０１７年、イラクでの出来事だ。

私たちは追われていた。数時間前、アメリカ海軍の後方支援を受け、豊富な弾薬や高機動多機能装輪車(ハンヴィー)や多数の将兵とともにモスル市内に入ったとき、私たちは追う側だった。だが、敵はここで待ち構えていた。手榴弾や迫撃砲で武装した、地下工場製のクワッドコプター・ドローンをはじめ、ＩＳＩＳが繰り出す安価な武器の破壊力は大きかった。建物や乗り物にしかけられた偽装爆弾も同様だ。なかでも、数年たった今でも私の耳にはっきり残っているのが、ＩＳＩＳが飛ばしたドローンのうなるような音だ。遠くの爆発の残響や戦場で聞こえるさまざまつまりドローン戦争の幕開けを知らせる音だ。

それまで、ドローンの脅威はきわめて非現実的で遠いことのように思われていた。2017年、私たちは仮設のイラク基地にいた。小さな丘の上に建つ平屋の家を、兵士の潜伏場所に作り変えたものだ。周りをコンクリートの壁で囲まれた庭で、ひとりのイラク軍兵士がプラスチック製の黒い椅子に腰かけて編み上げブーツの紐を結んでいた。ブーツの色はカーキ。靴底はところどころ泥で汚れている。足首にしっかりと固定するため、兵士はいちばん上の留め金に紐を巻きつけてきゅっと引っ張った。彼は危機に対応するイラクの陸軍部隊、緊急対応部隊(ERD)に所属している。今日を含めこの数週間、ERDはモスル市の西端まで辛抱強く前進を続けてきた。ISISの恐怖から街を奪還するための攻撃は、5か月続いていた。

私がモスルに来たのはある約束のためだった。2014年にISISはシリアとイラクにまたがる地域を制圧し、ここモスルで「カリフ国家」の樹立を宣言して少数派の大虐殺を始めた。モスルまでの道で目にした、ニネヴェ平原に点在するかつてキリスト教徒が多く暮らしていた町や村の荒廃ぶりが、ISISの破壊行為のすさまじさを物語っていた。カラコシュでは教会は燃やされるか爆弾工場と化し、十字架は叩き壊されていた。いくつかの村では、民家が小さな要塞に姿を変えていた。地下にはトンネルが掘られ、壁は壊されて、戦闘員が米軍のドローンに見つかることなく部屋から部屋へと移動できるようになっていた。

モスルではイラク軍がISISを追い詰めていた。周囲を取り囲むイラク軍兵士は6万人。対する聖戦士（ジハーディスト）の数は５０００。２０１６年秋、イラクのテロ対策部隊の特殊部隊は市街戦で敵を後退させた。そして２０１７年春、西モスル解放の任務を負うイラク軍部隊の従軍ジャーナリストとして、私はモスルにいた。モスルの戦闘は恐ろしいまでの激戦で、部隊は米軍から支給されたハンヴィーを何台も失った。その年の3月、私たちは死と隣り合わせだった。モスルが解放されるときはイラク人とともにその場にいる。そう私は誓っていた。単なる想像だが、もし正義がなされるのをこの目で見ることができるなら、１９４５年のベルリンにいるような気がするのかもしれない。

ブーツをはいた兵士は豊かな黒髪を短く刈り上げている。彼はクロアチア製ＶＨＳ－Ｄ2ライフルを肩にかけた。ブルパップ式で弾倉が引き金の後ろについていて、どこか未来を思わせる形状をしている。これから向かっていく戦闘にうってつけのライフルだ。２０１７年1月以降、ＩＳＩＳによるイラク軍へのドローン攻撃は激化していた。ドローンはその姿をほぼ毎日確認された。ＩＳＩＳは各地に工場を建て、市販の民生用クワッドコプター・ドローンに改造を施した。完成したのは4枚の小さい回転翼をもち、上空から人を死に陥れるドローンだ。ＩＳＩＳはそれに手榴弾と迫撃砲を搭載したほか、攻撃の様子を撮影したり、偵察を実行したりするのにも活用した。

ドローンの脅威にはなすすべがなかった。兵士らは空に向かって銃弾を発射するも、90メートル上空を飛行する前腕ほどの大きさのドローンを撃ち落とすのは至難の技である。イラク軍とアメリカ主導の連合軍は電波妨害（ジャミング）を試みた。アンテナのついた大きなおもちゃの水鉄砲にも見える、奇抜な形をしたジャミングガンが部隊に提供された。だが、ジャミングは不定期に行われただけで、新兵はもちろん、多くはこの銃の使い方の訓練を受けていなかった。

3月下旬のその日、車でモスルに向かう私たちはドローンからの攻撃に対して丸腰だった。上空を常にドローンが飛び交い、その数は狙撃兵や迫撃砲の数よりも多く、どこからともなくまたたく間にやってくる。モスルに行くために、私たちはＩＳＩＳに破壊され墓地に多数の遺体が遺されたハマム・アル・アリルの街から、野原や牧草地を通り荒廃したモスルの空港まで車を走らせた。空港の西のはずれに建ち並ぶ工場は、さながら終末世界の様相を呈し、荒れ果て、窓という窓は壊され、鋼桁の腹板からはコンクリートの塊がぶらさがっていた。私たちの乗ったＳＵＶは、イラク軍のハンヴィーと、ＥＲＤ部隊を乗せた迷彩柄を施したバンの後ろをついていった。このあたりは先週解放された地域だ。兵士たちがかける宗教的バラードが流れている。音楽とエンジン音を聞いていると、心が落ち着いた。しかしその音か止むと、「パン、パン」という銃声が耳に入ってきた。すると、ブーツをはいた兵士より背の高い、親しみやすい第一印象のＥＲＤ将校が、首をかしげながら言った。「ドローンか？」

ブンブンとうなるような音が遠くに聞こえる。私たちがいたのは、中央分離帯のあるかつての広い幹線道路と、2階建てメゾネット式アパートが並ぶ地域のほうに延びる道路の交差点。音は近づき、やがて遠ざかっていった。私たちは空を見上げた。それはどこかにいた。ドローンだ。味方か、それとも敵か。誰にも知る由はない。「常に道路の端を歩くように」。イラク軍兵士のひとりがそう言った。私たちは道に沿って歩いた。途中家電や園芸用品を売る店の横を通り過ぎたが、どこにも人の気配はなかった。数ブロック歩いてようやく、狭い路地に出た。路地と交差する場所には兵士の手によって幕が張られていた。

あちこちの路地にはマシンガンの音が絶えず反響していた。ＩＳＩＳがブロックの片側を、イラク軍が反対側を制圧していた。路地を横切るときは、狙撃されないよう全速力で走り、家の2階に続く小さな木製のはしごを上らなければならない。それから、爆発で開いた穴を通って2階に、そして屋上に向かう。私はダッシュし、上り、腹ばいになって穴をくぐり、雑然とした部屋の中をかき分けて、中央の階段まで進んだ。階段のてっぺんでは、イラク軍将校が上と右を指さした。そこに狙撃兵がいるのだ。上を指す指はドローンがいるという意味でもあると思った。

その日、私たちは狭苦しい階段から無傷で脱出した。ＥＲＤ兵士のひとりが建物の屋根からロケット推進手榴弾を放つと、その隙に私たちは、狙撃兵から姿を隠すために装飾のついたブランケットが張られた入り組んだ路地まで戻った。ＩＳＩＳが後退するなかドローンは殺傷行為を続け、数カ月ののちにようやくモスルは解放された。イラク軍とアメリカ主導の連合軍は独自のドローンを活用してＩＳＩＳを追いつめ、彼らのドローン製造工場も破壊した。ドローン戦争はすでに始まっていた。

それから数日間、イラクのクルド地域のエルビルにある狭いアパートの部屋で、私は安堵と同時にストレスを感じていた。戦争を変えるために未来からやってきたかのような、あの機械はいったい何なのか？　『ブレードランナー』のリメイク版や『ターミネーター2』の続編など、ドローンはさまざまな映画に登場している。悪役だったり、ときには味方だったりする。そして

屋根の上の兵士（2017年3月モスルにて）。ISISのドローン攻撃が止み、イラク軍兵士はモスル旧市街の戦いに備え屋根の上に大型兵器を置くことができるようになった。だが彼らは常に上空監視を怠らない。（セス・J・フランツマン）

国家とテロリスト集団による今日のドローン戦争は、急速な広がりを見せている。シリアからリビア、アフガニスタン、イラン、カシミールまで、ドローンはあらゆるところに存在し、主要な紛争の当事者の誰もがこれを活用しているのだ。

では、どのようにしてここまでに至ったのだろうか？　ドローン技術の未来とはどんなものなのだろう？　ドローンが代わりになるなら、数百万ドルもする戦闘機はもう不要なのではないか？『トップガン』の次回作では、パイロットはネヴァダ州の操縦席に座り、1万3000キロ離れた敵のドローンを撃ち落とすのだろうか？

ISISとの戦い以降の世界を振り返ってみれば、戦争の次の主役はドローンと無人化技術、ガジェットを満載した「自律型兵器システム」であることは明白だ。子供のころ、私は映画『エイリアン』の世界に魅了された。映画にはこれから私たちが向かっていく先を描いたシーンがいくつかある。兵士たちはネットワークによってひとつのコンピューター・スクリーンにつながっていて、スクリーンにはそれぞれの現在地が映し出される。戦闘機と銃は遠隔操作され、人間がいなくても自らねらいを定めて攻撃対象（ターゲット）を撃つ。

リビアやシリアで、そしてアメリカとイラン、イランとイスラエルの紛争ですでに目にしているドローン攻撃は、世界を急激に変えようとしている。アメリカと中国はより多くのテクノロジーと武器を搭載したドローンの生産増強を急ぎ進めている。これはさながら、人間が複葉機から爆弾を放り投げていた時代から、第2次世界大戦における戦略的爆撃、ドイツ戦艦ビスマルクの撃沈に至る空軍力の変遷が一気に起こったかのような、まさに革命である。軍司令官や政府に新たな可能性をもたらすという意味で、ドローンは「破壊者」だ。現在のところ、ドローン活用の目的は偵察と標的空爆に限られている。だが、ドローンがそうしたニッチな役割にそう長くとどまるはずがない。軍は今分岐点に立っている。特殊部隊が使う小型の戦術ドローンや、F-16戦闘機規模の大型ドローンなど、今後全部隊で何機ドローンを保有するかを決断すべきときが来ているのだ。市民が戦争の犠牲者の数を抑えることを望む現代、人間の命と違って使い捨て可能なドローンは、人が足を踏み入れずとも、ソマリアやアフガニスタンの国境で永遠に戦い続けることを可能にする。

モスルから戻った私は、そうした戦争、すなわちドローン戦争が戦争の新たな形なのか、ドローンがどこまで実戦に耐えうるものなのかという疑問の答えを見つけようとした。新たなテクノロジーを活用するのなら、それはゲームチェンジャーでなければならないし、戦うのは同等のテクノロジーを有する敵だろう。時を同じくして、アメリカの国家安全保障戦略に変化が生まれ、ドローン開発を巡る競争では中国をはじめとした国々が台頭してきた。

はじめに

恐怖の街

ドローンはそこかしこにある。2020年1月、コロラド州に出現した謎のドローン編隊が農民たちを恐怖に陥れ、次に何が起きるのか人々は不安におののいている。原子力発電所の近くを飛行すれば、数百、数千万の人に脅威を与えかねない。中東では2020年に、アメリカがイランの重要人物カセム・ソレイマニ司令官をドローン攻撃により暗殺した。ドローンはシリアからアゼルバイジャン、リビア、イエメンに続く戦場の様相を変貌させている。

ドローンの主要ユーザーである軍や治安当局向けの無人航空機(UAV)市場も拡大を続けている。2020年までに使用された軍用ドローンの数は2万機を超えた。かつてアメリカやイスラエルといった限られたハイテク軍隊だけのものだったドローンは、今やトルコ、中国、ロシアでも生産されており、台湾のような小さな国の軍用ドローン市場への参入も見込まれている。ドローンはビジネス規模も大きい。2019〜2029年に軍用ドローンに投じられる額は960億ドルにのぼるとみられる。海軍が攻撃を受けやすい巨大な戦艦からより動きの速い艦艇に主眼を移したのと同じように、軍がドローンにかける費用は早晩戦車の額を抜くだろう。テロリストも民生用ドローンを調達し、手榴弾や爆弾を搭載するなどして軍事利用している。ジェット推進革命、ライフルの開発にも匹敵する、今が軍事史におけるターニング・ポイントなのだ。

本来最先端のトピックでありながら、ドローンについての理解は十分でない。ドローンは非現実的で、その使用は倫理に反するとみなされている。顔のない悪魔のマシンが上空から死をもたらし、姿の見えない人間が他人の命をその手に握っているイメージを想起させるからだろう。『トップガン』のトム・クルーズとはだいぶ違うが、ドローン・オペレーターは自らをパイロットと呼ぶ。

本書ではテンポよく話を進めながら、ドローン戦争の歴史、現状、先駆者、テロリストについて掘り下げていきたい。軽量の無人機を抱えて丘に上り、レバノンに飛ばしたイスラエル兵士、最重要テロリストを追跡するアメリカの「攻撃チーム」のオペレーター・ルームなど、さまざまな場面を通して語られるのは人間、そして機械だ。個人的な経験のほか、さまざまな国、テクノロジー分野、そして私たちの生きる、拡大を続けるドローン帝国のオペレーターや司令官、内部関係者とのインタビューが、この1冊に盛り込まれている。ドローンの歴史をくまなく網羅しているわけではないが、主要なテクノロジーの影響力とドローンの魅力的な活用方法に目を向けている。各章では無人航空機の新しい利用方法についても検討する。取りあげるテーマは標的暗殺、監視、テロ、将来的な用途など。広範囲にまたがる背景事情をカバーする包括的な内容を裏づけるのは、各種業界のプレーヤーや活動家やイノベーター、さらにはドローン戦争の幅広い領域に携わる人々とのインタビューだ。

本書のリサーチの過程で、私は元アメリカ陸軍中央軍司令官で元CIA長官のデイヴィッド・ペトレイアス、ジョージ・W・ブッシュ政府高官で、ビン・ラディンの追跡にかかわったダグラス・フェイス、アフガニスタン駐留のイギリス軍司令官リチャード・ケンプ、元アイルランド特殊部隊将校、国防総省(ペンタゴン)高官、およびアメリカ空軍将校、リビアのドローン・オペレーター、ISIS被拘禁者、クルド人兵士らと話をし、連絡を取り合った。そのほか、アメリカのロッキード・マーティン社の専門家や、イスラエル初のドローン開発を支えた技術者をはじめイスラエルの防衛企業の専門家、〈ブラックホーク〉のパイロット、戦術ドローンを最初に使用したアメリカ州兵、軍用ドローンの拡散と戦う専門家、イランの極秘ドローン計画の専門家、戦争を一変させる人工知能に注目する研究者からも話を聞いた。

最初に焦点を当てるのはイスラエルとアメリカ――ドローン開発の主要な先駆者――だが、そこには私が中東で遭遇したドローン体験も反映されている。本書は軍事目的(監視および殺戮)だけでなく、小型化、高速化、高性能化という、ドローンにまつわる課題についても目を向ける。また、ドローンが戦闘機に取って代わり、群(スウォーム)として使用できると推測した理論家たちにスポットライトを当てる。ベースにあるのは、山岳地帯へのトルコ軍のドローン攻撃を回避したいイラクのクルド人、イランによるドローン・スウォームの撃退計画を立てている防空当局者とのインタビューだ。

ドローンの未来はすでに私たちの手の中にある。数日間連続飛行させる技術や長距離ミサイルを装備させる技術はもう現実のものだ。ジャングルで催涙ガス投下ドローンの監視に利用できる超小型ドローンもある。今日、各国が直面している問題は次のふたつだ。まず、ドローンには成功している既存の「プラットフォーム」がある。軍は新しいプラットフォームの設計に時間がかかる傾向にあるため、F-16戦闘機、M-16ライフル、主力戦闘戦車、駆逐艦を開発したら、それを何十年間も使い続ける。〈プレデター〉モデルのドローンを保有しているなら、その大型化と高速化、そして多くの武器弾薬やレーダーやカメラをそれに搭載することだけを考える。つまりプラットフォームに「センサー」を追加するだけなのである。したがって最初の問題は、次のドローン革命以前に軍がボトルネックに直面していたことである。これからその経緯を見ていくことにしよう。なぜ、よりステルス性能の高いドローンがないのか？　なぜ欧州各国が民間や外国の領空を監視するドローンを設計するのに10年以上もかかっているのか？　なぜアメリカはドローンを輸出せず、じわじわ迫ってくる中国をただ指をくわえて見ていたのだろう？　そうしたすべての根っこは古いプラットフォームを変えず、未来を考えようともしない保守性にある。

第2の問題は、軍が自らの手中にある力を十分に認識していないことだ。未来学者が、いずれ空は空飛ぶ車のような無人機でいっぱいになると予測していたにもかかわらず、現場の指揮官たちはそれらを飛ばすことを拒んできた。テロ対策担当の指揮官によると、警備担当エリアは広大なのに部隊が保有するドローンはわずか数機であるという。いったいなぜ？　その答えは予算とビジョンの欠如にある。つまり、軍にはドローンに対し先見の明のある人物がいないのである。パットン将軍やロンメル元帥といった1930年代の戦車指揮官のように、ドローンの存在に革命を見てとれる人物が。第1次世界大戦前に戦艦が大艦巨砲化したときのように、ドローンが持つ力を予測できる指揮官が。数万機のドローンを製造し、全師団に配備して戦場をドローンだらけにしようと決めた国はない。むしろ軍の関心は精密照準爆撃に向き、調達するドローンにテクノロジーを満載するよう求めた。その結果、価格が数億、数十億ドルに跳ね上がった。典型的な事例をひとつ。NATOがアメリカの監視用ドローン、〈グローバルホーク〉を調達するまでには数年を要し、たった5機の購入価格はおよそ15億ドルだった。

見てきたように、ドローン革命を起こすにはこうした二重のハードルを克服しなければならない。小さな突破口の兆しは見え始めている。イランがドローン・スウォームを使用したことにより、西側諸国は防空技術をあらためて考え直さざるをえなくなった。トルコの安価なドローンがロシアの防空システムを叩きのめしたリビアの内戦は、ドローンで即時に空軍を編成し戦場を一変させることが可能であると証明している。

この数十年のあいだ、ドローン戦争にまつわる予測がいくつも生まれては消えていった。ぬか喜びしては行き詰まり、またもや間違った予測がなされるの繰り返しだったのである。陸軍がドローンとの戦争に突入し、最も高性能のドローンと防空技術を有する者が勝利を収める時代が目の前に迫っている。しかし、ドローン対ドローン戦争が現実になるまでの道は長い。戦争に使用され撃ち落とされるドローンの数は、2020年までに年間数機から数百機にふくれあがった。それなのに、私たちはいまだに複葉機と初期の戦車の時代にとどまり、ドローンはその潜在能力を十分に発揮していない。この本では、なぜそうなったのか、いつ、どのような形でターニング・ポイントが近づいてくるのかを検討していく。

今日の指揮官たちは過去に囚われている。彼らが育ってきた時代には、タブレットもドローンもなかった。彼らが受けたのは１９９０年代の戦争に向けた訓練だった。若い世代が大将になるころには、各小隊にドローンを飛ばすオペレーターとタブレットを配置し、多層防御システムの一貫してドローンを飛ばし、敵のスウォーム攻撃と戦う防空技術を利用可能にするという願望は実現するだろう。そのためにはまず、ドローンがどのようにして誕生したかを知る必要がある。

すでに起きているドローン戦争を理解するため、私はまず自分自身でドローンを体験することにした。１９９０年代のことだが、私は無人航空機システムおよびテクノロジーの進歩と、それがいかに戦争の未来を変えるかが考察された文献を読んだことがあった。その後２００９～２０１４年のガザ地区におけるイスラエルの紛争では、ドローンが戦場で日常的に使用されるようになる様子を目の当たりにした。イラクとウクライナでもドローンは使用され、私はジャーナリストの立場からそれらがもたらす脅威と開発中の防空システムについて伝えてきた。

イスラエルでは、ドローンのパイロットや兵士や治安部隊の司令官と会い、主要なドローン製造業者に足を運んで組み立てラインを見学し、専門家に話を聞いた。彼らの多くはかつてのパイロットだ。私はイスラエルのドローン計画の提唱者らとも話をしたほか、１９９０年代および２０００年代にドローン戦争を主導したアメリカの最高責任者や兵士にもインタビューを行った。その中には、パイロット、司令官に加え、アメリカの主な防衛企業の幹部や連邦議会の元職員もいた。他国の軍がドローンをどう活用しているかを知るのに、イギリスおよびアイルランドの司令官から話を聞き、ペルシャ湾からトルコまでの地域の専門家、イランのドローン技術担当者とも話をした。本書はＩＳＩＳの脅威にさらされながら長年積み重ねた軍用ドローンの現状に関するフィールドワークと、武装無人偵察機を批判する人々や、今私たちの目の前で起きているように、それがいかに世界を変えていくかを予測する人々など、この分野に最も精通するさまざまな人々との1年間におよぶインタビューをもとに書かれている。

アメリカではこれまでドローン開発は遅々として進まなかったが、その利用は飛躍的に増加した。この数年だけを見ても、紛争の両当事者によるドローン利用や、それらを撃墜するための防空技術開発は急速に進んでいる。レーザーが搭載されたドローンの種類は拡大し、軍でさえ新しいプラットフォームの設置場所を見つけるのに苦労している。ドローンはまだその潜在能力を存分には発揮しておらず、空軍パイロット不要の時代が来ると考え続けている人たちからすると、西側諸国で開発にここまで進展が見られないのは予想外だったろう。一方で、革命の中心地は中国やトルコなどに移りつつあり、しかもその進捗スピードは速い。そういう意味で、ドローン戦争は単なる機械の話にとどまらない。それが引き起こすのは、１９９０年以降世界の超大国として君臨したアメリカと、中国、インドといった勢いのある国々とのパワーバランスの変化の問題だ。ドローンの発展はアメリカが世界で展開してきた対テロ戦争と密接に関係していた。現在では紛争の火元は米中、米イランの対立へと移り、それに伴いドローン戦争も変わっている。世界じゅうで、今やドローンが真価を発揮しつつある。

第1章 ドローンの夜明け 先駆者（パイオニア）たち

1983年、アメリカ国防長官キャスパー・ワインバーガーは驚きのブリーフィングを受けた。レバノンから戻った長官が見せられたのは、イスラエルの無人航空機が撮影した、レバノン訪問中の自分の姿が映るビデオだった。ワインバーガーはレーガン政権の中でもイスラエルに最も厳しい態度をとる人物のひとりである。[1] 長年にわたりイスラエルとの関係は険悪だったにもかかわらず、ドローンが彼の興味を引いた。1983年6月、アメリカはイスラエルに、中東でのソ連の影響力への対処に関する覚書を再び締結するよう求めた。[2]

折しもそれは、ロナルド・レーガン大統領が「悪の帝国」ソ連に対抗しようとした、東西冷戦の真っ只中。新しい防衛技術の開発競争は激しさを増していた。中東では、西側諸国の軍事技術をたびたび取り入れているイスラエルが、ソ連から武器の供給を受けるシリアを相手に戦っていた。イスラエルが新たな武器を開発できれば、西側諸国はどこもその分け前にあずかりたいところだった。

アメリカは防衛技術の穴を埋めるのに苦戦していた。1970年代にはユタ試験訓練場でレーダーから発射される電波を標的に、当時「遠隔操縦航空機」と呼ばれるものの実験を行っている。しかし、戦争の姿を変貌させる革命が起ころうとしているのは、そこから数千キロ離れたイスラエルだった。

1974年、ヤイール・デュベスターはイスラエルの若きエンジニアだった。当時のイスラエルは1973年の戦争に敗れ混乱のなかにあった。2500人以上のイスラエル人が殺害され、戦車1000台を失い、100機を超える戦闘機が破壊された。複数のアラブの敵国を6日間で叩きのめした1967年の戦争の勝利に酔いしれていた小国は、その敗戦に身を引き締めていた。

デュベスターはイスラエルの名門テクニオン-イスラエル工科大学で学びながら、イスラエル・エアロスペース・インダストリーズ（IAI）に勤務していた。そのころ、IAIでは初の無人航空機の製造が進行中だった。「アイデアは私たちの発案ではなかったが、最初の運用システムを開発したのは私たちだ」と、デュベスターは話す。コロナ危機が発生して世界を飲み込む直前の2020年3月初旬、私はデュベスターに電話をかけた。彼は無人機開発に捧げた数十年について明るく語ってくれた。1970年代後半を思い返し、イスラエルが抱えていた大きな問題は、敵情をリアルタイムに把握することだったと彼は言う。つまり、ただ写真を撮るだけでなく、ビデオ撮影し同時に送信することが可能な飛行機が必要だったのである。

1973年よりも前、イスラエルはアメリカのテレダイン・ライアンと無人機購入契約を締結した。[3]〈ファイアビー〉と呼ばれる最初の12機がイスラエルに到着したのは1971年。重量900キロ超、ターボ・ジェットエンジン搭載の強力兵器で、1万8000メートルの高度を時速780キロで飛行可能だった。[4]要するに小型の翼が付いたロケットのようなものだ。実は〈ファイアビー〉はもともと無人標的機として作られた。ということは、イスラエルのドローン計画の出発点はアメリカ製のデコイだったわけだ。イスラエルはデコイを敵のレーダーやミサイルを欺くのに使えると考えた。敵国エジプトにはソ連製対空ミサイルを備える大規模な陸軍がある。替えのきかないパイロットの損失を減らせる可能性のある無人航空機を、イスラエルはどうしても必要としていたのだ。

人気のビーチ近くの砂丘に隠れるようにに存在するイスラエルのパルマヒム基地に、無人機特殊部隊が発足した。〈ファイアビー〉はエジプトのソ連製地対空ミサイルのデコイとして使用された。1971年9月にレフィディム空軍基地を飛び立った〈ファイアビー〉は、その有効性を証明した。そこでイスラエルは、〈チャカ〉などのアメリカ製無人航空機を次々購入した。デコイとして使うのがその目的で、購入された27機は「テレム」と呼ばれた。〈チャカ〉は撃墜されることを想定して作られた自爆ドローンに近い。1973年の戦争に投入された23機のうち、5機が破壊された。中の重要部品が飛び出てしまったものもあり、無傷だったのはわずか2機だけだった。

イスラエルは、空軍が「決定的瞬間の作戦情報」と呼ぶものを手に入れることができる手段がもっと必要だと考えた。[5]そのために調達可能なものを求めて、担当者たちは外国に赴いた。イスラエルが検討したのはフィルコ・フォードやRT社が製造した無人機である。アメリカには使われずに眠っている無人航空機が数多くあった。それらは進化の系譜における有人航空機と無人航

IAI が製造した初期の無人航空機〈スカウト〉。IAI のドローン技術の黎明期は、1970 年代後半から1980 年代初め。（写真提供　IAI）

空機のミッシング・リンクを埋めるもの、いわば進化の行き詰まりを解消する手段と言っていい。中には大型の模型飛行機やミサイルのような形状をしているものもあり、設計者はのちに一般的となるレーザー照準器などを取り付けたいと考えていた。それまでもドローンは、ヴェトナムで地対空ミサイルのデコイや情報収集の手段として使われていた。[6] １９６０年代、70年代に製造されたドローンの数は９８０機以上。うち４４１機がヴェトナムで失われた。[7] 宇宙時代の数多くの革新的なプロジェクト同様に、やがてアメリカで無人機は忘れられ、ほこりをかぶり、１９８０年代初頭にまだ残っていたのはわずか数十機だった。早い話が、戦場でどう使えばいいかわからない火薬を発明したようなもの。その問題を解決したのがイスラエルだった。

　こうした経緯を経て、イスラエル企業タ

ディランは高解像度動画のリアルタイム配信機能を持ち7時間航続可能な無人機、〈マスティフ〉を開発した。[8] ドローンの当時の呼び名は「遠隔操縦航空機」である。大型の模型飛行機のようだったと、1981年に無人機の実物を見た『ニューヨーク・タイムズ』の記者は記している。[9]〈マスティフ〉はプロペラと2気筒エンジンを搭載し、重量約68キロ、高度3000メートルを時速113キロで航行することができた。

イスラエルはさらに、ライブストリーミング機能とスタビライザー付きカメラを実装したIAI製〈スカウト〉、別名「ザハバン」（ムクドリモドキを意味するヘブライ語）を導入した。これら初期のイスラエルの無人機が、次に誕生するあらゆる機種の起源になったと考えていい。〈スカウト〉は双胴機で、角のある短い機体の先が鼻のように突き出ていて、中に小型の車輪が格納されている。1979年6月までに、イスラエル中央部ののどかな村々の野原に囲まれ、ひっそりと存在するハツォール空軍基地に20機配備された。当初〈スカウト〉の翼は短くロケット推進で飛び立ったが、ほどなくして翼長は2メートル伸びて5メートルに、パイロットが操縦桿（ジョイスティック）で発射させることができるようになる。1981年6月に実戦投入され、〈スカウト〉飛行隊がレバノンに飛びシリアの防空状況をビデオに収めた。

退屈、汚い、危険

年齢にしては若者のような好奇心を持つデュベスターは話を続けた。彼は無人機やテクノロジー、イスラエルに大躍進をもたらした決断と偶然の発見について話すのが大好きだ。そんな彼の記憶に残っているのが、1973年以降イスラエルが直面した数々の困難である。「私たちは、エジプトとシリアがロシアから固定式でなく移動式の地対空ミサイルSA－3を調達したという情報をつかんだ」。地対空システムが移動式となると、「ただ単に」画像を撮るだけでは意味がなく、撃墜されても人的損傷がないように、パイロットなしで滞空可能なシステムを用いて、即時にミサイルを発見できなければならない。

その点、無人機は退屈（dull）で危険（dangerous）で汚い（dirty）ミッションにうってつけだとデュベスターは言う。英語の頭文字をとっていわゆる「3D」というやつだ。「実際のところ、まさに危険きわまりない任務だった」。テレダイン・ライアンの無人機はしょっちゅう墜落した。そこでイスラエルのエンジニアは、地対空ミサイルの検知に役立つ〈スカウト〉を設計した。ゆっくりと航行しながらビデオを撮影・送信できるようにするのには、多額のコストがかかった。「それまでは、そんなこと誰一人気にしていなかった」。デュベスターと彼の同僚は〈スカウト〉を軽量で数時間飛行できるよう設計した。そのベースとなったのは、1956年にイスラエルが調達したフランス製輸送機〈ノールノラトラ〉だ。かつてイスラエルとフランスは密接な軍事関係にあり、イスラエルが双胴型の〈ノラトラ〉に慣れていたことから偶然に完成した設計だった。つまりエンジニアは双胴機の設計は安定性に優れ、速度の遅い無人航空機でうまく機能することを理解していたのだ。ここを原点に1970年代には数多くの設計が生まれていった。

〈スカウト〉がイスラエル陸軍に初めてお披露目されたとき、地上部隊はその能力を一笑に付した。そのころ、シナイ半島では大規模演習が行われていた。現地に駐留していたエフード・バラク将校は、最初興味がない様子だったという。「まあ、やらせてみろ」。将校たちは当初、無人機なんておもちゃみたいなものだと言って相手にしなかったと、デュベスターは当時を振り返る。演習はスエズ運河をまたいで行われることになっていたが、開始からまもなく、将校たちはリアルタイムの映像を送信し、演習中の部隊に情報提供することができる無人機の性能を目の当たりにした。誤って連結されないまま放置されていた橋が無人機にあっさり検知され、部隊を混乱させるためにあえて知らせずにいた演習の目的までもが明らかにされる結果になった。

「そのころの航続時間はわずか4時間で、着陸しようにも部隊の許可が下りなければ認められなかった」。相手にされていなかったおもちゃは、とたんになくてはならないものになった。「あのときのことは決して忘れないだろう。〈スカウト〉はゲームチェンジャーだった」。デュベスターはともに先がけて〈スカウト〉を開発したふたりの同僚、IAI無人航空機部門の責任者デイヴィッド・ハラリ、生産部長マイケル・シェファーと共同で書籍を執筆する予定だ。「私たちは初日からリタイアするまで、ずっと無人機にかかわっていたんだ」とデュベスターは話す。ときに発明は必要の母である。ほどなくして、ドローンはその必要性を証明することになる。

「明日の戦争」ガリラヤの平和作戦

24時間──1982年のレバノン戦争で、イスラエルの無人機がシリアの防空を叩きのめすのにかかった時間だ。「ガリラヤの平和作戦」と名づけられたイスラエルの作戦は、パレスチナによるイスラエル北部へのロケット攻撃を阻止すべく開始された。IAIの元エンジニア、シュロモ・トゥサッシュは、たった1日にして「ドローン革命」が起きた様子を振り返った。[10] イスラエルの〈マスティフ〉と〈スカウト〉が送信した地対空ミサイルとレーダーのリアルタイム動画をもとに、イスラエル空軍はシリアの防空システムを破壊する攻撃に突入した。24時間のあいだに、数十億ドル規模のイスラエルの無人航空機産業が産声を上げ、無人航空機に対するアメリカの関心は高まった。

レバノンは小さな国で、イスラエルとの国境は直線距離でわずか65キロ。そう聞くと短いようだが、実際には曲がりくねった道と丘だらけの入り組んだ土地だ。パレスチナのテロリストはイスラエルに向け何度もミサイルを発射していて、彼らを打ち負かすためには、レバノンに駐留するシリア軍とも対決しなければならない。シリア軍は恐ろしい敵で、レバノン中央のベカー高原に2万5000の兵士が身を隠していた。彼らはミサイル発射装置79台のほかに、何百というレーダー照準器付きの銃とSA-6バッテリーを保有していた。だが、無人機がジェット戦闘機をターゲットに誘導するイスラエルの攻撃に、シリア軍はすばやく応戦することができなかった。[11] 新たな無人機はレーザー照準器としても使用可能で、ロケット砲を誘導することができるとみられた。[12] これは「明日の戦争」だった。イスラエルがシリアを壊滅させたこの戦争と、同じ年にイギリスとアルゼンチンとのあいだに勃発したフォークランド紛争を比較して、あるイギリス人防衛アナリストはそう結論づけた。[13]

イスラエルは無人機のほかに、円型レーダーを乗せたE-2C〈ホークアイ〉とボーイング707を活用して偵察と電子戦争を展開し、ジェット戦闘機から地対空ミサイルのレーダーを破壊する〈シュライク〉ミサイルを発射した。[14] デュベスターによると、無人機の投入によりイスラエルは戦闘被害評価を迅速に実施し、「その日の午後」のうちに制空権を獲得することができたという。[15] イスラエルは空中発射式のデコイを飛ばして敵の地対空ミサイルのレーダーを起動させ、〈マスティフ〉でその位置を特定し、〈スカウト〉を中継してミサイル・オペレーターに情報を送った。一連の攻撃で危険な地対空ミサイルのバッテリー17機を破壊することができた。[16]

その事実がアメリカに伝えられると、海軍はイスラエルに接触した。その後IAIとアメリカ企業テキストロンが手を組み、無人機〈パイオニア〉が完成した。1機のコストはおよそ50万ドル。40万ドルのカメラを内蔵した〈パイオニア〉の航続距離は160キロで、最高600メートル上空から詳細な画像を撮影し送信することができた。[17]

〈パイオニア〉は〈スカウト〉の直系の子孫にあたるが、艦上でロケットを使用して発進し、ネットで回収するよう改造が施された。1991年の湾岸戦争では実戦に投入され、戦艦が発射した重さ1トンの砲弾の着弾確認を行った。アメリカは1985年から〈パイオニア〉の使用を開始し、湾岸戦争中は海軍の攻撃目標の設定に活用した。パイロットなしでブンブン飛び回るたった1機の無人機に混乱させられたイラク軍は、砂漠で降伏した。ファイラカ島では白旗代わりに下着を振って投降の意を示すイラク兵の姿が見られた。

無人機のデモンストレーションのためデュベスターはアメリカに飛び、標高の高いモハヴェ砂漠へと赴いた。砂漠には赤っぽい岩と黄褐色の砂丘が広がり、ジョシュアツリーがところどころに点在している。試験が行われるのは人里離れた場所だ。「システムを［海軍の］戦艦アイオワや戦艦ワシントンに統合しなければなりませんでした」。問題は、アメリカが求めていたのが、より高く遠くまで飛ぶことのできる大型の無人機だったことだ。[18] しかも、あらゆる気象条件のもとで正確に飛ぶ必要があった。電子情報の傍受や通信情報の収集にも貢献できなければならない。その後デュベスターと彼のチームが開発に取り組み、〈ハンター〉、〈サーチャー〉、〈レンジャー〉を生み出した。[19]

イスラエル製無人機の発展に伴い、戦術無人航空機（ＴＵＡＶ）や超小型無人航空機といったいくつかのドローン「群」を駆使した戦争の未来図が想定されるようになった。たったひとつのプラットフォームとして始まったものが、おびただしい数のセンサーや装置やアンテナが装備された「多用途無人航空機」へと急速に拡大していった。専門用語は新たな世界を確立した。無人航空機にうってつけの情報収集・監視・偵察ミッションを意味する、「ＩＳＲ」のような用語も作られた。２００２年までにイスラエル製無人機の飛行時間は計12万時間を達成し、20カ国に輸出された。小さな国はドローンの超大国となった。

振り出しに戻る

アメリカでは、ドローン戦争へと向かう道の過程で海軍の無人標的機が数多く誕生した。ニューメキシコ州のホロマン空軍基地、フロリダ州のティンダル空軍基地では、無人機を使った標的演習が行われていた。ドローンはアメリカの革新的ないくつかのプロジェクトにかかわっていた。ロッキード・マーティンの超極秘先進開発プログラムであるスカンクワークスでは、標的演習用ドローンを使用して迎撃機の開発が進められた。[20] 同社は1960年代には、中国における実験的な超音速偵察ミッション用に、B-52爆撃機から投下可能なGTD-21を開発していた。[21]

無人標的機の進化の道は袋小路に突き当たった。[22] それでも全体としてみれば無人機は軍事的課題の解決に力を貸し、ニーズの隙間を埋めることができると考えられていた。それはとりもなおさず、敵もドローンを使って移動式防空システムを検知したり、戦闘被害評価を実行したりできるということだ。戦争がこの世に出現してからというもの、その目標は常に敵の一歩先を行き、敵の脅威を制圧し、新たな能力を活用することである。たとえば、かつて軍は気球を用いて遠くの場所を偵察していた。無人機も最初は中東におけるソ連の防空システムの検知に役立ち、パイロットの命を守るのが目的だったかもしれないが、やがて独自の発展を遂げることになる。

1983年、レバノンのテロリストがベイルートのアメリカ海兵隊兵舎を爆破した。第2次世界大戦中に就役した全長268メートルの戦艦ニュージャージーが報復のために送り込まれ、その16インチ砲を沿岸にとどろかせた。だがそれは旧式のやり方で、そのとき本当に必要だったのは、AK-47自動小銃を手に市内を駆け回るテロリストたちを仕留めるだけの精密性を備えた手段である。当時の海軍長官はジョン・レーマン。海軍の軍艦にとって「エキサイティングな」プログラムについて話すときでさえ、あまり弁が立つ方でないが、心を奮い立たせる演説が苦手な欠点を補って余りあるほど、レーマンは現場の指揮能力に長けていた。レーマンもワインバーガー同様新しいテクノロジーへの関心が高く、アメリカはイスラエル企業のIAIとタディラン・マスティフから無人航空機を調達した。〈マスティフ〉はノースカロライナ州キャンプ・レジューン海兵隊基地の遠隔操縦部隊に投入された。ドローンの操作を打診されたのは、模型飛行機競技大会で優秀な成績を収めた海兵隊員だ。[23] がっしりした体格にエラの張った顔立ちの大西洋艦隊海兵軍アル・グレイ大将は、過去に韓国とヴェトナムに駐留した経験を持ち、無人航空機の進化を確かめるため、ノースカロライナ州とアリゾナ州に立ち寄ることになっていた。

イスラエルとアメリカはメリーランド州ハント・ヴァレーの企業ＡＡＩと協力し、海軍のニーズに合わせて無人機を微調整した。それは長い甲板を持ち舳先が鋭く尖った新しい強襲揚陸艦タラワに導入され、アラスカ州アダックの極寒の環境下のほか、オーストラリアやフィリピンでも飛ばされた。

すぐにアメリカは、〈スカウト〉と〈マスティフ〉およびそれらの子孫である〈ハンター〉と〈パイオニア〉についても検討を始めた。前述の〈パイオニア〉は航続時間5時間、航続距離１６０キロ。１９９０年までに、２５５０回のミッションで５２００時間飛行した。現在の基準からすると、その見た目はセクシーでもなければ美しくもない。まるで役馬のように粗削りで直線的な、四角くて面白みのない機体の、主翼が1枚の双尾翼機だ。

第1次湾岸戦争でアメリカはサダム・フセインの巨大なイラク軍をクウェートから撤退させることに成功し、世界最強の軍隊にとって新しい無人機がいかに有用かを証明した。〈パイオニア〉は1度のミッションで、イラクの砲台3基、複数のミサイル発射場、戦車駆逐大隊の場所を突きとめた。6週間に及んだ戦闘中、無人機は常に空中を飛んでいた。戦争が終わると、現場指揮官全員が無人機の配備を求めた。国防総省は、〈パイオニア〉は必要に応じた即時の情報収集にひじょうに秀でていることを実証したと述べた。[24] 1990年代半ばには、それぞれに〈パイオニア〉5機を備えた9つの無人機システムが配備されている。アメリカはドック型揚陸艦クリーブランドを含む4隻の戦艦にも無人機を搭載した。[25] 陸軍の研究者は各大隊にも無人機を配備する必要があると主張した。

海兵隊は1994年のボスニア、1999年のコソボ紛争にも〈パイオニア〉を投入し、ポンセ・デ・レオンから発射させた。一方IAIとTRWが製造した〈ハンター〉は部隊の司令官が求める偵察ミッション用短距離無人機のニーズを満たすべく、陸軍に提供された。〈ハンター〉は双尾翼機で、機体は長くソーセージのような外観をしていた。[26] 1993年には50機2億ドルの大型発注があった。[27] 陸、海、空軍に活用された〈ハンター〉だったが、予告されていた数十億ドル規模のプログラムは最終的に破棄される結果となった。コソボ紛争でRQ-5A〈ハンター〉はアライド・フォース作戦の一環として投入され、2004年までの飛行時間は合計3万時間だった。[28]〈ハンター〉は無人機全般の長期的な信頼性を明らかにしたが、その反面まだ無人機を十分に取り入れる状況が整っていない陸軍の状況も露呈させた。

「25年間、アメリカ陸軍、海兵隊、海軍に「無人機を」納入してきたが、それはアメリカが長年高性能の無人航空機システムの開発に失敗してきたことが大きな理由だ」。デュベスターは当時をそう振り返る。「アメリカの同僚たちに聞かれたよ。なんでこんなことになったんだ。月に人間を送り込んだアメリカが、無人航空機を作らなかったなんて。どういうわけなんだって」

まったくもって、なぜアメリカは遠隔操縦できるシンプルな航空機のひとつも作ることができなかったのだろうか？　遠隔操縦航空機の時代に、アメリカ政府は「アクイラ」と呼ばれるプロジェクトの実施を試みている。[29] 重量66キロ、翼幅約340センチの無人機〈アクイラ〉は、トラックを使って打ち上げられ、ネットで回収されることになっていた。また、時速160キロで数時間飛び、発射場から最長20キロ離れた場所まで1日複数回出撃できる計算だった。〈アクイラ〉は全翼機で必ずしも手動操縦の必要がなく、徘徊型と想定されていた。レーザーと赤外線センサーを使ってターゲットを検知し、情報を送信する。

アメリカ国防高等研究計画局（DARPA）が〈アクイラ〉を開発する目的は、監視および攻撃目標の設定だった。1974年の報告書には、「技術の進歩により軽戦闘機はあっという間に時代遅れとなり、前進観測班（戦いの最前線まで前進し敵軍の攻撃目標の位置把握の任務を果たす班）は新たな技術を考案することを余儀なくされた。その結果、標的であるミサイル発射台の位置を効率よく正確に検知できる範囲が狭くなった」と記されている。[30]〈アクイラ〉の目的はターゲットの検知だったが、当時の不安定なカメラでは、約3000メートル以内にあるターゲットしか発見することができなかった。DARPAは、1000メートル先の戦車ぐらいの大きさのターゲットを「50パーセントの確率」で見つけられればいいと考えていた。現在、ドローンを調達する前に軍が主に知りたいのはそのターゲット検知能力の高さであり、アメリカが満たさなければならないニーズは1970年代のそれとは少し異なる。

〈アクイラ〉はXMQM－105と名付けられた。ほどなくして、契約上の要求事項を順守するには、その大きさに反して相当多くの航空電子機器や観測機器を詰め込まなければならないことが明らかになった。ＸＭＱＭ－１０５は１０５回の試験飛行のうち98回で目標を達成できなかった。ステルス性能が高く、妨害されないはずだったが、そのために通信回線の質が低下してしまったのだ。計画は完全なる失敗に終わった。[31] 一連の出来事は、「ミッション・クリープ」（目標設定が明確でないために、当初の範囲を越えて計画が膨張していくこと）に陥るとどうなるかをよく表している。それとは対照的に、イスラエルはシンプルなミッションのためのシンプルな無人機を製造した。アメリカは自分の手に負えない、いわば「フランケンシュタイン」無人機を作ってしまったのである。

１９７０年代の技術革新が再び日の目を見るのは、ずっとあとになってからのことだ。ヒルマン・ディキンソン准将は、遠隔操縦航空機はターゲットの位置を検知して「攻撃後分析」を実行することが可能で、レーダーやジャミングのほか、「爆薬を搭載してターゲットに突っ込む」こともできると述べた。[32] 遠隔操縦航空機は人的損害を減らすかなくすことができるうえに、安価で疲労などの「人間の弱点」による制約を受けることもないと主張したディキンソンは、時代を先取りした考えの持ち主だった。そのうえで彼は、ワシントンの浪費家は新しいプログラムや潜在的な能力を秘めた製品を大量に発注することに慎重になるべきだと警告した。[33] アメリカは、歩けもしないうちから走ろうとすべきでなかったのだ。10年以上の歳月と10億ドル以上のコストをかけた挙句、〈アクイラ〉の開発は１９８７年についに終わりを迎えた。[34] 飛行機よりも遠くへ、速く、長い時間航行可能な無人機を作るというアメリカ政府の野望は、それまでのところ何も生み出すことができなかった。

アメリカはその後もフランケンシュタイン無人機を作り続けた。１９８９年、陸軍と海軍は監視と目標捕捉のための短距離無人航空機（UAV－SR）の必要性を訴えた。そのとき選択肢の候補にあがったのは、IAI／TRW製〈ハンター〉とマクダネル・ダグラス製〈スカイオウル〉だ。〈スカイオウル〉は空飛ぶ箱のような形の双尾翼機だった。採用されたのは〈ハンター〉で、BQM－155Aに指定された。〈スカイオウル〉はカタパルト式で発射し、一部のバージョンは無誘導ロケットを発射する目的で使用されることが見込まれていた。[35]

アメリカがようやく独自の無人航空機の製造に成功したのは、イスラエル人エイブラハム・カレムのおかげだと言っていいだろう。イラクのバグダッドに生まれたカレムは、1980年代に自宅のガレージで無人航空機を作った。彼の無人機がのちに〈プレデター〉へとつながり、彼はドローンファーザーと呼ばれるようになった。[36] カレムは1977年にイスラエルからアメリカに移り住み、〈アクイラ〉を当惑の思いで見ていた。〈アクイラ〉は発射させるのに30人の力を必要とした。わずらわしいうえに高コストで、まさにもたもたしたアメリカの防衛調達システムの産物だったのだ。〈アクイラ〉は、さながら色々な材料をごちゃまぜにしたソーセージのようだった。「私なら〈プレデター〉にミサイルを搭載しようなどとは考えなかった」と、カレムは2012年に話している。「私が作りたかったのは、有人航空機と同様の安全性、信頼性、性能の基準に従って機能する無人航空機だった[37]」

元IAI社員のカレムが開発にかかわるようになったころ、イスラエルの無人機革命はすでに軌道に乗っていた。『軍事技術とアイデアの普及［*The Diffusion of Military Technology and Ideas*］』にはこんなふうに記されている。「無人航空機はより高度に進化し、その新たな能力は未来の空軍の

ワシントンD.C.のある家に飾られている、昔の武器。時間の流れとともに戦いは変化し、ドローンは以前鎧や剣で行っていた戦闘を一変させる可能性を秘めている。（セス・J・フランツマン）

組織と部隊構成に著しい変化が起こる可能性を示唆している」。第2次世界大戦中、ヘンリー・〝ハップ〟・アーノルド大将は、次の戦争は人が乗っていない航空機で戦うことになるだろうと話していた。アナリストはすでに無人航空機が有人航空機に取って代わると予測していた。それはもはや不格好なデコイや標的機などとは全くの別物である[38]。

１９８０年代の最初の無人機革命は、新技術の見本市だった。それらは監視任務を遂行し、デコイや標的として機能することが可能だった。電子妨害、すなわち電子戦をしかけることもできたが、その数は一握りだった。無人機は、偵察などのミッションに使用されていた類似の有人航空機が遺したものの上に成り立っていた。だがそうしたデコイや標的としての役割や監視の能力は、戦争を根底から変えるものではなかった。無人機はあくまで道具でしかなく、その道具がシリアとの戦争でイスラエルが革命を起こすのに一役買ったのは全くの偶然だった。その可能性を目の当たりにし、大胆な行動に幸運が重なって、アメリカは無人航空機の開発を推し進めることを決めた。やがてアメリカとイスラエルは歴史を変え、かつては未来を描いた映画の中の想像でしかなかったテクノロジーを現実に生み出していくことになる。

突きつめると、これは兵士を守るための革命である。その昔、騎士が身につける鎧がどんどん重くなっていったように、第1次世界大戦中に掘られた塹壕線がどんどん深くなり、第2次世界大戦でマジノ線（フランスがドイツの侵攻を防ぐために作った地下要塞）が構築されたように、無人機の本来の目的は兵士を危険な目に遭わせないこと。無人機は最初から空想の産物でも遠い未来のものでもなく、しごく現実的で武骨な問題解決の手段だった。海軍の船が鉄で覆われるようになり、戦車が生まれたのも同じ理由からだ。では、無人機がいかにして困難を切り抜け、戦争の主役に躍り出たのかを見ていこう。

第2章

空中のスパイ

監視

ワシントンの国立航空宇宙博物館はナショナル・モール（ワシントン中心部の国立公園）にある。2020年1月は改修工事の最中だったが、セキュリティ・ゲートを通り、クロークを左に曲がると、アメリカの宇宙飛行の歴史が訪れる人を圧倒する。巨大なミサイルやロケットが置かれ、第2次世界大戦中にドイツが開発したV－1とV－2も展示されている。前者は世界初の巡航ミサイル、後者は世界初の弾道ミサイルだ。

無人航空機（ドローン）、ミサイル、飛行機には共通点がある。みな祖先がいるのだ。動物と同じで、それらは技術発展の木（ツリー）の一部である。無人航空機にはそれぞれの起源にまつわるストーリーがあり、たとえばテレダイン・ライアン社の起源はリンドバーグの時代にまでさかのぼる。無人航空機と聞くと、飛行機から投下されるかカタパルトで発射され、着陸後ネットで回収される空飛ぶ爆弾、またはデコイのようなものを想像しがちだ。だが実際には、それらはまさしく空飛ぶ機械であり、当初の形状はさながら模型飛行機のようだった。今日では何もかもが進歩し、運用高度や機能が異なるさまざまな無人機ファミリーがある。2020年のワシントンで、国立航空宇宙博物館からダレス空港に隣接する別館、スティーヴン・F・ウドヴァーヘイジー・センターまで車を走らせながら、私はそんなことを考えていた。そこには〈プレデター〉がホールの上を飛ぶように展示されている。それは最も美しいわけでも、最も大きいわけでもない。パンフレットを見てわざわざ探そうとでもしない限り、その存在に気がつかないかもしれない。革命は、ひっそりと始まるものなのだ。

種の起源

無人機の最初の任務は監視だった。だが、その限界はすぐに明らかになった。2012年、アメリカ大使のクリストファー・スティーヴンスがベンガジの領事館で武装テロリスト集団に襲われ、ほか数名のアメリカ人とともに殺害された。スティーヴンスは信念の人で、勇敢で献身的な外交官だった。無人機を飛ばせば彼の命を救えていたかもしれないが、射程圏内にあった無人機はいずれも武装されていなかった。世界を股にかけるドローン覇権国として強烈な印象を与えるアメリカだったが、武装した無人機を持たないことでまたしても事件は起こった。2017年ニジェールで、ニジェール陸軍とともに哨戒任務に当たっていた特殊部隊が攻撃を受けたのだ。マリとの国境付近の藪の中で衝突が起き、あっという間に4人のアメリカ人兵士が武装した大勢のジハーディストに殺された。近くにアメリカとフランスの秘密の無人機基地があったにもかかわらず、無人機は何もできずただ悲劇を記録しただけだった。[39]

今や無人航空機に寄せられる期待は大きい。求められているのは見張りの役目にとどまらない。注文された料理を運び、パンデミックを止めるのに役立つとまで考えられているのだ。ここで1990年代に立ち戻り、無人機の監視能力がどれほどの革命を起こしたかを振り返ってみることが重要だ。重視されているのは、リアルタイム動画の撮影やレーザー照準器としての機能のみならず、ターゲットの上空を数日にわたって徘徊しながら敵を監視する能力である。

リンドン・ジョンソン大統領は1960年代に、アメリカがソ連を相手に勝利したのは、かつて大英帝国が海を、ローマ帝国が陸を支配したように、アメリカが空の覇権を握ることができたからだと述べた。その20年後には、無人機が空を牛耳る新たな手段となる。イスラエルは大きな役割を果たしたが、やはり限界があった。その軍事力と世界における影響力の大きさをもってすれば、アメリカがひとたびゲームに参加するや、戦争の様相は様変わりすると思われた。

1980年代、無人機を試しに使ってみることができるようになったが、それはソ連の力が衰え、レバノンのような小さいながら厄介な敵が出現し、大型兵器の需要が下がる一方で、より多くの情報が必要になったからだ。戦争が戦車や戦略爆撃などの大量破壊の時代から的確さ重視の時代へと移っていくのに伴い、無人機は戦車、艦砲、大型爆撃機といった大きな機械のギャップを埋めることが期待された。無人機が有人機に取って代わるかもしれないとの予測に基づき、それを使用してテロリストと戦うために世界各地に配備された地上の特殊部隊を支援する、という全体像が視野に入りつつあった。

考え方を変えるのは、いわば空中に新しい技術発展の木を植えるようなものである。その根となるのは遠隔操作するデコイではなく、全く新しいなにかが求められた。1980年代はテクノロジー全般に大きな変化が起きた時代でもある。アップル、マイクロソフト、オラクルといったコンピューター企業が1970年代後半に相次いで設立され、無人機に必要になる画像や動画処理、衛星といったあらゆる技術が向上していった。演算能力は飛躍的に伸びた。その後カメラやペイロードをさらに軽量にする技術も改良されていく。無人機がその破壊力を現実のものとするには、その土台に利用可能なテクノロジーがなければならなかった。そしてそのテクノロジーは何の前触れもなく目の前に現れた。

モデル作り

2010年、アメリカ国防総省の無人機タスクフォースが保有する無人機の一覧をまとめた。その数8000機で、全軍隊の航空機の41パーセントを占めていた。しかし、そのうち武装された無人機は1パーセントにも満たなかった。無人機の主な任務は情報収集・監視・偵察だった。[40] タスクフォースの報告からさかのぼること15年、ジェームズ・クラーク空軍大佐はハンガリーに駐留し、部下たちが〈ナット〉（もともとはリーディング・システムズ社が練習機として開発した小型の無人機）の子孫である無人機〈プレデター〉の実験を行っていた。「我々はそれを3、4機保有していた」。2013年に大佐はそう振り返っている。ゼネラル・アトミックス社によりサンディエゴで作られた〈ナット〉にはビデオカメラが搭載され、12時間交代で飛んでいた。[41] 彼らは〈パイオニア〉を使ってイスラエルのような成功を収めたいと考えた。〈パイオニア〉の翼幅は5メートルで航続距離160キロ。滞空時間は5時間で、カタパルトから射出された。ジョイスティックで制御し、模型飛行機のような外観に、1機の価格は50万ドルで、160キロ先まで映像の送信が可能だった。[42] 海軍はさらに5000万ドルを投資して9機を開発し、「最低限必要な能力」を手に入れた。[43]

湾岸戦争でこれらの無人機はその威力を証明した。それらは常に出ずっぱりの状態だった。1991年の戦争における〈パイオニア〉の出撃回数は522回。うち100回が海軍、94回が海兵隊、48回が陸軍によるものだった。[44]〈パイオニア〉は艦砲射撃を助け、赤外線センサーによってクウェート国境で海兵隊が部隊を発見するのを助け、トマホーク巡航ミサイルの発射基地を突きとめるのに貢献した。

だが問題があった。海兵隊のある諜報部員の話では、各部隊は今の3倍の数の無人機をほしがっているという。陸軍も同じように数を増やすよう要求した。全部隊がそう思っていたのだ。各部隊の将校たちは無人機増強の必要性を、情報活動の成功、失敗を検討する下院調査監督小委員会の場で訴えた。[45] 俗に言うように、成功には多くの父がいるが、失敗は孤児である。アメリカ軍の歴史は数十億ドルの費用を投じた数多の失敗や、資源を吸い上げた挙句に行き詰まった進化と実験に彩られている。成功した〈パイオニア〉には、それを生み出した父が数多くいるのだ。[46]

何の巡り合わせか、〈プレデター〉の誕生にかかわることになったのがジェームズ・ウルジーCIA長官だ。「我々は今、混乱するほど多種多様な毒ヘビがうじゃうじゃいるジャングルに生きている」。1990年代初め、ソ連崩壊後にアメリカが直面した変化をウルジーはそんなふうに表現した。すべてのヘビの動きを把握するのは至難の業である。

湾岸戦争後、ボスニアで内戦が勃発し、民族浄化をやめさせるべくアメリカの介入を求める声があがった。クリントン政権は、セルビアがボスニアに向けて飛ばすミサイルの発射装置に関する情報を必要とした。CIA科学技術部高官のフランク・ストリックランドとウルジーは、当時密接な協力関係にあった。[47]「アメリカの衛星偵察能力では毎日数分間の映像を収めるので精一杯だった」とストリックランドは話す。アメリカは、ウェストヴァージニア州と同程度の面積を滞空可能なものを探していた。トーマス・トウェッテンCIA工作本部長は、1980年代のレバノンで模型飛行機とカメラを使った「イーグル」と呼ばれる秘密のプログラムをはじめ、すでにCIAの過去のドローン計画の見直しを行っていた。[48]ケネディ時代に刺激を受けた彼は進学をやめてCIAに入った。少し鼻にかかった声でことばを選びながら、トウェッテンはさらりとそう語った。[49]彼はウルジーに調査結果を報告した。

ウルジーはジョンソン政権で情報システム分析官を務め、ロバート・ゲイツCIA長官の下で上空からの偵察の必要性を分析した経験があった。必要なのは長時間滞空型の無人航空機だった。過去にはすでに、イスラエルのエンジニア、エイブラハム・カレムがDARPAの支援のもとで30時間航行可能な無人機〈アンバー〉を開発していた。2機の〈アンバー〉がユタ州のダグウェイ実験場に運ばれて試験飛行が行われた。[50]

それまでの無人機とは異なり、オートバイ用エンジンを使わないという点で〈アンバー〉は独特だった。独自のエンジンを搭載し、1988年の時点で40時間空中にとどまることが可能だった。当初はロケット付きのコンテナから発射される設計だった。DARPAは重量360キロと軽量の〈アンバー〉を絶賛したが、カレムの経営するリーディング・システムズ社は、そうした評価もやがて権力闘争や遅々として進まない調達システムによって打ち砕かれはしまいかと危惧していた。不安は的中し、議会はリーディング・システムズと競合するＴＲＷ航空宇宙機器部門とマクダネル・ダグラスによる短距離無人航空機の共同開発計画を推し進めた。リーディング・システムズはロータックス製エンジンを搭載した大型の〈ナット〉を開発し、トルコなどの国に提供したが、その後破産。同社の知的財産権を保有するヒューズ・エアクラフト社を買収する形で、ゼネラル・アトミックス社はリーディング・システム社を手に入れた。[51]

ボスニア紛争で明らかになった問題の解決にアメリカが必要とした製品は、すでにカレムのガレージで完成していた。そのころＣＩＡ内部の専門家チームに加わったのがＣＩＡパイロットのジェーンである。「ジェーンと彼女のチームは市場調査を行って〈アンバー〉を見つけた。ゼネラル・アトミックス社とさらに調査を重ね、チームは〈アンバー〉を主軸にしてより成熟したコンセプトをまとめた」と、ストリックランドは言う。ジェーンとテッド・プライスＣＩＡ作戦本部長から〈ナット〉について報告を受けたウルジーは、その写真を見て「これはエイブの設計じゃないか」と言った。ウルジーは別のミサイル・プロジェクトを通じてカレムを知っていたのだ。

ウルジーが無人機の存在を知ったきっかけは、やはりイスラエルの成功だ。１９８９年にはすでに、無人機がさまざまな問題の解決策になると発言していたが、彼の意見が取り入れられることはなかった。だから、ついにＣＩＡの実権を握る立場に立ったとき、ウルジーが真っ先に要求したのがアメリカの無人航空機の現状について話し合うための会議だったのである。主にボスニアで無人機に何ができるかを知る必要があった。ウルジーからすればようやくスタートラインに立ったわけで、無人航空機の共同プログラムを実施する国防総省と議論しながらプロジェクトを推し進めた。プログラムの予算は1億ドルである。[52] ウルジーはゼネラル・アトミックスの共同設立者リンデン・ブルーに電話をかけた。できるだけ迅速にボスニアに〈ナット〉を配備する計画の専門アドバイザーとしてやってきたのは、ほかでもないカレムだった。問題は空飛ぶ芝刈り機かと思うほどに騒々しいエンジン音だったが、その点を除けばオペレーターは新しい無人機を気に入った。〈ナット〉はC－130でボスニアまで運ばれた。それがボスニア上空を初めて飛んだとき、ウルジーは送られてくるビデオを注視した。[53] そこに映し出される橋を見た彼は、〈ナット〉の能力を確かめるため、橋の上にいるおかしな帽子をかぶった大柄の男にズームインするよう指示を出した。〈ナット〉はその価値を証明した。[54]
〈ナット〉は最初イタリアの基地に配備され、電波は有人航空機〈シュワイザー〉を使って中継され地上基地に送られた。しかしデータリンクがイタリアのテレビ電波と干渉したため、新しい拠点を見つける必要に迫られた。[55] 当時〈ナット〉にはアルバニアのジャデル空軍基地から、230キロ以上先のターゲットまで航行する任務が課せられていたが、幸運にもその航続距離は800キロ、滞空時間は20時間と十分な性能を備えていた。[56]
　元アメリカ空軍情報将校で、初期のアメリカ製無人機をヴェトナムで目にしていたリック・フランコーナは、戦争犯罪で起訴された者の捜索に力を貸すためボスニアにいた。彼は自分が目の当たりにした変化をこう振り返る。「監視任務が可能な無人機はあることはあったが、それをコントロールできる者がいなかった。指揮系統が優先順位が低いと判断すれば、その任務のために無人機を使うことはまず無理だった」。結局ヴェトナムではヘリコプターに頼らざるをえなかったので、ボスニアで見た〈ナット〉は驚きだったとフランコーナは言う。[57]

次に求められるのは大量生産だった。ウルジーと国防総省は密接に協力し、ゼネラル・アトミックス社と先進概念技術実証（ACTD）を成功させた。チームは衛星回線を無人機に搭載して大型化を図り、航続距離を延ばしペイロードを増やした。そして〈プレデター〉が誕生する。ウルジーはのちに、自分は仲人役（ユダヤ語でshadchan）だったと冗談を言っている。[58]

〈プレデター〉にはなぜ、つややかな機体に、まるでコックピットを取り出して粘土で埋めたかのような大きな頭が付いているのだろうか？　この形状は無人機のシンボルになり、以降の無人機の外観はこの設計に倣って作られることになる。〈プレデター〉とセクシーさでは劣る〈スカウト〉は、世界の無人機のほとんどを占める基本のモデルである。ではなぜ、〈プレデター〉は団子鼻なのか？　無人機には信号を中継するアンテナが必要だが、それを鼻に取り付けたからだ。より高性能のエンジンが搭載されたその無人機を、ゼネラル・アトミックスのトーマス・キャシディ社長は〈プレデター〉と名付けた。[59]

1994年1月、ゼネラル・アトミックス社は〈プレデター〉3機を3170万ドルで納入する最初の契約を結ぶ。ところがすぐに、権力闘争や政府組織間の軋轢に巻き込まれた。それでも空軍幹部は〈プレデター〉を飛ばすことを選び、CIAチームもネヴァダ州ネリス空軍基地で彼らに合流した。ネリス空軍基地はネヴァダ州の輝く青い空の下、片側を山に囲まれた平らな土地にある。〈プレデター〉は熱い日差しの降り注ぐその地を数十年間拠点とした。

初の実戦投入は1995年。時速27キロの低速で飛行するので、飛ばすのは難しかった。雨の降るアルバニアで、バンに乗ったオペレーターのひとりはジョイスティックを握り、ほかのオペレーターは画像を監視していた。無人機が見通し線（送受信アンテナを結ぶ、何にも遮られない直線、またはそのような直線で結ばれている良好な通信状態）圏外に入ると、管制が中継器である有人航空機を介して電波を送る。衛星回線が発達していない時代、そのプロセスには時間がかかるうえ、送られてくる画像は乱れていた。[60] 回転式のソニー製カメラのほか、レーダー・イメージングやジャミングのための装置を搭載することも可能だった。[61]

〈プレデター〉はボスニアでの監視任務に使われた。しかしながら難攻不落とはほど遠く、任務遂行のため雲の下を飛んでいた1機が、セルビア軍に撃墜された。[62] その後も墜落は相次ぎ、使用可能な機体は13機にまで減った。[63] 1998〜99年のコソボでの作戦中、海軍は巡航ミサイル潜水艦の目標捕捉に〈プレデター〉を使いたい、空軍は爆弾を誘導するレーザー照準器を〈プレデター〉に取り付けて爆弾を誘導させたいと主張した。コソボは無人航空機の重要な分岐点となった。イギリスは第32連隊王立砲兵隊から無人機〈フェニックス〉を20回出撃させ、フランスとドイツが配備した無人偵察機CL‐289〈Piver〉は180回のミッションを飛行し、フランスが開発した〈クリセレル〉も空を飛び交った。合計で21の無人航空機が失われた。[64]

コソボ紛争が終結するや、間髪入れずに〈プレデター〉の次なるミッションが始まった。満面の笑みで周りを笑顔にさせて現場を明るくする、テロ対策国家調整官リチャード・クラークは、国家安全保障問題担当大統領補佐官サンディ・バーガー同様、アフガニスタンの監視に〈プレデター〉を送り込むことに同意したクリントン政権高官のひとりだった。[65] アフリカではアメリカ大使館が次々と攻撃を受けていて、ＣＩＡは一連の事件の首謀者とみられるビン・ラディンの行方を追っていたのだ。果たして無人機のカメラはビン・ラディンを見つけ出し、ペルシャ湾付近で活動中の潜水艦からの巡航ミサイル攻撃の正当性を示すことができるだろうか？　２０００年夏、〈プレデター〉とバン、衛星アンテナ、その他の装置がウズベキスタンに運び込まれた。ウズベキスタンのイスラム・カリモフ大統領は〈プレデター〉の配備に同意していたが、そのことはほとんどの職員に知らされていなかった。９月、〈プレデター〉はアフガニスタンのカンダハル近くのタルナック農場と呼ばれる邸宅の画像を撮影した。どうやらそこに、ビン・ラディンが潜伏しているとみられた。

それまで何か月間も衛星がビン・ラディンの行方を追っていたが、発見には至っていなかった。しかし、今撮影されたばかりのビデオには、ゆったりとしたガウンを身につけて白いあごひげをたくわえたビン・ラディンの姿がとらえられている。ジョージ・テネットＣＩＡ長官は、そのビデオをクリントンとバーガーに渡した。その後無人機が何度も飛んで監視は続けられた。ビン・ラディンを追い詰めるためのプロセスには、陸・海・空軍間の面倒な手続きが山のように必要だった。[66]

ビッグサファリ

アメリカはようやく〈プレデター〉を手に入れたが、問題はどの軍がそれを運用するかだった。１９９０年代に空軍に君臨したロナルド・フォーグルマン大将は１９９６年、〈プレデター〉の支配権を勝ち取るために動き出した。フォーグルマンは鉄道員の孫で、温厚で控え目な人物だったが、1950年代から長年空軍に所属し、任務に注ぐ意欲には並々ならぬものがあった。彼にはアクイラ・プログラムや議会の干渉に嫌な記憶があるようだった。ウィリアム・ペリー国防長官は〈プレデター〉運用の主たる担い手を空軍とすることに同意し、その旨を明記した覚書に1996年に署名した[67]（〈プレデター〉の管理・運用が正式に空軍に移るのは1998年4月）。

アメリカ人兵士の中には、空軍力の増強に大きな役割を果たすことになる新型無人機の姿を垣間見た者もいた。1995年に陸軍士官学校を卒業し、1990年代後半にフォート・ファアチュカ基地に所属しブラックホークに乗っていたヘリコプター・パイロット、ブラッド・ボウマンは、無人機を最初に見たときのことを思い返す。「私は電子戦のために開発されたEH-60ブラックホークの操縦資格を得るための訓練をしていました。飛行訓練や飛行パターンのシミュレーションをしていたんですが、窓の外に目をやると、私たちのうしろのトラフィック・パターン（空港で航空機の目視による離着陸を円滑にするため、あらかじめ定められている飛行経路）に無人機が見えました。おそらくあれは初期の〈プレデター〉だったと思います。ひじょうに落ち着かない気分になりました。最新のテクノロジーでした」。2020年3月、ボウマンはそう語った[68]。「その無人機には度肝を抜かれました。とても目立っていました。どこかの部屋とかバンに座って「それをコントロールする」下級下士官には、十分な訓練を積んで、職務にまじめに取り組んでほしいと思いました……無人飛行機と有人飛行機を同じ飛行パターンで飛ばすようになるなんて、そのころは思いもしませんでした」。アメリカが無人機を本格的に導入したことで、人間の生き方までもが一変しようとしていた。

空軍本部参謀次長代理モデリングおよびシミュレーション担当のジェームズ・クラーク大佐は、フォーグルマンの指示で１９９７年、第11偵察飛行隊の様子を見にボスニアに出向いた。[69]〈プレデター〉最大の欠点は誰もが無人機をほしくなることだった。陸軍は〈プレデター〉の運用を勝ち取れなかったことに納得がいかず、ハンター・プログラムの予算を増やすよう要求していた。海軍は自分たちも〈プレデター〉を運用したいと主張した。１９９０年代初頭、海軍と空軍は共同で中距離無人航空機の開発を試みたが失敗に終わっており、空軍は１９９３年６月に契約を破棄した。[70]

のちにＣＩＡ長官となるジョン・ドイチェ国防次官は、アメリカは８００キロの範囲を高度７６００メートルで24時間飛行し、最大２３０キロの重量を運ぶ無人航空機が必要だと訴えた。無人機はレーダーや高解像度ビデオを積み、衛星回線とつないであらゆる気象条件の下で運用できるものでなければならなかった。[71]

一方、最初に導入された〈プレデター〉はハンガリーのタザール空軍基地で身動きがとれなくなっていた。そこではオペレーターらがテントに宿泊させられていた。第11偵察飛行隊は、ネヴァダ州インディアンスプリングスにある本部とはきわめて異なる状況に置かれていたのだ。タザール空軍基地にいたのは〈プレデター〉3機とそれを飛ばす50名の人員。別のオペレーター・グループが10週間の訓練を受けていて、１９９６年６月に到着することになっている。[72]空軍兵たちはハンガリーの悪天候に不満を訴え、イタリアを拠点にするよう求めた。アルバニアも考えられたが、政治的に不安定だった。荒れた天気はシステムまでも損なった。陸軍が提供した生活の質もとても耐えられるものではなく、空軍兵たちは「過酷な」テント生活に憤慨した。〈プレデター〉を発射させる誘導路は木でできていた。[73]

「海軍が主導権を握っている限り、空軍は〈プレデター〉をどう運用するかを自分で決めることができない」。クラークはフォーグルマンへの報告書の中でそう不満を述べた。彼はまた、ゼネラル・アトミックス社は年間最大7機しか製造することができず、規模があまりに小さすぎるとも主張した。だが、キャシディにはジェリー・ルイスら連邦議員たちの後ろ盾があった。[74] 1997年、フォーグルマンは、アメリカ国防権限法において〈プレデター〉の管理の権限を海軍から空軍に移し、「ビッグサファリ」として知られる第645航空システム群にすべての運用を任せるよう連邦議会を辛抱強く説得していた。ルイス議員はビッグサファリに感銘し、ジャック・ギャンスラー調達・技術担当国防次官は主導権の移動を正式に指示した。[75]

そういう経過をたどり、ビン・ラディンを追い詰めるべく、〈プレデター〉は空軍の指揮の下でウズベキスタンに運ばれた。任務に当たるのは第32遠征航空情報飛行隊。アメリカ空軍情報部長エドワード・ボイル大佐とマーク・クーター少佐は、ドイツのラムシュタイン空軍基地に設置された地上管制から衛星リンクを介し、ビン・ラディンの行方を追跡するよう指令を出した。[76] ビン・ラディンの姿は2度ビデオにとらえられた。

ダークスター

一方でアメリカ国内でも、ゼネラル・アトミックス社の〈プレデター〉は人気を集めていた。

ペンタゴンの官僚たちはUAVセクターのギャップをさらに埋めたいと考えていた。彼らが求めていたのは、ティアⅠ、ティアⅡ、ティアⅢと呼ばれる戦術UAV、中高度長時間滞空型UAV（MALE）、高高度長時間滞空型UAV（HALE）だった。

1988年から「無人航空機ジョイント・プログラム」を支援していた連邦議会は、国防空中偵察局（DARO）を設立し先進概念技術実証を通じてプログラムを後押しした。エアロヴァイロメントは一風変わった高高度ソーラー（HALSOL）UAVの改良を行っていた。この無人機には1980年から資金が提供されていたが、1995年に計画が取りやめになった。もうひとつ「コンドル」と呼ばれるボーイングのプロジェクトも実現にこぎつけなかった。もし現実のものになっていれば、HALEカテゴリーのギャップを埋めていただろう。ロッキード・マーティンのスカンクワークスも無人機〈クォーツ〉の開発に取り組んでいた。

依然としてアメリカ海軍には、運用高度が高く、航続時間の長い、地対空ミサイルに守られた敵の空域に突っ込んでいける無人機が必要だった。1990年代半ば、ジョセフ・ラルストン大将はそうした新たな無人機プログラムに対してやや楽観的な見方をしていた。[77] ラングレー空軍基地の当時の航空戦闘軍団の司令官は、アメリカは無人機の開発に「大々的に」取り組んでいくだろうと言った。だが実際には、システムの構築には長い時間を要することになる。「いつものことながら、空軍の技術はすぐには変わらなかった」[78] とラルストンは振り返った。

かつてさまざまな地域の「最高司令官」を務めた航空軍司令官たちが、近い将来それぞれの部隊に無人機を配備するという見方にも、ラルストンは懐疑的だった。[79] 無人機に資金が注入されるまでに、10年もの歳月が吹き飛ぶかもしれない。とてつもない可能性ととてつもない困難が待ち構えていると、彼は話している。[80] それまでの成功を評価し、１９９６年、ロナルド・ウィルソン大佐はそれらの無人機プログラムを「空の目」と呼んだ。[81] 今後は「複数の軍で」使用できるよう計画され、軍のＣ４Ｉシステム（軍事における指揮（Command）、統制（Control）、通信（Communication）、コンピューター（Computer）と、情報（Intelligence）が統合されたシステムのこと）に接続し、実践的であると同時に相互運用可能なことを前提とした無人機「ファミリー」が作られるだろう。[82]

　無人機が遭遇する困難については、ふたつのプログラムを通してすでに検討がなされていた。無人機の必要性を考えたとき、アメリカは〈ハンター〉をティアⅠ、〈プレデター〉をティアⅡ、ほかの無人機をティアⅢに分類する階層構造を想定した。空軍にはふたつの構想があった。「ティアⅢマイナス」に分類される〈ダークスター〉と、「ティアⅡプラス」に分類される〈グローバルホーク〉である。

　ティアⅠは茨（いばら）の道をたどった。アメリカがなぜ１９９０年代に優れた小型無人機の開発に失敗したかを理解するには、この悲劇のあらましを知っておかなければならない。ウィルソンは、戦術ＵＡＶには電子戦を戦える能力と移動するターゲットをねらえる照準器を備えるべきだと主張した。それらはフォートフッドの第４機械化歩兵師団によって最初に使用されることになっていた。開発期間を2年と見込んで、飛行開始は１９９７年に予定された。電気光学装置、赤外線装置を標準装備し、偵察・情報・目標捕捉（ＲＩＳＴＡ）任務を果たせるとみられていた。

　ウィルソンは、空軍がバルカン半島の2カ所に配備されている〈プレデター〉を、情報が司令官に伝わるのを待つ陸軍軍事情報部隊が使用することに面食らったようだ。陸軍少将チャールズ・トーマスは「旅団から戦域全体に至るまで、あらゆるレベルで」システムが必要という意見に同意し、「我々は、今後師団や部隊に置かれることになるフォワード・コントロール・エレメント（FCE）を通して、陸軍が〈プレデター〉を使用する計画を立てている」[83]と述べた。トーマスが憂慮していたのは、そのためにかかる時間だ。「まずやらねばならないのは、十分な試験を受け、高性能で耐久力があり、実績のある、信頼できるシステムの配備である」[84]

　無人機〈ハンター〉は最長300キロの範囲を、8時間飛び続けることができた。1995年に開発は中止となり、残りの数機はフォートフッドとフォートフアチュカに置かれた。21億ドルのコストを投じ52機が製造される予定のプログラムで、実際に納入されたのはたった7機だった。[85]もうひとつ、戦術UAVの〈アウトライダー〉は航続距離200キロ、オンステーション時間（準備を整えて上空で待機していられる時間）は3時間と見込まれていた。[86]RQ-6Aと呼ばれた奇抜な形状の複葉機だったが、1999年に開発は中止された。[87]当初〈ハンター〉に取って代わる無人航空機に対する大きな希望は、5700万ドルをかけてわずか6機が製造されただけで、消えてなくなった。[88]

　一部の〈ハンター〉は2003年のイラク侵攻で使用され、レーザー誘導弾「バイパーストライク」で武装されていた。その後、ヘリコプター〈アパッチ〉のターゲット追跡を補助するために、第5軍団によってイラクのナジャフ近くに専用の飛行場が建設された。[89]2004年までに〈ハンター〉は戦闘時間3万時間を飛行し、2005年にMQ-5B〈ハンター〉が開発された。

　高高度無人機に関しては、アメリカは歴史ある自国の防衛企業に頼った。当時ロッキードとボーイングには、「秘密のステルス」無人機を製造中との噂があった。[90] その構想をもとに、2000年代初期にX-45やX-47といった後退翼の設計コンセプトが誕生することになる。残念ながら、彼らが製造した革新的な無人機は成功しなかった。〈ダークスター〉はステルス性を持つ無人機で、薄くて長い機体はまるで中央に円板を載せた空飛ぶ定規のようだ。映画『スター・トレック』のエンタープライズ号にどことなく似ていた。敵国の1万3700メートル上空で最大8時間オンステーションが可能だった。搭載されたカメラは4万8000平方キロの範囲を監視し続け、基地から925キロ先まで飛ぶことができた。

〈ダークスター〉の製造を担ったのはボーイングとロッキードで、エドワーズ空軍基地で試験飛行が行われた。翼幅は21メートルで全長わずか4・6メートル。総重量は3900キロでペイロードは454キロだった。[91]「試験はこの夏も続くだろう」。1997年春に空軍はそう発表した。国防空中偵察局長官のケネス・イスラエル少将は、〈ダークスター〉には「敵地のどこからでも信頼できるデータを供給し続けられるだけの能力」が備わると期待を寄せていた。[92]

〈ダークスター〉を補完するためにテレダイン・ライアンが開発した高高度長時間滞空UAV〈グローバルホーク〉は、初飛行を控えていた。ペイロードは900キロで、「地上の司令官がレーダー、赤外線、可視光線を切り替えることができる」。高度1万9800メートル上空を時速650キロで40時間航続可能と想定された。航続距離は5500キロで、敵の上空を24時間「徘徊」できる設計になっていた。試作機の完成は1997年2月20日だった。[93]

軍の官僚主義と指揮系統は開発者にとって頭痛の種だった。グローバルホーク計画を見直したとき、ウィルソンは次のように記している。仮にグローバルホークかダークスター計画が実現し、統合タスクフォースによって使用されたとしても、撮影されたビデオはたとえば陸軍の高度戦術レーダー・コリレーターおよび最新型画像利用システム、空軍のコンティンジェンシー航空偵察システム（CARS）、海軍と海兵隊の統合任務画像処理システム（JSIPS）など、それぞれ別のシステムによって画像処理が施されることになるだろう。

〈ダークスター〉は〈グローバルホーク〉を補完する目的で作られた。被観測性が低いためレーダーに識別されにくく、防空システムに守られているエリアに侵入することができた。だが、その滑らかな黒の無人機は1996年に2度目のフライトで墜落した。RQ-3Aの名称を与えられ、1998年にさらなる試験飛行が行われたものの、1999年に開発は中止となった。成功していれば、アメリカは敵の領空に侵入する能力を得られたはずだ。ところが現実には、アメリカは1990年代にいくつかの機密プログラムに頼り、〈ダークスター〉はなぜ無人機開発が予算を食いつぶすだけで成果のあがらない事業になったかを議会にわかりやすく示す例のひとつとなった。[94]〈アクイラ〉の経験を踏まえ、ロッキードは引き続き全翼無人機の改良を続けていた。2001年、ロッキードはX-44Aと呼ばれる翼幅9メートルの全翼無人機を製造した。だが、その公開は2018年のロサンゼルス・カウンティ航空ショーを待たねばならなかった。[95]

もうひとつ、〈ポールキャット〉と呼ばれる無人機が2005年にロッキードのスカンクワークスによって発表された。〈ポールキャット〉は翼幅27メートル、総重量4100キロ。どことなくB-2爆撃機を彷彿（ほうふつ）とさせる形状で、ペルシャ湾を基地とするために改良が加えられた。ペイロード450キロで、高度1万8300メートルを飛行可能だった。[96] P-175〈ポールキャット〉はロッキード社が政府の支援を受けずに開発したもので、2006年ファーンボロー航空ショーで公開された。レースカーのようなシンプルな全翼機だが、2006年12月にネリス試験場で「取り返しのつかない不慮の事故」を起こし、ロッキード社のオペレーターは自爆ボタンを押した。[97] その失敗がもうひとつのステルス無人機〈センティネル〉RQ-170を生み出した。これについてはのちほど見ていくことにする。

大論争

かつてアメリカは10年以内に人類を月に送り込むと宣言し、それを実現させた。しかし、兵士に与えられた無人機はわずか2、3機にとどまっている。カリフォルニア州選出のダンカン・ハンター下院議員は、1997年の調達小委員会でほかの議員たちを前に激怒した。1948年生まれのハンターは、陸軍レンジャー部隊の一員としてヴェトナムにいたことがある。1981年に初当選した有能な政治家だ。ハンターは無人航空機にも大きな興味を抱いていた。1997年4月9日、彼は無人機の開発および配備にかかわるアメリカの主要な軍関係者を集めた。そのようなヒアリングはそれまで実行されたことはなかった。

そこではアメリカ軍が直面しているさまざまな課題について検討された。空軍がエグリン空軍基地にUAV戦闘ラボを構築したことを除いて、ほかの軍は望むものを思うように手に入れられずに苦労していた。アメリカ会計検査院防衛調達問題責任者のルイス・ロドリゲスは、驚きの証言をした。それまでに数十億ドルが無駄になり、計画されていた8つのプログラムのうち大きな成功を遂げたのはわずかにひとつ──〈プレデター〉だけだったというのである。

委員会では、砂漠の嵐作戦における無人機の活躍に再び注目が集まった。無人機の威力は誰もが認めるところだった。新しいテクノロジーが生まれれば、新しいプラットフォームによって滞空時間は長くなり、敵の領空に侵入して衛星から敵情を偵察できるようになる。有人航空機よりも操作しやすく、ビデオを現地司令官と接続することも可能だ。議員たちは、ジョン・レーマン長官の下で海軍が無人機の導入を推し進め、イスラエル製の〈マスティフ〉と〈パイオニア〉を調達した経緯を聞いた。レーマンはその「一意専心」の姿勢が高い評価を受けた人物だ。[98] だがやがて、目指すべきものは変わった。「戦術指揮官が戦術的収集システムを配備するのに必要なスキルと知識を身につけることが大きな課題になりました」とロドリゲスは述べた。[99]

ロドリゲスはこうも言う。「無人機に求める機能が多くなるほど、作るのは難しくなります」。軍は、各プログラムは無人機にあまりに多くの機能を詰め込もうとして、テクノロジーの成熟度合いを顧みなかったと指摘した。無人機はコンピューターやデータリンクや地上管制といったより大きなシステムの中の、最も存在感のある一部の要素にすぎない。

眼鏡をかけ、痩せた海兵隊戦闘開発司令部ポール・K・ヴァンライパー大将は、海兵隊に無人機をもっとたくさん配備してほしかったと述べた。「初期の成功とは対照的に、この10年の無人機開発の歴史は、我々の作戦部隊にとって喜ばしいものではありませんでした」。彼によると、海兵隊クワンティコ基地の試験センターは新しい無人機を求めていたが、彼らが保有していたのは〈パイオニア〉だけだったという。次に打席に向かうのは国防空中偵察局長官のケネス・イスラエル少将だ。髪を短く刈り込んだ彼は苦笑いを浮かべながら、無人機は命を救う、だから投資する価値があるのだと語った。「自分の息子や娘の命に１０００万ドルの価値などないと言う父親や母親がいたらお目にかかりたいものです」とイスラエルは言う。彼によると、無人機は訓練中にすでに敵を追跡する能力を証明していたという。「彼らが空を見上げるのは、ハレーすい星を見たいからではありません。無人機を探しているのです。なぜなら自分たちの居場所が敵に知られてしまうからです」。アメリカが現在無人機を何機保有しているかについて、ハンターはケネス・イスラエルを質問攻めにし、その数の少なさ――〈プレデター〉13機、〈パイオニア〉45機、〈ハンター〉56機――に不満の意を表した。

ヒアリングに続く議論のテーマは、今後何が必要になるかだった。海兵隊は戦艦から容易に操作ができる垂直離着陸方式の無人機がほしいと訴えた。当時、軍は13年後の未来を見通して「ジョイント・ビジョン２０１０」を共有していた。ひとつのコンセプトが、シコースキーが開発した空飛ぶドーナツ、無人機〈サイファー〉だ。ＢＡＩエアロシステムズ製の小型のＶ字型機〈エクスドローン〉もあった。それらふたつの戦術ＵＡＶはどちらも失敗に終わった。「技術も情報もデータ配信も今なら実現可能です。あとは最後までやり遂げるだけです」とイスラエルは述べた。[100]

ハンターはその考えに同意したうえで、次のように指摘した。アメリカは冷戦後軍備を縮小している。海軍が保有する船を５４６隻から３４６隻に減らし、陸軍が８つの師団を帰還させるなか、無人機はある意味新しいテクノロジーの相乗効果を象徴するものである。「我々は無人機が好きです……現時点でなぜもっと多くの無人機が配備されていないのか、なぜ計画がもっと迅速に進まないのか、不思議でなりません」。空軍もその意見に同意すると述べたのは、航空戦闘軍団副司令官のブレット・デュラ中将だ。だが実は空軍は、「精密交戦力」を備えるなど、〈プレデター〉にもっと多くの役割を与え、武装化の地ならしをしたいと考えていた。[101] 数時間、数百ページにも及ぶ数々の証言を受けて、最後に国防議会調査局のリチャード・ベストは、各軍はそれぞれの活動範囲や部隊に合う無人機ファミリーを求めているが、それを実現させるのは至難の業だと指摘した。

提起された問題に加えて、既存の無人機はどれもみな問題を抱えていた。〈プレデター〉は摂氏45度にもなるクウェートのような高温の環境では飛ぶことができない。しかも、離陸させるには1500メートルの滑走路が必要だ。〈パイオニア〉のプロペラは雨でダメになる。霧が立ち込めたり横風が吹いたりする日は、エプロンから動かせない。無人機は墜落の可能性が17倍も高く、1998年までに〈プレデター〉65機のうち23機が失われた。[102] まさにか弱き小さな生き物なのだ。内輪もめ、官僚主義、無駄、そしてプラットフォームに拡張機能が詰め込まれる「要件クリープ」が、無人機の揺籃期(ようらんき)にある大国を苦境に陥れていた。

リンドバーグの足跡

すべては1994年にアルフレッド・ラミレスがメモ帳に描いたスケッチから始まった。[103] 彼のコンセプトは1995年、DARPAに採用され、それをもとに〈グローバルホーク〉が開発された。「フライアウェイ・コスト」（製造コストを含むが、研究開発費やサポート費、スペアやメンテナンスなど将来の費用を除外した、航空機1機を製造するための限界費用）はわずか1000万ドルに抑えなければならなかった。テレダイン・ライアンは〈グローバルホーク〉の初飛行を計画していた。待ちに待った1年後、1996年12月16日に許可が下り、1997年2月の初飛行に向けて準備を進めた。[104]

翼幅35メートルの〈グローバルホーク〉は、まるで空飛ぶシロイルカのようだ。ステルス機〈ダークスター〉とは異なり、〈グローバルホーク〉は動きの遅い獣で、特段敵のレーダーを回避するようには設計されていなかった。[105] しかし、航続時間40時間、航続距離2万1000キロと持久力はクジラ並みを誇った。予定よりだいぶ遅れ、〈グローバルホーク〉は1998年にようやく空に飛び立った。巨大な無人機は、どんな天候でも航行できるように設計されていた。

1998年2月28日。その日はまたとない日だった。〈グローバルホーク〉は地上走行し、カリフォルニア州エドワーズ空軍基地を離陸した。[106] DARPAの支援を受けて作られた試作機は真っ白だった。テレダイン社のマイク・ムンスキが、コンソールを操作してそれを発射させた。通称AV-1は1時間足らずのフライトで高度9975メートルに到達した。[107] 試作機はリンドバーグ・フィールド近くにあるテレダイン・ライアンの工場で製造され、運ばれてきた。「本日、グローバルホーク・チームは類まれなる成果を示すことができました。試験飛行の成功は、兵士のための強力な新兵器開発の重要なマイルストーンです」と、DARPAのダグ・カールソン大佐は述べた。[108]

「〈グローバルホーク〉は航空機の歴史を作りました」。数年後にそう語ったのは、ノースロップ・

グラマン社のローレン・スティーヴンス副社長だ。同社は1999年にテレダイン・ライアン社を1億4000万ドルで買収し、それに伴いプロジェクトにも少し変更が加えられた。彼らは12時間交代で勤務し基準を満たす試験用機を2機製作した。エンジニアたちは感謝祭にも働いたことを覚えている。[109] だが何もかもが完璧だったわけではない。1999年3月、2機目のAV-2が離陸後に墜落した。[110] 1万2500メートルの高さから落下していくV-2を見て、監視のため飛んでいた随伴機(チェイサー)は、無人の航空機に向かって、「上昇しろ」と叫び続けていた。

軍の幹部たちは〈グローバルホーク〉に感銘を受けた。2000年2月には、ノースロップ・グラマン社とのあいだに7100万ドルの増産契約が結ばれた。[111] エグリン空軍基地に飛び、続いて大西洋上空を飛んだフライトが初の大洋横断飛行となった。フォートブラッグのオペレーターは送られてくる画像をじっと見ていた。AV-5〈グローバルホーク〉はエドワーズからオーストラリアのエジンバラまでの1万2000キロを22時間で飛んだ。それは無人機による初の太平洋横断だった。高度1万9800メートルを31時間飛行するなど、AV-5はなおも記録を作った。2001年5月には全米航空協会からコリアー・トロフィーを受賞。ノースロップ・グラマンのほか、ロールスロイスとレイセオンにも同じ賞が与えられた。

2001年9月11日の同時多発テロ事件を契機に開発ペースはいっそう迅速化し、アフガニスタンへの配備は急速に進んだ。〈グローバルホーク〉はいよいよその能力を見せつけ、長時間滞空してタリバンやアルカイダの情報をリアルタイムに収集・送信した。不朽の自由作戦では、1万7000のリアルタイム映像を送信し、60回の戦闘任務に就いた。第12遠征偵察飛行隊作戦本部長トーマス・バックナー中佐は〈グローバルホーク〉の力に感心し、「これには大きな需要がある」と語った。[112]

1年後、イラクの自由作戦のため、〈グローバルホーク〉は再びイラクの空へと送られた。わずか15回の出撃で送った映像の数は4800。それは作戦にとって「急を要する」データであり、同機は13台の地対空ミサイルバッテリー、50台の地対空ミサイル発射台、300両の戦車を発見した。さらにはサダム・フセイン宮殿の空爆に関する戦闘被害評価も行った。〈グローバルホーク〉はイラクの完全な敗北を加速させたと、統合軍空軍部隊司令官は結論づけた。RQ-4Bモデルでは、翼幅は40メートルとやや大きくなる。「現地に出向いた一行——空軍と契約業者——は私がこれまで出会った中で最も献身的な人たちでした」と開発者のアンダーソンは述べた。アンダーソンもラミレスも引き続きそれ以降のモデルの開発に取り組み、〈トライトン〉（海軍向けの洋上監視型無人機）を完成させた。[113] 2001年に空軍に引き渡されて以来、2018年までの作戦飛行時間は25万時間に及んだ。[114]

〈グローバルホーク〉は目覚ましい成功を収めた。グラファイト複合材料製で、V型尾翼にはレーダーや赤外線の痕跡を減らす効果がある。エンジンはロールスロイス・ノースアメリカ製のターボファン・エンジン、ロールスロイスAEだった。RQ-4A（ブロック10）は改良されてペイロードが1360キロに増えた。[115] 運用には管制エレメント（MCE）のほかに発射・回収エレメント（LRE）が必要で、情報の送信は衛星通信経由で行われる。[116] 滞空中はレーダーで動く標的を追跡することが可能で、照準器を搭載している。24時間のあいだにイリノイ州ほどの広さ

（10万3600平方キロ）のエリアを偵察することができる。
シロイルカこと〈グローバルホーク〉は何回かのブロックに分けて製造された。最初の7機は試作機ブロックで、続くブロック10が2006年に完成し、その最初の2機は同年に海軍に納入された。2009年にさらに6機が作られ、2011年に15機、2012年に26機の製造が計画された。[117]〈グローバルホーク〉はアメリカが過去に広域偵察に使用していたU‐2よりも優れていた。電気光学／赤外線センサー（EO／IR）イメージングや合成開口レーダー（SAR）などの新たな技術やセンサーも搭載されていた。SARは基本的により細かい地形をスキャンでき、高性能カメラはより詳細な画像を撮影することができる。〈グローバルホーク〉のオンステーション時間は24時間、一方のU‐2は10時間だ。製造数が限られていたため、〈グローバルホーク〉はひじょうに価値が高く、その活躍はつとに知られている。[118]たとえばAV‐3は世界的なテロとの戦いに3度配備され、167回のミッションで飛行時間4800時間を記録した。[119]一方、4番目の生産ユニットの初飛行は2004年で、以来422回のミッションに出動し、最後には拠点であるビール空軍基地で解体され、2011年9月に航空博物館に送られた。[120]
〈グローバルホーク〉の価格は天文学的に上昇した。1990年代は1機が1000万ドルだったと言われている。2001年12月に損傷を受けたときは、修理だけで4000万ドルかかった。本来低コストのはずのプログラムだが、必要のない高額な装備でも組み込むようになったのだろうか？[121]ノースロップ・グラマンは2002年に2億9900万ドルの契約を請け負った。この時点で同社は、滞空時間28時間、ペイロード1360キロのRQ‐4Bを製造していた。航続距離は1万6000キロ。3年間の試験と7万7000時間の飛行時間を積み重ねたのち、2006年に〈グローバルホーク〉は耐空証明（一定の安全基準と環境上の基準に適合するかを検査し、航空機が安全に飛行できる強度、構造、性能を持つことを認める証明）を受けた。ただし、今でも人口密集地域上空を飛行することは「可能な限り」制限されている。[122]

コスト計算

下院情報特別委員会は怒りをあらわにした。1000万ドルの航空機の価格が4800万ドルになり、今度は4億7300万ドルに跳ね上がったのはどういうわけだ?「新たな機能や能力を次から次へと追加したために、計画は予算を超過した。グローバルホーク・プログラムに湯水のごとく予算を注ぎ込もうとしている。要件が設定されないうちから、その場しのぎの計画を立てて大がかりで急なアップグレードを実行するばかりで、どこでどうやって〈グローバルホーク〉を全体のコスト回収構造に収めるのかを真剣に検討している様子がない」[123]。なんと。その規模はすでに10億ドルにまでふくらんでいた。だが少なくともその額に見合う効果はあった。それが〈アクイラ〉とは違うところである。

〈グローバルホーク〉第8号機は2003年に納入され、うち何機かを受け入れるためにUAEのアルダフラに基地が建設された。そこから〈グローバルホーク〉は、イラクおよびアフガニスタンにおける作戦のために1万5000の映像を送った。[124] ペンタゴンはそれらに信号情報収集パッケージを、ブロック40型にマルチプラットフォーム・レーダー技術を追加し、2010年までに45機を、2020年までに78機を運用する計画だった。[125] それに加えて、NASAとアメリカ海洋大気庁が科学研究のためにそれらを利用するようになった。[176]〈グローバルホーク〉はハリケーンを監視することもできるのだ。

U‐2の退役後は、〈グローバルホーク〉がそれに取って代わることになるだろう。アメリカのさまざまな偵察機を使う飛行隊が抱える問題は、すでに明白だった。2001年4月、アメリカ海軍の偵察機EP‐3が中国人民解放軍のJ‐8ジェット戦闘機と衝突し、中国の島に不時着する事件が勃発し、〈グローバルホーク〉増強の必要性が明らかになった。乗員は中国側に拘束され、10日後に解放された。

1990年代に開発プログラムがあれほど数多くあったことを考えると、成功したのが〈グローバルホーク〉と〈プレデター〉だけというのは驚きである。両機は21世紀の最初の20年間世界を席巻することになるテロとの戦いで、大きな役割を果たした。だが同時に、失敗の大きさも桁外れだ。1979〜2000年までのあいだに、アメリカは8つの無人機プログラムに20億ドル以上の予算を無駄につぎこんでいる。[127]議会は、取り組みは「期待外れに」終わったという報告を受けた。

このことが多層的な無人航空機システムの構想に大きな穴をあけた。陸軍には戦術UAVがなく、海軍は〈ハンター〉に代わるUAVを保有しておらず、高高度でレーダーを通過できるUAVはなかったし、中距離UAVのような高速飛行が可能なUAVもなかった。[128]

グローバルホーク・プログラムは最終的に、2012年に海軍と共同使用する無人機〈トライトン〉に移行した。その費用は11億6000万ドルを超えた。5機は既存のRQ‐4に改造を施したものだ。海軍は、有人航空機P－8を補完するMQ－4C〈トライトン〉68機の配備を要求した。〈トライトン〉は広域洋上監視ブロック10実証機（BAMS－D）の試験を受けることになっていた。[129] 通称はRQ－4N。[130] この怪物は3700キロの範囲内にあるターゲットの1万5000メートル上空を30時間、時速580キロで飛行することになっていた。すべての型式の〈グローバルホーク〉は、アフリカにおけるボコハラム（ナイジェリアのテロ組織）やISISに対する作戦に加え、アメリカが日本の基地から北朝鮮を監視するのに役立った。[131]

2019年6月、1機のRQ－4Nがイランの沖合のパトロールに送り込まれた。[132] イランがオマーン湾を攻撃し、アメリカとイランの緊張が高まっていたのだ。ほかにも、イエメンはサウジアラビアにロケット攻撃を行っていた。当時海軍が保有していたのは〈グローバルホーク〉の派生型4機だけだった。6月20日の明け方、RQ－4Nはイランのミサイル攻撃を受け、ホルムズ海峡に墜落した。[133]

撃墜を行ったのはイランの第3ホルダード防空システムである。F－35と比べたら法外な値のついた、貴重な、最も高額なアメリカの航空機がイラン製のミサイルに撃ち落とされたのは、いったいどういうわけなのだろう。1960年に、CIAが開発しフランシス・ゲーリー・パワーズが操縦するU－2がソ連上空で撃墜された事件同様に、懸念材料は数多くあったものの、少なくとも死者は出ず捕虜となった者もいなかった。ディフェンス・ワン（軍事防衛ニュースサイト）は、アメリカは最新の無人機に資金を出し惜しみした挙句、並みのレーダーやミサイルに撃墜されたと伝えている。[134] 長年自分たちを撃ち落とす力のない敵と戦ってきたせいで、20年にも及ぶ無人機開発は自己満足に陥っていたのだろうか。その問題はその後もアメリカを苦しめることになる。アメリカがなぜそこまで現状に満足していたのかを理解するには、そもそも無人機がどのような経緯で武装されるようになったかを理解する必要がある。それは１９９０年代のビン・ラディンに始まり、２０２０年１月の穏やかなある日の未明、バグダッド国際空港でクライマックスを迎える。

ではその終わりの話から始めよう。

第3章

降り注ぐ業火

ミサイル搭載ドローン

2020年1月3日、バグダッド国際空港。シャーム・ウィングス航空のダマスカスからの便が到着するのを、ふたりの男がじっと待っていた。予定より2時間遅れのフライトは、0時をすぎてようやく着陸した。がっしりとした体格の男たち数名が最初に姿を現し、階段を下りると、広い空港の滑走路を横切って税関を素通りした。保安検査場を越えたターミナルの外では、トヨタのアバロンとヒュンダイ自動車のミニバスが彼らを待っていた。[135] 到着したのは、イランのイスラム革命防衛隊の伝説的司令官カセム・ソレイマニ。イラクのイスラム教シーア派武装組織の指導者アブ・マフディ・アル＝ムハンディスは、ソレイマニと同じく、シャツのボタンを留めて裾をズボンから出すといういでたちに、やはり同じように短く刈り込んだ白いあごひげをたくわえていた。彼はこれからソレイマニを迎え入れる。この特別な出迎えのために、ムハンディスは窓口役であるムハンマド・レダ空港儀典官に2台の車を可能な限り近づけてソレイマニをアバロンからバンに移動させたいと頼んだ。空港警備員は彼らの動きの一部始終を監視しながら、飛行機が到着し、ソレイマニの特徴と一致する人物が下りたことをアメリカの当局者に報告した。[136]

飛行機の着陸から25分後の現地時間0時55分、2台のうちの1台が空港からバグダッド中心部に向かう道路を走り始めた。次の瞬間、アメリカの無人機(ドローン)が放った2発のミサイルによって、バンは木っ端みじんになった。3発目のミサイルはアバロンを破壊した。イランの最高司令官の身元を確認できるものは、指輪をはめた血まみれの指1本だけだった。現地の報道は、この謎に包まれた爆発を、近くにあるアメリカ軍基地に向けて発射されたロケットが軌道を外れたのではないかと伝えた。アメリカがイランで最もその名を知られ恐れられた大将の殺害を目論んでいたことを、誰一人想像する者はいなかった。

1万キロ離れたアメリカでは、ドナルド・トランプ大統領が作戦について説明を受けていた。ミサイルが車を追いかける様子を生で見ながら、兵士が大統領に実況中継する。「彼らの命もあと1分で終わりです。30秒、8秒。任務完了」[137]。同じころ、イランの航空宇宙作戦および諜報活動を統括する、ジョージ・クルーニー似のアミール・アリ・ハジザデ大将は動揺していた。クウェートにいる彼の諜報員は、アリアルサレム空軍基地に設けられたアメリカのドローン基地の監視を行っていた。その活動は活発化していた。

アメリカの無人機MQ‐9〈リーパー〉が上空で確認され、バグダッド上空を飛ぶヘリコプターの姿も報告された。ソレイマニはハジザデに自分の居場所を知らせていなかった。「我々は常にアメリカの動きを監視しているが、ハッジ・カセムのスケジュールまでは知らなかった」とソレイマニの名に敬称を付けて彼は述べた。バグダッド空港で起きた不可解な爆撃が名高い司令官の死を意味することは、まもなく明らかになる。

ソレイマニの命を奪ったミサイルを発射したのは、重さ2200キロ、翼幅20メートルのドローンだった。〈リーパー〉はアメリカが保有する多くの無人航空機のひとつで、2007年に運用が開始された。ソレイマニ暗殺から数日後、イランはアル・アサド航空基地（アメリカ軍が駐留するイラク軍の基地）目がけてミサイルを発射し、MQ-1C〈グレーイーグル〉を運用するアメリカのドローン・オペレーターが集中砲火を浴びた。彼らは何時間もコンテナにこもり、ドローンの着陸を確実に成功させるにはどうすればいいかを検討した。[138]

ドローンがなぜ、ソレイマニとムハンディスの暗殺という歴史上きわめて重要な役割を担うようになったのかを理解するには、忘れてならない人物がいる。ドローンが殺さなかった、オサマ・ビン・ラディンである。

武装化できるか？

2001年、ダグラス・J・フェイスが政策担当国防次官に就任してから初めて出席した諸機関会議の議題は、無人機だった。時期は8月。ワシントンは蒸し暑かった。「議論したのは、衛星画像に映る、背が高く、白いガウンを着た、アフガニスタンにいるオサマ・ビン・ラディンと思しき人物についてでした」[139]とフェイスは振り返った。9・11以前から、ビン・ラディンはすでにアフリカや中東でアメリカに対して攻撃を繰り返し、その両手をたくさんの血で汚していた。「我々に何ができるのかを話し合いました。無人機にヘルファイア・ミサイルを搭載できるようになったばかりで、まだ実戦では使われておらず、それはいわば生まれたばかりのテクノロジーでした。当時の無人機の任務は情報収集・監視・偵察であって、殺傷能力を持つとは考えられていませんでした。2001年8月に〈ヘルファイア〉を無人機に搭載できると言われましたが、この新型ミサイルを用いてビン・ラディンを殺すべきか、意見を交わしました」

論戦は続いた。「実行した場合の、巻き添え被害はどうなんだ?」懸念した政策立案者が尋ねる。誰がそれを操作すべきか? CIAにできるか? 実際に引き金を引くのは誰だ? 軍は最初責任を負うのを嫌がった。ある大将は「[ビン・ラディンの]追跡は軍の任務ではない」と言ったという。彼らには、1990年代にパナマ共和国の独裁的指導者マヌエル・ノリエガを追跡したときの悪い記憶があった。標的殺害(ターゲテッド・キリング)(逮捕して司法手続きに則って責任を追及するのでなく、最初から殺害を目的に居場所を突きとめて襲撃する、対テロ戦争における主要な作戦)は軍のやることではないと、彼らは主張した。「9・11以降、テロ指導者に対する作戦を軍事任務とするには、軍は文化の再調整を行わなければなりませんでした。その結果追跡は任務でないとの声は聞かれなくなり、我々はアルカイダ幹部を次々と捕捉・殺害していました。そうした状況の中、2001年8月の会議で無人機に関する議論が行われました。それは軍が果たすべき任務なのか? 軍関係者の[当時の]答えはノーです。彼らは、そんなものはCIAにやらせろと言いました。無人機を持っているのは軍じゃないかと言うのなら、我々は喜んでCIAに引き渡すので、どうぞ引き金を引いてくれと」。フェイスは当時を思い返してそう語った。

そして、その日は来た。

同時多発テロ以降、ビン・ラディンを殺すべきかどうかは答の出ない厄介な問題だった。政府はそれを優先事項とみなしていないため、作戦に投じられる予算は低く、CIAと空軍のあいだで責任のなすり合いが起きているのは明らかだった。[140] 航空戦闘軍団司令官である空軍のジョン・ジャンパー大将は、すでに2000年5月から〈プレデター〉の武装化を求めていた。[141]〈プレデター〉はジョージ・テネットによりアフガニスタンのミッションに送られることになっていた。国務省は、武装化すれば〈プレデター〉は「地上発射巡航ミサイル」に該当するため、1987年の中距離核戦力全廃（INF）条約に抵触するのではないかと懸念し、当惑していた。[142] 一方で、〈プレデター〉の武装化と、DARPAの無人戦闘機X‐45A開発プロジェクトの進展を求めるジャック・ギャンスラー国防次官の支持の下、空軍は武装した無人機の製造を推し進めた。[143]

政府高官らは、〈ヘルファイア〉を〈プレデター〉に搭載するという構想の行方を見守っていた。国家安全保障問題担当大統領次席補佐官スティーヴン・ハドレー、CIA副長官ジョン・マクローリン、国防次官ポール・ウォルフォウィッツ、空軍のリチャード・マイヤーズ大将は武器を積んだ〈プレデター〉をアフガニスタンのミッションに送り込むことを検討していた。国家安全保障会議のリチャード・クラークが、武装化は1987年INF条約違反には当たらないと説明し、許可を得るのに尽力した。武装した無人機の開発に取り組んでいたビッグサファリ・プログラムが行動を開始した。まずは200万ドルをかけたデモンストレーションを実行しなければならない。空軍のスティーヴン・プラマー大将はヘルファイアIIミサイル10機と、M299ミサイル・ランチャー3基を調達した。2001年3月、〈プレデター〉によるビン・ラディン捜索作戦を、クラークは「see it／ shoot it（見つけたら撃て）」と銘打った。[144] ブッシュ大統領は9月4日、武器を搭載した〈プレデター〉をアフガニスタンに送ることに同意した。[145]

ところが、その後の動きはきわめて遅く、空軍のチームがラングレーのＣＩＡ本部に集められ、航空戦闘軍団遠征航空情報飛行隊第1分遣隊の結成が正式に命じられたのは、ワシントンとニューヨークがテロ攻撃を受けたあと、９月18日のことだった。[146] チームは、ＣＩＡ本部構内の木の陰に隠されたトレーラーの中でオペレーションを実行した。そして、航空戦闘軍団遠征航空情報飛行隊に代わり、「プレデター部隊」と呼ばれた第17偵察飛行隊がネヴァダ州インディアンスプリングス空軍補助場（現クリーチ空軍基地）に送られた。[147] これでようやく、「最重要ターゲット」を発見し殺害する許可がＣＩＡに与えられた。[148]

ゼネラル・アトミックス社には、〈プレデター〉の注文かどんどん舞い込んできたと、トーマス・キャシディは当時を振り返る。昔は心配のあまり、科学者や消防士にまで売り込んだものだったが。[149] 〈プレデター〉はアフガニスタンで着々と実績を積み上げ、９・11からわずか２か月で発見したターゲットの数は５２５にのぼった。アメリカ陸軍のトミー・フランクス司令官は、「アルカイダとタリバンの指導者を追い詰め殺害するのに、〈プレデター〉は最も有能なセンサーだ」と述べた。[150]

〈ヘルファイア〉も現地に到着していた。２００１年2月に、〈ヘルファイア〉はチャイナ・レイクで試験を完了している。[151] ビッグサファリは無人機をアメリカで操作することを可能にする通信システムの設置に力を貸した。[152] 〈ヘルファイア〉を発射した最初の〈プレデター〉は、２６１回出撃したのち退役し、航空博物館に送られた。[153] 当初利用できる機体はわずか10機だったが、生産は急ピッチで進められ、２００７年には１８０機が利用可能になった。[154] 無人機がターゲットを追跡しながら撮影し続けるライブ映像は、ワシントンのほかアメリカの空軍基地でもリアルタイムで見られていた。

空軍戦争大学戦略技術センターのデイヴィッド・グレードは、2000年、「無人航空機の開発は将来軍の力がどう利用されるかを大きく変えるかもしれない」と考えていた。[155] 彼の予想は正しかった。2002年11月4日、〈プレデター〉は作戦範囲を広げてイエメンに飛び、アルナキャの農場近くを走る黒のトヨタ・ランドクルーザーにねらいを定めた。ミサイルは車を吹き飛ばし、6人を殺害した。『ロンドン・タイムズ』紙は、それをロボット戦争の「革命」と報じた。[156] 作戦を可能にしたのは、現地の部族民への賄賂と携帯電話を駆使して情報を集め、ほかの諜報員やドローン・オペレーターに送ることができる地上の潜入捜査官だった。すべてが終わったとき、車の残骸から煙が立ち上り、アルカイダ幹部のアブ・アリ・アル＝ハラシーは死亡した。アメリカは2000年10月に起きた海軍駆逐艦コール爆撃事件の犯人を見つけ、息の根を止めたのだ。[157]

AGM－114C〈ヘルファイア〉を搭載してジブチから飛び立った〈プレデター〉は、イエメン上空を飛んでいた。それは数か月のあいだ待ちに待った日だった。ジョージ・W・ブッシュ大統領は攻撃に先立ち、イエメンで長期政権を維持するアリー・アブドッラー・サーレハ大統領と話をしていた。アル＝ハラシー殺害をきっかけに標的殺害の正当性に関する議論が起こった。[158] また、イエメンの政治家がアメリカの「自動操縦装置」作戦を知らないふりを装って、アメリカ大使のエドモンド・ハルを激しく攻め立て、イエメンでも論争が巻き起こった。[159] あとになってアメリカ政府当局者は、あれは正当な攻撃だったと語った。[160]

ＣＩＡはその結果に満足した。アメリカのテロへの対抗措置の始まりはおよそ30年前である。ジョージ・Ｈ・Ｗ・ブッシュ副大統領の強い要請により、１９８６年デュエイン・クラリッジのリーダーシップのもとでテロ対策タスクフォースとテロ対策センターが創設された。人質の救出とイランの支援を受けたレバノンのテロリストの処罰を重要視したアメリカは、空飛ぶマシン開発を目指した超極秘の「イーグル・プログラム」に資金を投じていた。その無人機には赤外線カメラと木製のプロペラが搭載された[161]。その子孫が、２００１年以降ＣＩＡが使用する〈プレデター〉なのだ。

２００３年、イラク侵攻を決めたアメリカとその同盟国は、無人機の力を借りていよいよ戦争を始めようとしていた。とはいえ、利用できる無人機の数はまだまだ少ない。そのうえ損失も被っていた。２００２年12月23日、南の飛行禁止区域に侵入した〈プレデター〉がＭｉＧ-25に撃ち落とされたのである。ほかにも失われた〈プレデター〉が何機かあった。それにより、ドローンにはまだ空対空戦闘は無理であり、ステルス性を高めた機体が必要なことが明らかになった。そのときすでにアメリカは、数年後に登場する〈センティネル〉同様のステルス無人機の開発に着手し、おそらく使用していたと思われる[162]。

ようやく、第46遠征偵察飛行隊の一部として無人機がイラクのバラッド空軍基地に配備された。ある少佐率いるチームに割り当てられた無人機の数はわずか25機。それらは２００４年11月のファルージャの戦闘で力を発揮し、イラクのスナイパーを殺害した。海兵隊も１５５ミリメートル迫撃砲の誘導役として〈パイオニア〉を利用していた[163]。無人機はさらに空軍の構造にも組み入れられていた。ひとつの飛行隊は4機を1組とする5つの小飛行隊で構成され、各小飛行隊には55名前後の士官と乗員がいる。2006年、第11、第15、第17偵察飛行隊の士官と乗員の数は合計1000名だった。[164] 2005年6月～2006年6月までのあいだに、〈プレデター〉が遂行したミッションの数は2073。飛行時間は3万3000時間に及び、追跡したターゲットの数1万8490、攻撃回数は242回にのぼった。[165] 2011年、戦闘時間は100万時間に達した。[166]

〈プレデター〉はオペレーターともども交代で任務に当たり、24時間ターゲット上空を飛行し続ける予定だった。ところが、問題があった。衛星の数が足りないのだ。そのため、2001～2002年に同時に滞空できたのは〈プレデター〉2機と〈グローバルホーク〉1機のみだった。そうした状況を顧みず、2004年に空軍は〈プレデター〉を100機ほしがった。そして不覚にもその3分の1を失ってしまった。

〈プレデター〉の利用拡大に伴って、ほかにも問題が生じた。空軍が士官クラスのパイロットをオペレーターに任命し、それを飛ばす独占権を要求したのだ。パイロットを目指す人のほとんどは、トレーラーの中で任務に就くなんて想像すらしていないというのに。海軍、陸軍、海兵隊に至っては、下士官兵を使って無人機を飛ばすことさえ厭(いと)わなかった。

役割が大きくなるにつれ、課される要求も増えた。2007年には約180機の〈プレデター〉が配備され、各部隊が1日に求める情報は300時間分にも及んだ。全部を提供する能力は当時の〈プレデター〉にはなかった。操縦はアメリカで行われていたが、離陸場所はたいていイラクのバラッド空軍基地といった交戦地帯の近くだった。2000年代初頭、〈プレデター〉の操縦・制御は通常クリーチまたはネリス空軍基地で行われていた。『ロボット兵士の戦争』によると、ある空軍兵士は著者のP・W・シンガーに、自分の役目は「味方が危険な目に遭わないようにすること」だと語っている。パイロットは司令官、他の飛行調整官、諜報部員と話をすることができた。

武器を載せて監視任務を実行しながら、〈プレデター〉はレーザー照準器、あるいは赤外線「ビーム」を使ってターゲットの位置を地上部隊に正確に伝えることができた。[167] それまでの技術と比べたら、大きな進化だった。第5軍団の兵士が2003年のイラク侵攻に備えていたとき、彼らには無人機〈ハンター〉がほんの数機あるのみだった。この時代のアメリカ製無人機は、2008年の国境巡視や「カミカゼドローン」（自爆ドローンのこと）など、別の用途でも使われ始めたようだ。そのきっかけは、無人機〈レイヴン〉（アメリカが開発した手投げ発射式の小型無人機）をテロリストのもとに飛ばしてしまったオペレーターのミスだった。[168]

2006年には32カ国が無人航空機を開発し、250を超えるモデルがあった。41カ国がすでに80の軍用ドローンを飛ばしていた。アメリカが保有する無人航空機の数は1000。[169] これにはマイクロUAVに分類される重さ250グラムの〈ワスプ〉も含まれる。[170] アメリカは大型UAVを250機運用し、2015年までに1400機を採用することを目指し、開発に130億ドルを費やすと見込まれていた。

照準線の向こう

1967年6月6日、イスラエル人兵士ヤキ・ヘッツはイスラエル史上最も激しい戦争を戦っていた。エルサレム奪還を目指す六日戦争（第三次中東戦争）のさなか、ヘッツはヨルダン軍に対抗してエルサレムの「弾薬の丘（アミュニション・ヒル）」を攻撃するイスラエル第55予備役空挺旅団に所属していた。丘は塹壕だらけだった。頂上からは、遠くにエルサレムの旧市街や、オスマン帝国時代に作られた壁を見ることができる。「すべてあっという間の出来事だった」。のちにヘッツはそう語っている。午前2時半、ヨルダン軍の不意打ちを受けて小隊の司令官が撃たれると、彼はすばやく攻撃の指揮を執った。ヘッツはそのリーダーシップを称賛され、勇気記章を受賞した。[171]

「弾薬の丘」の戦いを通して、ヘッツは歩兵部隊が接近戦を戦いながら塹壕の周囲や丘の向こうを見渡すために使えるなにかが必要だという結論にたどり着いた。そこで、空中にとどまり、敵情を監視し、殺傷能力を有する兵器のスケッチを描いた。[172] 1967年のトラウマを克服した彼はエンジニアリングを学び、イスラエルのオーソリティー・フォー・ザ・ディベロップメント・オブ・アーマメンツ（のちのラファエル・アドバンスド・ディフェンス・システムズ）で働くようになる。ヘッツはラファエルで40年以上勤務し、彼の夢だった徘徊型兵器が2000年初めによ
うやく形になる。のちに〈ファイアフライ〉と命名されたその兵器はふたつのローターが付いた重さ3キロのミサイルで、バックパックに入るぐらいの大きさだ。発射が容易で、建物の周囲を飛び、隠れている敵や地下に潜む敵を攻撃することができる。

イスラエル国防省とラファエル社が共同開発した〈ファイアフライ〉は2020年5月、イスラ

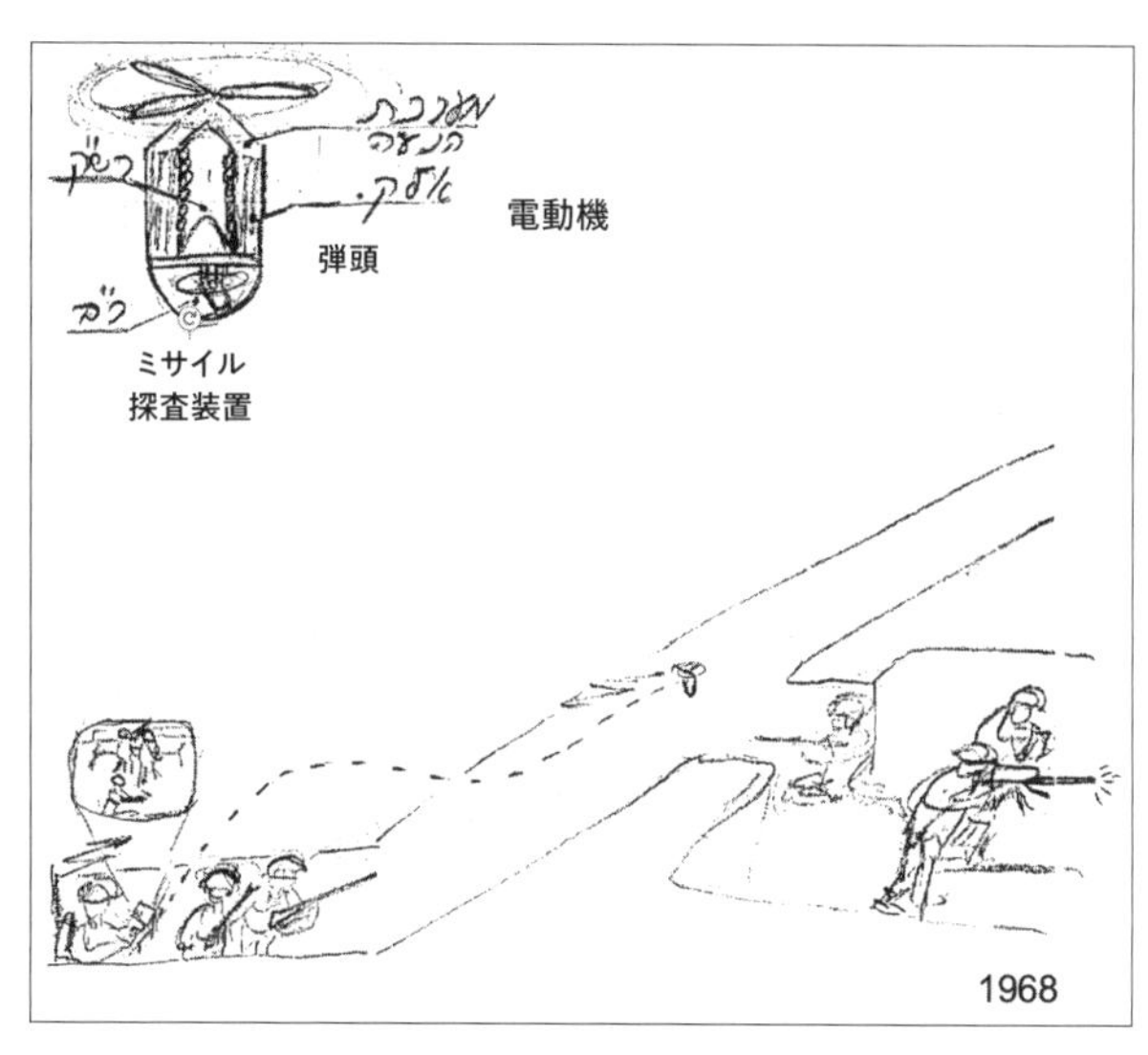

1967年の戦争の経験をもとに描かれたヤコブ（ヤキ）・ヘッツのイラストから着想を得て、数十年後、ラファエル社の〈スパイク・ファイアフライ〉が誕生した。（写真提供　ラファエル・アドバンスド・ディフェンス・システムズおよびヤコブ・ヘッツ）

エル国防省により購入された。〈ファイアフライ〉は小型の弾頭を持ち、時速70キロで敵に激突する。イスラエルの対戦車ミサイルと同様の電気光学を活用し、昼夜兼用の赤外線センサーを搭載している。操作はタブレットで行われるため、兵士は誰でもその使い方を学ぶことができる。かつては各小隊に迫撃砲の名手、無線通信担当者、衛生兵、分隊支援火器運搬車が必要だったものだが、これからはドローン・オペレーターがいればこと足りる。ヘッツとラファエル社が〈ファイアフライ〉の生産が順調に増え続けてほしいと思っていただけだったのに対し、アメリカ製〈プレデター〉のようにもっと高く飛ぶことのできる殺人ドローンの開発に関心を向ける者もいた。

「私がドローンの威力を初めて知ったのは、2002年か2003年のことだ」。そう話すのは、アフガニスタンでの戦争で司令官を務めたイギリス陸軍将校リチャード・ケンプ大佐である。タフで堂々とした印象のケンプは、アメリカがイエメンであるテロリストを殺害したとき、ロンドンの内閣府で開かれた合同情報委員会に出席していた。「私にとって、あれは全く新しい形の戦争だった」。テロリストはその活動を監視され、通信を追跡され、そして殺された。「ドローンの発展を思い知ったのはそのときだ。実際に使われているのを初めて目の当たりにして、その強大な威力を痛感した。当時ドローンの主導権は軍ではなくCIAにあった。あれからアメリカはパキスタンのトライバル・エリア（パキスタン北西部にかつて存在した自治地域。部族地帯とも言う）への攻撃を激化させた」

しかし、アフガニスタン駐留中にケンプ自らドローンを使うことはなかった。大佐はアフガニスタンのアメリカ人と密接に協力し、ドローンの能力を観察していた。ワシントンで酒を酌み交わしつつ、ドローンがアフガニスタンで果たした役割について話しながら、ケンプは近年に起きた一連の紛争について振り返った。1990年代、北アイルランド紛争の対応に当たっていた彼は、イギリス軍の監視能力の向上を図りたいと考えた。今日しばしば軽飛行機と呼ばれる、上空をホバリングしIRAのテロ活動に関する情報を提供することが可能な飛行船の開発計画を、大佐は「プロジェクト・コンヴァーチブル」と名付けた。「監視能力をどうしても強化する必要があった」

初期のドローンと同じように、その役割は下位の部隊ではなく本部に情報を送ることにあった。「それはドローンの能力のほんの一部だが、ドローンにより状況把握能力は大きく向上する。1機でもドローンが配備されていれば、北アイルランドにおける紛争は根本から変わっていただろう。ところが現実に我々がやったことと言えば、監視所を建ててそれぞれに20～30人の兵士を配置することだけだった。しかも始終攻撃を受ける場所にだ。目的は反撃ではなく監視のみだったから、監視所に部隊を置く必要はなかった。ドローンがあったら、状況は大きく違っていたはずだ」

ドローンを導入し、部隊がそれを難なく使いこなせるようにするためには抜本的な変化が必要であることは、ケンプの目には明らかだった。「私が入隊した1977年の陸軍の技術は、夜間監視用サーマル・イメージングを除き、第1次世界大戦当時のそれと大差なく、無線その他も同じようなものだった」。今求められるのは、ドローンを徹底的に活用するための技術だ。「思うに、大きく違うのは、ドローンはそれまでなかった基本的な能力を与えるものではない、ということ。監視と攻撃が可能な航空機ならずっと前からある。ドローンは本質的に異なる技術ではないが、戦場における選択肢を増やし、長時間監視を続け、得られた情報をもとに対応を調整することを可能にする。衛星以外に、我々にそうした技術はなかった。政治家からすると、ドローンがあれば、入手できないとかインフラがないとかいうリスクも反論もなく、かつてなかった方法で軍隊を活用することができる。革命が起きるとすれば、それは戦術レベルというよりは、そうしたレベルで起きるのではないだろうか[173]」

要するに、ドローンは戦場に生まれるべくして生まれたのである。特殊部隊の代わりに武装したドローンを戦場に送り込むことで、兵士に対する脅威は減った。今やドローンは敵を追跡し捕らえることもできる。〈プレデター〉はたいてい、撃ち落とされるリスクが低い、「許可を受けた」あるいは「紛争のない」空域で敵を追い詰めていた。これはアメリカが世界の覇権を握り、テロとの戦いに特化した兵器に予算を投じた結果だ。ドローンは１９９０年代の産物で、９・11後の対テロ戦争で進化を遂げた。

アイルランド国防軍の元幹部ケヴィン・マクドナルドは、ドローン技術の出現が戦争のやり方を根本から変えたと言う。気さくな元アイルランド人兵士で登山家でもあるマクドナルドは、真剣な話に時折ユーモアを織り交ぜながら、テクノロジーと戦争に対する熱い思いを語った。「たとえ単なる最新の技術発展にすぎなくても、ドローンを使えば軍は離れた場所の状況を把握できるようになる」。つまり、味方の兵士を危険にさらさないように、遠くから攻撃をしかける、いわゆる「スタンドオフ」能力が高まるのである。これは最大規模のドローンから、小隊の司令官によって使用される最小の戦術ドローンに至るありとあらゆる無人機に当てはまることだ。マクドナルドはそれを１９１６年に導入された最初の戦車になぞらえた。戦車本来の役割は兵士が敵の塹壕に到着するまでのあいだ兵士を守ることだったが、ドローンの役割もそれと同じと言えるだろう。[174]

ハンター・キラー

「空対地任務の専門知識を持つ新しい〈プレデター〉のパイロットが、エンジニアと協力して航空機に搭載された武器を首尾よく使用するために必要な手順、ディスプレイ、チェックリストを策定した」。2006年のある報告書には、そうした記載がある。[175]〈プレデター〉が大きな成果をあげたので、ほかのアイデアは一顧だにされなかった。[176]しかし、航空機を操縦する訓練を受けたパイロットに、何千マイルも離れたトレーラーの中でテロリストを追跡する任務を果たさせるにはどうすればいいかを考える必要があった。初期の〈プレデター〉は、ターゲットに誘導し殺害を実行させるレーザー照準器を使用していた。〈ヘルファイア〉を積むようになってからは、任務の精度を高めるための戦術・技術・手順（TTP）を策定するのがパイロットの仕事のひとつになった。

2010年にアメリカが保有していたドローンの数は7500機あまり。[177]ドローンを飛ばす任務はオペレーターに犠牲を強いた。かつてのドローン・オペレーターが、名前を明かさないことを条件にその任務の一部を説明してくれた。その人をブラック大尉と呼ぶことにしよう。特殊部隊のパイロットとして数十年間空を飛んできた彼は、バラク・オバマ政権の初期、アメリカでドローンの武装化計画が本格的に始動したころ、ドローン・オペレーターになるための訓練を受けた。ニューメキシコ州のアラモゴード近くにあるホロマン空軍基地、続いてサンアントニオのランドルフ空軍基地で訓練を積んだのち、彼はクリーチ空軍基地でドローンを飛ばした。訓練にはシミュレーターの技能資格の取得、遠隔操縦航空機の基本を身につけるための講義などが盛り込まれていた。[178]その後実際の飛行が始まってみると、それは経験したことがないような「最もストレスフルな」ミッションだったと、ブラック大尉は言う。[179]そしてそれは、最も骨の折れるミッションでもあった。

その要因のひとつが、ラスベガスでのふつうの市民生活と、車で1時間の場所にあるクリーチ空軍基地でのミッションとのギャップである。彼らの戦争は、ペルシャ湾に送られたF-16戦闘機のパイロットや、ヴェトナム戦争や第2次世界大戦でパイロットが経験したそれとは異なるものだった。「起床は朝6時。基地まで車で出向き、ブリーフィングを受けたらスクリーンの前に座ってドローンを飛ばす。センサーオペレーターが右に座る。[180] ひとりがドローンを操縦し、もうひとりがカメラを操作する。午後4時まで任務に就いたら、ブリーフィングを行う。1日12時間勤務。5日働いたら3日休むか、場合によっては6日働いて2日休む」

ニーズに比して無人機のクルーは慢性的に不足していた。常に人員が足りないため、パイロットはめったに休暇を取れなかった。「彼らは、気持ちの上ではもっと数多くのミッションを遂行したいと思っている。しかし、ミッションの数がクルーの数を上回り、もともと空軍で戦闘機に乗っていたオペレーターが受けるストレスは大きく、気力を維持するのが難しい」とブラック大尉は述べた。彼は約3年にわたってドローンを飛ばし続けた。

『ドローン情報戦――アメリカ特殊部隊の無人機戦略最前線』の中で、著者ブレット・ヴェリコヴィッチは2009年の経験を振り返っている。彼はイラクのモスル南方にある秘密施設、「ボックス」の中にいた。そこにはフラットスクリーン・モニターが8台置かれ、速度やレーザー照準式ミサイル誘導システムや地図が表示されている。6名の軍事情報要員で構成されるヴェリコヴィッチのチームは、ドローン操縦用トレーラーにいるオペレーターから送られてくる、ドロー

ネヴァダ州クリーチ空軍基地でシミュレーターを介した出撃準備をする第489攻撃飛行隊パイロットのマイルズ大尉と、第489攻撃飛行隊センサーオペレーターのダリエット一等空兵（2020年11月24日）。第489攻撃飛行隊は、世界じゅうで戦闘任務に就くMQ-9の運用を可能にする、発射・回収のエキスパート・クルーを擁する。（写真提供　アメリカ空軍、撮影　ウィリアム・リオ・ロサド一等空兵）

ンが撮影したライブ映像をじっと見つめていた。

彼はドローンで容疑者を捜索するあるミッションに当たっていた。[181] すべての権限を持つ彼の隣にいるのは、空軍の戦術管制官だ。彼らはアメリカのほかの諜報機関の専門家、ヘリコプター、陸上部隊と交信することができる。敵はイラクでよく見る白いボンゴ・トラックに乗っていた。電気光学や赤外線を駆使し、オペレーターは獲物をどこまでも追った。そのときのミッションには、ドローンを使って敵を追跡し、〈ブラックホーク〉の上空援護を要請することが含まれていた。襲撃はうまくいった。２機のヘリがボンゴのすぐそばに銃弾を撃ち込み、車体はガタガタ揺れた。ヘリから兵士が降下して容疑者たちを拘束した。これがドローン戦争だ。24時間体制でターゲットを監視し、陸上部隊と連携して彼らを殺害する。アメリカのある軍人は、ひとりのターゲットを74日間追いかけ、その貢献により勲章を授与された。彼のドローンがターゲット本人であることを特定し、別の戦闘機が攻撃を加えた。[182]

イラクの地上部隊にとって、初期のオペレーションは少しばかり面倒なものだった。私が話を聞いた国防軍のある司令官は、スンニ派ジハーディストが潜伏している、アシが生い茂りワジ（水のない川）が点在するバグダッド北部の農村で継続的に実行した急襲について語った。ドローンは使用可能だったが、司令官に再び連絡をとり、それからドローン・オペレーターに指令を伝えるプロセスが、オペレーションを煩雑にしていた。敵を発見できたとしても、兵士が到着するころには、ジハーディストたちの姿は消えていた。ドローンと地上部隊との連携が円滑に進むようになるのには数年を要した。

空軍はパイロットを無人機のオペレーターとして数年間任務に当たらせていたが、しだいに無人航空機戦闘パイロットの実戦部隊を訓練するようになった。そしてそれは空軍の正式なキャリアパスになっていく。実際にそれをたどって〈プレデターB〉、のちの〈リーパー〉のパイロットになった者もいる。早くも2001年に開発が完了し初飛行を行った〈リーパー〉は、ハネウェル社のターボプロップ・エンジンを搭載し、翼長20メートルと〈プレデター〉よりも長い。1360キロの武器を運び高度1万6800メートルを25～36時間飛び続けることができる。ゼネラル・アトミックス社が最初の開発費を負担し、同時多発テロ事件後の2001年10月、空軍

クルーの訓練ミッションでネリス試験訓練場上空を飛行するMQ-9〈リーパー〉(2020年1月14日)。MQ-9のクルーは、戦闘軍司令官および世界の同盟国のために粘り強く偵察を行い、圧倒的な攻撃をしかけている。(写真提供・アメリカ空軍、撮影・ウィリアム・リオ・ロサド一等空兵)

がこれに興味を示した。

MQ-9〈リーパー〉は、ミサイル搭載偵察機とは異なり、探知と攻撃を行うハンター・キラーとして特別に設計された。それでも1機500万ドル程度と安価だった。2006年に実戦投入の準備が完了。翼には6カ所にパイロンが取り付けられており、10基以上のミサイルを運ぶことができる。1980年代、90年代のF-15戦闘機がそうだったように、兵器によって〈リーパー〉の多用性は向上する。搭載されたのは〈ヘルファイア〉、〈スティンガー〉といったミサイルや戦闘機の〈ヴァイパー〉、GPS誘導型統合直接攻撃弾など。投じたコスト相応の価値はあったようだ。[183]

〈リーパー〉には、いずれも最新式のウェスティングハウス社製レーダー、レイセオン社製レーザー照準器が取り付けられた。[184] 光学機器の性能も高く、最大9機のカメラを搭載し、直径

3・8キロの範囲を撮影できるよう設計された。〈リーパー〉によりアメリカ軍のオペレーターの殺傷能力は飛躍的に高まり、政策立案者にはことのほか魅力的だった。ブッシュ大統領の在任期間が終わり、オバマ次期大統領のチームはドローンを部隊から犠牲者を出すことなくテロリストを追跡できる手段と考えた。[185] 目指したのは数兆ドルのコストをかけたうえに多数の人命が失われ、泥沼と化したイラクおよびアフガニスタンの戦いを終結に導くことだ。テロとの世界戦争は、空を制したものが勝者になれる。

空から勝利をもぎ取るという考え方は、クリントン政権がバルカン半島やコソボで、ひいてはアルカイダに対して空爆重視の攻撃を実行した1990年代からずっと、アメリカ軍兵士にとっても叶わぬ夢だった。世界の覇権を握ったアメリカによるこうした介入の礎となったのが、人道的介入という新たな世界秩序である。その幻影を9・11が打ち砕き、アメリカの弱さを露呈させた。さらに、イラクでの勝利に対する疑念からも、アメリカに批判の目が向けられた。

「任務完了」が実現していないのだから、少なくとも任務自体がなくなっていないことだけは確かだ。[186] オバマ政権は〈リーパー〉による攻撃を徹底的に活用するようになる。たとえばパキスタンの場合、ブッシュ政権が実行した攻撃はわずか48回だった。1回目の攻撃は2004年6月19日だ。対してオバマ政権で命じられた攻撃の回数は353回を超えた。[187] オバマ・チームによって殺害されたテロリストは2683人にのぼるが、162人の市民が巻き添えで亡くなったことから、懸念の声が大きくなった。以降チームはタリバン・メンバーの殺害に注力するようになる。[188]

作戦の本部が置かれたのはクリーチ空軍基地だった。パイロットたちは、最重要ターゲットへの攻撃命令をいささかも揺らぐことなく発出したオバマ政権を称えた。2010年にひとつの飛行隊に7、8名だったクルーの数は急速に増加して250名を超え、最大500名となった。「大所帯ならえに短期間に拡大したため、成長期ならではの困難に見舞われた。彼らは限られたコミュニティの中で、できるだけ多くの人員を訓練しようとしていた」と、ブラック大尉は振り返った。[189]「初めて出向いたときのクリーチの様子は、今とは異なるものだった。かつて離着陸場があった建物は取り壊され、建物群は主要道路から離れた場所に移された」。ドローン・プログラムが拡大するにつれ、オペレーターを巡る論争も熱を帯び、テロリストが基地をターゲットにする恐れも出てきた。「我々は幾多の重要なミッションを成し遂げた。私はそうした成果や悪党どもを叩きのめしたことに満足しているし、やり遂げた任務に強い誇りを感じている」

ドローン攻撃の主流は、最重要ターゲットへの攻撃から、生活や行動のパターンからテロ活動への関与が示唆される人物をねらう「シグネチャー」攻撃へと移っていった。ターゲットの監視は上空から、ときには別の方法で地上から何日間も続いた。攻撃したあとは、パイロットとセンサーオペレーターと諜報活動のエキスパートが逃走する容疑者の行方を監視し、確実にとどめを刺す。1日を終えると上官に報告を行い、家に戻り、次の日も同じ地域で任務を遂行し、葬式に参列し、新たな機会を待つ。

それは過酷で生々しい任務だった。左側のパイロット、右側のセンサーオペレーターとともに画面の前に座り、照準器の十字線に捕らえられた敵をじっと監視しながら、引き金を引けという命令を待つ。「センサーオペレーターが武器を誘導し、[……]我々に与えられた選択肢は230

キロのレーザー誘導爆弾と3種類の〈ヘルファイア〉だった」とブラック大尉は話す。報道によると、ほかにも一般人には決して明かされない秘密の兵器が使われたことがうかがえる。

オバマ政権による攻撃のほとんどは2012年に集中的に実行されている。ある記事によれば、「CIAはパキスタンのトライバル・エリアを平均で5日に1度のペースで攻撃した」という。[190] タリバンのバイトゥッラー・メフスード司令官は2009年8月に空爆により死亡した。翌年には、アルカイダ幹部のイリヤス・カシミリも〈ヘルファイア〉ミサイルの攻撃を受けた。

オバマ大統領が好んだのは、精密照準爆撃だった。このほうが市民が犠牲になる可能性が低いという。[191] そのピークは2010年で、パキスタンに128回の爆撃が行われた。ジョン・ブレナン国家安全保障問題担当大統領補佐官によれば、アメリカは遠隔操縦航空機を用いて定期的に攻撃を行った最初の国である。一方で2012年にブレナンは、ほかの国々にそうした技術の使用に責任を持ってもらいたいのなら、アメリカ自身が「それらの使用に責任を持たなければならない」と指摘した。[192]「キルチェーン」（ターゲットの識別から破壊に至る、敵を攻撃する際の一連のフェーズ）が制御不能になることが及ぼす影響を強く懸念したアメリカは、ドローン戦争のあらゆる側面に人間によるコントロールを組み込もうとした。たとえ抑制と均衡のシステムが正しく機能していることを証明するためだったとしても、わざわざそれを強調したことで、アメリカはなにかよからぬことをしているのではないかという印象を与える結果になった。[193] アメリカ政府がブレーキをかける一方で、敵対する勢力はその後も殺傷技術を持つドローンの開発を続けていった。

ドローンの戦場はあっという間に広がった。[194] アフリカではリビアにおける軍事作戦に投入されたほか、ニジェールやジブチのキャンプ・レモニエにもアメリカのドローン基地が設置された。２０１４年には、チャドにも飛んだ。[195]

２０１０年の〈リーパー〉の数は１０４機だったが、２０１９年には３４６機まで増やしたいというのが空軍の考えだった。[196] ２０１１年、ドローンはイラクでの不朽の自由作戦で２２２７回、２０１２年にはイエメンの対アルカイダ作戦「銅の砂丘」の支援を含め１８８９回のミッションを飛行した。それよりも古い〈プレデター〉は、２０１２年のイラクでは７７９７回出撃し、うち２３８回はトルコの非合法武装組織クルド労働者党（ＰＫＫ）に対する軍事作戦（「ノマド・シャドウ」）の支援、１１１９回はリビアでテロリストの追跡に当たった。[197]

トルコは作戦の成功はドローンのおかげだと感謝し、アメリカ製ドローンを購入したいと強く訴え続けた。[198] しかしアメリカはそれには応じず、ドローンが収集したＰＫＫの所在についての情報をトルコに提供するのみにとどまった。２０１９年、両国間の関係に緊張が高まると、アメリカ政府はトルコとの情報共有をストップした。その対応策として、トルコはドローン兵器の自国生産を強化した。[199]

議会とマイク・マレン統合参謀本部議長が「革新的なテクノロジー」をひじょうに好んだため、２０１１年の予算は75パーセント増えた。[200] だが作戦は大きな犠牲を伴った。マイケル・ヘイデンはＣＩＡがテロとの戦いに集中するあまり、アラブの春や２０１４年のＩＳＩＳの脅威、ロシアのクリミア併合への対応においてアメリカが影響力を発揮できなかったのではないかと憂慮していた。[201] ブレナンも同じ考えだったことから、政府はアフガニスタンおよびパキスタンへのＣＩＡ

の関与を終わらせる方向に舵(かじ)を切った。２０１７年に発足したトランプ政権はアフガニスタンの戦争終結を公約に掲げ、パキスタンへのドローン攻撃を大幅に減らし、２０１８年には全面的に終了したようだ。

ドローン戦争はアメリカ人の命を救った。２０１４年までにアフガニスタンではアメリカの軍人２３５６名、連合軍では３４８５名が殺害された。「多数の過激派の殺害が、タリバンの勢いを失墜させるのに功を奏した」[202]。ドローンは長引く戦争に対するアメリカ国民の批判を抑えるのにも有効だった。ドローンはテロとの戦いにとって「最適な兵器」になったと、２０１５年にアメリカのドローン政策に関するタスクフォースは結論づけた[203]。

配備される〈リーパー〉と〈プレデター〉の数が３０３機に増えると、遂行されるミッションの数は急増した。２０１１年に飛行時間が１００万時間に達するまでには15年の歳月を要したが、そこから２００万時間まではたった2年しかかからなかった[204]。クリーチ空軍基地の第４３２航空遠征航空団は、２０１７年に1万２０００回出撃し、21万６０００時間飛行した。空軍は広大な地域をＩＳＩＳから解放し、何百万ものイラク人やシリア人の帰国が可能となったのはドローンの功績だと考えている[205]。ドローンは精密照準爆撃から、全く新しい、戦いを勝利に導くシステムへと成長した。歴史を振り返っても、過去の戦争の大量爆撃ミッションよりもドローンの出撃の方が大きな成果をあげている[206]。

アメリカのドローン部隊の数も増えていた。第４３２航空遠征航空団に加え、ほかの部隊もドローン戦争に投入された——第７３２作戦グループ、第17、22、および８６７攻撃飛行隊は〈リー

ネヴァダ州クリーチ空軍基地の格納庫で、遠隔操縦航空機（RPA）MQ-9〈リーパー〉の前に立つ第432航空団／第432航空遠征航空団司令官スティーヴン・ジョーンズ大佐（2020年8月8日）。司令官として、ジョーンズは5つの航空群と20の飛行隊の5000人以上を統率し、クリーチ空軍基地の施設指揮権者を務める。（写真提供　アメリカ空軍、撮影　ウィリアム・リオ・ロサド一等空兵）

パー〉を保有し、第44偵察飛行隊および第30偵察飛行隊は〈センティネル〉を運用している。[207]ドローン兵士に特別勲章を与えるという話まであった。[208]

２０２０年のアメリカ海軍第４３２航空団スティーヴン・ジョーンズ司令官は、〈プレデター〉を武装化した最初のチームのメンバーだった。インタビューでジョーンズは、「この計画はまさに技術革新の申し子です」と語った。[209]クリーチ空軍基地でジョーンズは５つの航空群と21の飛行隊で５０００人以上を率いていた。[210]カリフォルニア大学バークレー校出身で、過去にはB－1爆撃機のパイロットを務め、アラバマ州やラムシュタイン空軍基地に所属した。イラクとアフガニスタンでの戦闘時間は７００時間を超え、アメリカで最もドローンに精通する司令官である。

「今日飛ばしたRPAの回復力は並はずれています。わが飛行隊は1年365日空を飛んでいます。各プラットフォームの1回の飛行時間は16~20時間です」

「第432航空団のクルーの戦闘時間は通常年間35万時間を越え、この兵器システムの多彩な能力を日々証明しています。たとえば戦闘地域における捜索・救難（CSAR）や攻撃・調整・偵察（SCAR）など、MQ-9は以前なら現実的でなかった方法で活用されています[211]」

ドローンがパイロットの命を救うことも明らかになっていった。2018年までの時点で墜落した大型ドローンは世界で254機余り。うち〈プレデター〉や〈リーパー〉などのアメリカ製ドローンは196機だった。特に〈プレデター〉は、2009~2018年のあいだに69機が墜落して完全に破壊されており、惨憺たるありさまだ[212]。対照的に、同時期に判明しているイスラエル、インド、トルコ、およびパキスタンのドローンの墜落件数はほんのわずかで、アメリカがいかに多くのドローンを使用しているかがわかる。

問題は、比較的安価で使い捨ての新型兵器を見つけると、そればかりに頼るようになることだ。気づけばアメリカは世界80カ国でテロリストを追跡しており、〈ヘルファイア〉やドローンを使って可能な限り簡単な方法で彼らを殺害するのに病みつきになっている。次にお話しするのは、ドローンがターミネーターのごとき殺人マシンへの道をたどっていると感じた人々のストーリーだ。

第4章

殺人マシン

ドローン戦争の倫理

2012年9月11日、ヒラリー・クリントン国務長官はデイヴィッド・ペトレイアスCIA長官に電話をかけた。リビアのベンガジで起きたアメリカ領事館襲撃事件について情報共有を図るためだ。同じ情報がレオン・パネッタ国防長官にも伝えられていた。事件の対応に当たっていたのはペンタゴンだった。状況を把握するため、デルナ（リビアの都市）近くで偵察任務に就いていたアメリカの無人機（ドローン）がベンガジに送られた。午後5時11分（ワシントン時間）、ドローンはすでに現場上空を飛んでいた。ベンガジは夜の11時。領事館公館は炎に包まれていた。[213]

もはや現地のCIAチームにできることはなかった。アメリカ大使のクリス・スティーヴンスと3名のアメリカ人は、夜が明ける前に死亡が確認された。偵察を行っていた無人機〈プレデター〉は武装されていなかった。アメリカ政府はドローンを使って襲撃犯らを発見することにも二の足を踏んだ。2014年10月、「ベンガジの襲撃事件は軍事力行使のための権限要求事案に該当しない」と、統合参謀本部議長のマーティン・デンプシー陸軍大将は述べた。[214] つまり、アメリカが襲撃犯を捜索・殺害することができなかったのは、陸軍に権限がなかったからだというのだ。[215]

デンプシーの発言は、アメリカのそれまでのドローン政策と矛盾していた。アメリカではドローン武装化の動きがぴたりと止まり、偵察任務が主流になっていた。２００９年、駆逐艦ベインブリッジから発射されたアメリカの〈スキャンイーグル〉は、貨物船マースク・アラバマ号リチャード・フィリップス船長の救出（ソマリア沖で海賊に制圧され、船長が拘束された）に貢献した。[216]〈スキャンイーグル〉は新世代のカタパルト発進式の小型無人航空機だ。[217] ２００５年から海軍が運用を開始し、戦闘時間は50万時間、飛行回数は5万６０００回に達していた。

失策続きのホワイトハウスは弱気だった。２０１５年、対テロ作戦に失敗し、アルカイダに拘束されていたふたりの人質、ウォーレン・ワインスタイン博士とジョヴァンニ・ロ・ポルトが殺害された。[218] すると、オバマ大統領のドローン活用を巡って大きな論争が巻き起こった。オバマは「ドローン大統領」と呼ばれ、パキスタンなどでドローン攻撃の巻き添えで市民が殺されたと報じる記事は数えきれなかった。[219] ある記事によると、「２００４〜２０１４年のあいだに、アメリカがパキスタンで行った無人機攻撃の死亡者は２０００〜４０００人、イエメンでは数百人が犠牲になったと推定される」[220]

世の中にドローン恐怖症が蔓延するまでは、ドローンは着々と成果をあげていた。リビアでは、カダフィの独裁政権を倒すのに一役買った。数か月間反体制派や反乱軍を抑え込んだ独裁者だったが、２０１１年10月20日、ついに護衛隊に守られながらスルトを脱出した。カダフィ一行を攻撃したのは、上空を飛ぶ〈プレデター〉だ。[221] 排水路に投げ出されたカダフィは反乱軍により捕らえられ、暴行され、殺害された。40年にも及んだ独裁政権の終焉だった。

オバマ政権はアフリカでもオペレーションの数を増やした。当時中央軍司令官だったペトレイアスは、非通常戦統合タスクフォースに関する大統領令の発出を強く求めた。[222] 作戦の拠点となったのが、ジブチのキャンプ・レモニエだ。レモニエは細長い長方形をしていて、海に近く、滑走路が基地の住宅や建物に並行して走っている。乾いた土地ならではの風景で、塹壕らしきものが基地とその周辺地域を分けている。碁盤目状に並んだ住宅はコンテナみたいで気が滅入る。退屈しのぎと言えば、フィットネス・マシンとウェイトが揃ったジムぐらいのものだった。

狭いバブ・エル・マンデブ海峡を挟んで向かい合うソマリアとイエメンでテロリスト追跡作戦を指揮したのは、統合特殊作戦タスクフォース84－4だ。[223] 無人ヘリのMQ－8〈ファイアスカウト〉のほか、〈スキャンイーグル〉など海軍の無人航空機も多く活用された。2000年にノースロップ・グラマン社が製造したMQ－8は2009年に導入され、滑走路を使わずに戦艦から容易にドローンを飛ばすことが可能だった。ボーイング製〈スキャンイーグル〉は2002年に初飛行を実施した。[224]〈スキャンイーグル〉を開発したのは1994年にワシントン州で設立されたインシツ社で、もともとはマグロ漁船の魚群探査用ドローンだった。ボーイングの子会社となったことで、その開発努力は実を結んだ。〈スキャンイーグル〉は大きなV字型の形状で、機首の先端は球状になっている。

初期の攻撃はイエメンのほか、ソマリアでも数十回の攻撃が実行された。アフリカで展開されたオペレーションはそれほど大規模でなく、何度となく、広い範囲で作戦を展開する有人航空

AIM-9X ミサイルを搭載し第 556 試験評価飛行隊に配備されたアメリカ空軍 MQ-9〈リーパー〉。ABMS オンランプ演習を控えエプロンに待機している（2020 年 9 月 3 日）。試験飛行で、MQ-9 は巡航ミサイルに見立てたドローン、BQM-167 をターゲットに、本物の AIM-9X ブロック II 空対空ミサイルを首尾よく撃ち込んだ。（写真提供　アメリカ空軍、撮影　ハレー・スティーヴンス上等空兵）

機の妨害を受けた。2012年当時のジブチに配備されていたのは、〈プレデター〉10機と〈リーパー〉4機のみ。ほぼ秘密裏に行われたこの作戦に関する報告書によると、ドローンの保有数はエチオピアが数機、ニジェールが〈プレデター〉を1機、セイシェルが〈リーパー〉を1機、チャドとカメルーンが〈プレデター〉を1機だった。[225] それが、テロとの戦いを継続し、アルカイダに厳しい態度を示し、実績を残したいというアメリカ政府の願望を刺激した。2011年、オサマ・ビン・ラディンは海軍特殊部隊に殺害されたが、その死によって対テロ作戦の必要性がなくなることはなかった。アルカイダがその後も各地にさまざまな影響を及ぼしているとして、むしろアメリカは作戦を強化した。

だが、ある事件に人々の関心が集まる

と、ドローンの使用を巡って論争が起きた。２０１２年10月の比較的暖かい日、パキスタン北東部の丘で68歳の女性がドローンの攻撃を受け死亡した。女性の家族は説明を求めた。代理となって交渉にあたったアムネスティ・インターナショナルは、女性の死について、気の毒な遺族は「正義を手にすることもなく、賠償も受け取っていない」と訴えた。亡くなった女性の名はママナ・ビビ。アメリカのドローンに殺害された注目すべき市民のひとりで、その死をきっかけに、ドローンが過剰に普及し、無差別攻撃が行われているという疑いが生じた。[226]

アムネスティの調べによると、２０１２年１月〜２０１３年８月にかけて45回の攻撃が行われた。それらの攻撃に関する情報は機密とされ、アメリカ側は「基本的な情報」すら提供しなかった。しかし、このような攻撃で殺された市民の「状況」を国際法でどのように扱うのかについては疑問があった。「過去２年間に起きた事件を調査した結果、アムネスティ・インターナショナルは今回を含む無人機の攻撃が、超法規的処刑または戦争犯罪に相当する違法な殺害を招く結果になっていると深く懸念している」[227]

戦争犯罪

パキスタンのほか、イエメン、ソマリアでの問題は、アメリカが「影の戦争（シャドウ・ウォー）」を戦っているということだ。これは、アメリカの協力国または占領国の管轄内で起きた戦争ではなかったのである。国境線があいまいなのをいいことに、反政府組織やテロリストがはびこる非統治地域の上空をドローンが自由に飛び交っている。こうした状態を、２００４年の著書『ペンタゴンの新しい地図［*The Pentagon's New Map*］』の中でトーマス・バーネットは「埋まらないギャップ」と呼んだ。バーネットが示す世界地図では、アフリカ、中東、中央アジア、パキスタン、インドネシア、および南アメリカのいくつかの国が「ギャップ」として線で囲まれている。そこに含まれるのは、脆弱な国や政治が機能していない国である。驚くに当たらないが、その地域ではアメリカのドローン攻撃による死者数が増えている。そこでドローン作戦が展開されたのは、撃墜できるだけの力を持つ者がいなかったからだ。しかも、テロとの戦いがグローバル化し、敵がテロリストならどこで戦争しようと無条件で認められるようになった。

アムネスティ・インターナショナルは、アメリカが攻撃に関する情報を提供せず、またパキスタンが犠牲者の権利の保護および行使を怠っている点を憂慮している。アムネスティは「アメリカの無人機攻撃の結果起こった違法な殺害と……トライバル・エリアの人々を違法な無人機攻撃から守り、犠牲者に適切な支援を与えられなかったこと」の連帯責任があるとして、パキスタン当局を非難した。[228] 加えて、調査担当者はドイツ、オーストラリアなどの国が攻撃のための情報をアメリカに提供していたと主張した。

現実はもっと複雑だ。かつてタリバンを支援していた関係で、パキスタンはリスク分散を図ろうとした。アメリカがアフガニスタンから撤退するようなことがあれば、タリバンが再び政権の座に就くだろう。そうなればパキスタンはタリバンと友好的な関係を築かなければならない。かといって、パキスタンは国内情勢が不安定になることは望んでいなかった。２０１４年、パキスタン・タリバン運動（主としてパキスタン北西部で活動するスンニ派過激組織。タリバン支持勢力の連合体）は学校を襲撃し生徒を含む１４８名を殺害した。1999年のクーデター以降指導者の地位に就いていたパキスタンのパルヴェーズ・ムシャラフ首相は、2007年にベーナズィール・ブットー元首相が暗殺されてまもなく、2008年に辞任した。ラール・マスジド（イスラマバードにあるモスク）で起きた過激派の立てこもり事件、2008年にパキスタンのテロリストがしかけたインド、ムンバイにおける同時多発テロ攻撃、少数派であるシーア派を標的にしたテロの増加など、混乱はその後も続いた。

ドローン戦争がパキスタンの不安定さに拍車をかけた。ドローン攻撃のターゲットはあくまでテロリストだったが、ひとりのアメリカ人パイロットが沈黙を破り、2014年にその名も『ドローン』というドキュメンタリーに出演し、自らかかわったミッションで合計1626人が殺害されたと語った。[229] これを非難する人々は、パキスタン政府はアメリカのドローンを撃墜するべきだと主張した。

孫を持つパキスタン人女性ママナ・ビビにとって、ドローンは見慣れたものになっていた。「ドローンは昼夜を問わずしょっちゅう村の上を飛んでいた。対になって、ときには3機で」。村の住人は思い返してそう言った。家族が畑仕事に出ているとき、ママナ・ビビは「少なくとも2発の〈ヘルファイア〉ミサイルを撃ち込まれ、吹き飛ばされた」。[230] 犠牲者たちはなぜターゲットにされたのだろう。衛星電話を使うタリバン兵士が近くにいたのかもしれない。どうやらアメリカはアルゴリズムのエビデンスに基づく憶測に頼って、致命的な結果を招いたようだ。ある意味顔が見えないという戦争の本質が、ドローンの評価をこれほどまで悪くしたと言える。ドローンは第2次世界大戦で街を破壊した爆撃機よりも悪質なのだろうか。おそらくそうではない。だが今日では基準が変わり、高い技術力を持つ道徳的な民主国家というのが一般的なアメリカのイメージである。そのアメリカが、CIAが主導する得体の知れない秘密の戦争を遂行していたのだ。

2012年に起きたもうひとつの事件では、テント内にいた労働者のグループがドローンの標的となった。目撃者の話によると、その地域の上空を4機のドローンが飛んでいたという。ザウイ・シドキ村への攻撃は18名の死者を出した。アムネスティの報告書は、労働者グループの中にタリバンはいたのか、と疑問を投げかけている。報告書には、たとえタリバンのメンバーがいたとしても、そしてもし「特定の個人を標的にするのが合法だとしたら、無関係な多くの市民を危険にさらさないタイミングと方法で、対象となる人物を攻撃することはできなかったのだろうか?」と記されている。[231]

アメリカで司法の場に訴えた者もいたが、うまくいかなかった。2012年、アメリカ自由人権協会(ACLU)と憲法に保証された人権擁護センター(CCR)は、2011年9月および10月に発生したアンワル・アウラキ、サミール・カーン、アブドゥッラフマーン・アル・アウラキ殺害に関する訴訟を起こした。アウラキ対パネッタ裁判で原告は、殺害は何人も法の適正手続によらなければ生命を奪われることはないと規定した合衆国憲法の条項に違反すると主張した。[232]

ニューメキシコ州でイエメン出身の両親のもとに生まれたアウラキは、ヴァージニア州フォールズ・チャーチでイマーム(イスラム教指導者)となった。2004年にイエメンに渡ると、テロ組織幹部となりアメリカにおけるテロ攻撃を扇動した。2002年にイエメンで起きた爆撃同様に、アウラキはマリブに向かう途中朝食のために停まったところをドローン攻撃で殺害された。それはアルカイダにとって「大きな打撃」となった、とオバマ大統領は述べた。アウラキの死をめぐる訴訟は2013年7月に審理されたが、2014年4月に棄却された。

ACLUはアメリカ市民の殺害ばかりでなく、そもそも彼らが「殺害リスト」に載っていた可能性があることも問題視していた。アウラキの名がそのリストに含まれていたかどうかを問う訴訟も2010年に起こしていたが、やはり棄却された。ACLUは、アメリカは「シグネチャー」攻撃を実行し、犠牲者の素性に関する情報を一切知らないまま、行動パターンだけを根拠に人々を殺害していると訴えた。アメリカは「軍務適齢期の男性」であれば誰でもテロリストと認定し、攻撃しているとACLUは主張している。[233]

2019年3月、ドイツの法廷でもアメリカのドローン攻撃が審理された。[234] 当然のことながら、ドイツ国防省はアメリカの措置に対する責任を負うべきだという主張をはねつけた。この時点で、イエメンで実行された攻撃は330回に及び、犠牲者の数1000人、そのうち200人が一般市民だった可能性があると推定された。犠牲者の中には子供もいた。アメリカ製兵器、たとえば現在ドローンに搭載されているGBU-12ペイブウェイⅡ爆弾の精度が上がったかどうかは明らかにされなかった。

国連もドローン攻撃に関心を寄せ始め、2013年、超法規的、略式または恣意的処刑に関する特別報告者クリストフ・ヘインズは、ドローンは「本質的には違法な武器」ではないと述べた。しかし同時に国連は、武装ドローンを使用する国が増えるのに伴い、世界で「多くの国がそうした武器を秘密裏に使用している」現状を理解することが重要だと警告した。[235] 国連は報告書においいて、各国はドローンの使用を機密扱いとするのをやめ、攻撃が及ぼす影響を透明化するよう求めた。要求が課せられたのは、ドローン・オペレーターとドローンが使用された国だ。すでに16カ国が問題の多いドローンの使用について調査を行うよう国連に訴えている。その筆頭はパキスタンだが、目を向けるべき国はそれ以外にもあった。

ドローンの使用を巡る議論の中でパキスタンの存在は大きく、パキスタン政府は領域内でのドローンの使用に納得していないと明言し、国連はパキスタンの主権が侵害されているとの主張に同意した。アメリカ国務省のヴィクトリア・ヌーランド報道官は、アメリカはテロ対策に関してパキスタンと協議中であると述べた。[236] 元在パキスタン・アメリカ大使キャメロン・マンターは、ドローンがテロ対策にとって有効でないというのではなく、重要なのはそれらを思慮深く使用することだと指摘した。「戦闘に勝って、戦争そのものに負けたいと思いますか？」２０１３年３月にＣＩＡ長官に就任するジョン・ブレナンは公聴会で、アメリカは「代わりの手段がない場合に、人命を救う」最後の手段としてのみ、ドローン攻撃を行ったと発言した。[237]

イスラエルによるドローン使用の増加も、やはり非難の的となった。２００８年の「キャスト・レッド作戦」と呼ばれるガザ紛争では、〈ヘルメス４５０〉およびＩＡＩ製〈ヘロン〉、通称〈ショーヴァル〉が使用された。[238] イスラエルはその後の２０１２年、２０１４年のガザ地区における衝突でもドローン攻撃を多用したとして批判を受けた。国境付近でパレスチナのカッサムロケット弾などの砲火にさらされながら、私はそれらの紛争をすべて目撃した。スデロット（イスラエル南部の都市）の街で、あるいは戦場からガザ市内を見渡していると、「非常警報」サイレンが鳴り響く。身の毛もよ

海洋巡視能力と救命いかだを備えたエルビット・システムズの〈ヘルメス900〉。ドローンの利用拡大に伴い、軍用以外にさまざまな環境に適応した新しい性能を持つものが増えている。（写真提供　エルビット・システムズ）

だつヘブライ語の警報メッセージが、今も記憶から消えはしない。国境の向こう、イスラエルの空爆を受けるガザ地区に、警報システムはない。やがて彼らは、姿の見えない戦闘機に標的にされていると訴え始めた。

イスラエルは武装ドローンの使用を認めていないが、人権団体の主張や外国の報道、さらにはアメリカの軍事研究の報告によると、イスラエルは〈ヘロンTP〉および〈ヘルメス900〉を使用して爆撃を実施している。[239] ガザ地区の主張では犠牲者の37パーセントがドローン攻撃により死亡したという。[240] しかしイスラエル当局は、ドローンは高性能のセンサーと光学装置を用い、テロリストと市民を区別し正しい判断を下す能力を向上させていると述べた。イスラエルがすでに第3、第4世代の無人航空機システムを調達していたのに対し、ほかの国々は第1、または第2世代のシステムに頼っていた。

その使用自体を認めていないので、イスラエルは武装ドローンを戦争利用すべきかの問題を表立って検討することなく、無人化技術への依存度をますます高めていった。存在を認めてもいないイスラエルに、ドローン攻撃を終わらせなければならないプレッシャーは皆無だったのだ。とはいえ、イスラエルがドローンなどの兵器を製造していることを裏づける証拠はいくつかあった。そのうちの1機はレバノン上空で発見され、2020年5月19日にSNSに動画が投稿された。[241]「ミクホリット」と名付けられたミサイルは、2014年から2018年にかけてシナイ半島、レバノン、ガザで見つかっている。[242] 2014年以降、イスラエル軍のオペレーションの精度は急速に向上し、2020年には攻撃で死亡する一般市民はほとんどいなかった。

大西洋の向こう、アメリカのドローン使用のターニング・ポイントは2013年にやってきた。オバマ政権はそのレガシーに傷がつくことを警戒していた。戦争の終結が政権の公約だったし、オバマ大統領はノーベル平和賞を受賞していた。ドローンは死者の数を減らし、アメリカのイラクとアフガニスタンからの撤退を可能にするはずだった。確かにアメリカはこれらふたつの国に駐留する部隊の規模を縮小してはいた。しかし実際のところ、アフリカ、リビア、その他の場所ではテロとの戦いは続いていたのだ。アラブの春は不安定な情勢に拍車をかけ、過激派の反乱が止むことはなかった。にもかかわらず、アメリカ政府は静かにドローン戦争から手を引こうとしていた。

欧州議会は、武装ドローンの制限と徹底した調査を求める国連に賛同した。[243] 国際的な法の枠組みから外れた武装ドローンの使用に対して懸念を表明し、欧州議会は「欧州およびグローバル、両方のレベルで、人権と国際人道法を擁護する適切な政策対応を行う」よう努めた。欧州連合外務・安全保障政策上級代表に、超法規的殺害および標的殺害に反対するよう求める決議が、2014年に可決された。欧州議会が主張したのは、

「関連のある欧州および国際的な武装解除と軍備管理の対象に、武装ドローンを含めること。人間の介入なしで攻撃を実行することを可能にする完全自律型兵器の開発、製造、使用を禁止すること。域内の個人または組織が外国で違法な標的殺害に関与していると考えるに足る合理的な根拠がある場合、それに対し万全の手段を講じるために尽力すること」である。

欧州議会はまた、武装ドローンの使用について「共通の立場」を採択するよう欧州連合（EU）を強く促し、「第三者の立場で、武装ドローンの使用における透明性と説明責任を向上させる」ようEUに求めた。[244]

アメリカ政府がドローンを飛ばしてテロとの戦いを続けていたそのころ、ハリウッドではドローンを堅物の役人や疲れ切った兵士が操縦するロボット殺人マシンとして描くのが定番となった。ドローンが登場する作品には、映画『アイ・イン・ザ・スカイ　世界一安全な戦場』（2015年）のほか、ドラマ『ホームランド』や映画『ドローン・オブ・ウォー』（ともに2014年）などがある。2015年の映画『ドローン攻撃［*Drone Strike*］』は、「4000マイル離れた場所から〈ヘルファイア〉ミサイルを発射」させ、アフガニスタンのある家族を崩壊させるイギリス空軍の

ドローン・オペレーターの物語だ。2017年の『ドローン・オブ・クライム』は、ドローンに家族を殺された男につけねらわれるドローン・オペレーターが主役のサスペンス映画である。ほとんどの作品で、ドローンによる攻撃は有人航空機の爆撃任務とはどこか異なるものとして描かれているが、それはオフィスに座ってライブ映像を見ながら判断を下すオペレーターがあまりにも事務的に見えるからだ。しかも映画の中では、テロリストであろうとなかろうと、ターゲットは必ずと言っていいほど家族の近くにいるときに襲撃される。だが実際は、市民の居住区域にドローン攻撃が行われることはなかったし、ほとんどの場合、標的となるテロリストの正体はある程度はっきりしていた。

かつてのオペレーターやパイロットは、攻撃の精度が上がったからといって心的外傷が軽くなるわけではないと話す。ブラック大尉によると、任務と日常生活の不協和音に苦しんでPTSDを発症したパイロットは少なくなかったという。敵が死んでいく様子を高解像度の映像で見る生々しさは、犠牲者の姿をその目で見ることのないF－16やB－52のパイロット時代の経験とは別物だ。そういう意味では、彼らの任務は地上の狙撃手に近い。だが戦場に立つ狙撃手には味方の兵士がいる。それに彼らは戦争にどっぷり浸かっている。一方のドローン・パイロットは、夜になれば帰宅してふつうの市民生活を送る。そのギャップのせいで神経に混乱をきたすのだ。しかも、それを避ける術はない。カメラの性能が向上し続ければ、攻撃の判断を下したあとでオペレーターが目にする映像はいっそう生々しいものになる。たとえ誤って市民が殺されることがなくなろうと、戦争の恐怖は目の前にある。あなたが敵を殺したことに疑問の余地はない。彼らが血を流すのをその目で見ているのだから。

　未来を思わせるその外観から、ドローンは『ターミネーター』や『ロボコップ』や人間を殺す人工知能のイメージを彷彿させる。仮にドローンではなくF－16戦闘機が攻撃を実行し、パキスタンなどでの死者が少なかったとしても、ドローンはアメリカを批判する恰好の材料となっていただろう。コロンビア大学ロースクールのほか、多くのオンライン・ニュースサイトや研究機関が、ドローンやドローン戦争に関心を持つようになった。たとえばバード大学ドローン研究センターやビューロー・オブ・インヴェスティゲイティヴ・ジャーナリズム、ニューアメリカ、ロング・ウォー・ジャーナル、エア・ウォーズ、ジ・インターセプトなどが広範な調査を実施している。調査の一助となったのが、読者が内幕を知ることのできるウィキリークスその他のソースからの新しい情報だった[245]。

歯止めをかける

　2013年5月、国防大学で、バラク・オバマ大統領は非難を招きかねないほど正直な胸の内を語った。「武力の行使は包括的なテロ対策戦略に関する人々的な議論の一部でなければならない」。2014年5月の陸軍士官学校ではさらに踏み込んで、「我々は価値観を反映させた基準を守らなければならない。つまり、継続的な、差し迫った脅威に直面したとき、そして［……］ひとりの市民も犠牲にならないと確信が得られた場合に限って攻撃を行う、ということだ。我々は、簡単な評価基準を満たす行動をとるべきだ。戦場を飛び立つときより、敵を増やしてはならない」と訴えた。

　ワシントンのスティムソン・センターも同じ考えで、アメリカのドローン政策に関するタスクフォースを立ち上げた。そのメンバーであるアメリカ軍元大将ジョン・アビザイドと、法学教授のローザ・ブルックスは、「UAVテクノロジーはすでに一般的なものになっている。愚かな使い方をすれば、私たちの利益は危険にさらされ、地域や世界の安定性は損なわれ、私たちの価値は下がる。賢く使えば、国家安全保障上の利益を促進すると同時に、国際社会の法に対する責任をいっそう強固なものにすることができる」と述べた。[246] 中央軍で司令官を務めたアビザイドは、ドローン政策の問題点をよくわかっていたはずだ。堂々たるタスクフォースのメンバーには、CIAテロ対策センターの元副部長フィリップ・マッド、およびアフガニスタン連合軍司令部の元トップ、デイヴィッド・バルノ中将も含まれていた。

　タスクフォースは報告の中で、場当たり的なアプローチによってドローンの戦略的な価値が損なわれていると指摘した。責任を問われることのないドローンは、世界じゅうで大規模な秘密作戦の下で、ときには標的殺害を目的として使用されていた。そこに戦略はない。ただ殺すのみだ。また、「技術の向上が一見ローリスク・ローコストに思えるミッションを可能にしたため、アメリカは飛行ミッションの数を増やし、有人航空機や特殊作戦部隊を危険にさらしてまで追跡する価値はないはずの標的まで、UAVで追いかけるようになった」とも言及している。[247] テロリストグループや「非国家主体」はすでに国家をむしばんでいた。つまり、戦場は変わり、戦いとは何であるかの概念が変わったのである。報告書には、「アメリカはいま、事実上、アルカイダまたはそれに関連する部隊のメンバーと判断されれば、いかなる人物を、いついかなる国においても殺すことができる法的な権利を主張しているようだ。その判断は、詳細不明でほとんどが匿名の個人による非公開のプロセスで評価される秘密の基準と秘密の証拠に基づいて下され、どの組織が攻撃対象として検討されているかは一般に公表されない」と記されていた。[248]

タスクフォースは官僚政治の失策についても考察を行った。アメリカの軍隊は秘密作戦を禁じられている。アメリカは2001年にテロリストに対する武力行使を許可した。しかし、アメリカの軍隊は秘密作戦を禁じられている。CIAの秘密作戦を正当化するには、議会情報委員会宛てに発出される大統領通知覚書が必要である。一方の軍は上下院軍事委員会の監督下にある。軍もただテロリストを殺せばいいとは考えていなかったようだ。ジョセフ・ヴォテル特殊作戦軍司令官は、容疑者を殺すのではなく捕捉すればより多くの情報が得られると主張した。[249] 当時の国防情報局長官マイケル・フリン中将は、アメリカのドローン計画はもっぱら「殺害だけを重視」していたと認めた。[250]

アメリカは90余りの国々に8300回におよぶ特殊作戦部隊を送っていたが、ほどなく新たなドローンとミサイルが出現した。[251] ドローンがより多くの武器を積み込み、出撃回数を増やし、相互運用可能になるのに伴い、自律型ドローンや人工知能を搭載したドローンが増えていったのだ。スティムソンの報告書は、アメリカ政府は「殺傷能力を有するUAVによる攻撃を実行する責任全般を、CIAから軍に移管すべきである」と結論づけた。[252] これは、対テロ作戦における過剰なドローンの使用を抑制するための警告とも受け取れる。そしてこの結論は、新たなテロの脅威に対抗するために1980年代からこのツールだけを追求してきたアメリカの考えとは相容れないものだった。[253]

拡散

「秘密裏に作戦を実行し、無関係な人を殺してしまったら、正義は成り立たない。そこにあるのは憤りだけだ。ほかには何も生まれない」。そう話すのは、オランダの平和組織パックスの人道支援プロジェクト・リーダー、ウィム・スウェイナンバーグだ。２０２０年春、ドローンや標的殺害に関する国際コミュニティの取り組みの現状を知りたくて、私はウィムに電話をかけた。彼はその分野で精力的に活動していて、世界ではドローン開発に乗り出す国がますます増えており、その中でドローンを規制しようとすると、複雑な規則や手続きが障害になることをよく理解していた。

オバマ政権がドローン攻撃の規模を縮小してから、ある変化が起きた。[254] 近年、ドローンを使用する国の数が増えているのだ。リビア、イエメン、シリアにおける戦争でもそうだ。サウジアラビア、ＵＡＥとその同盟国、トルコなどがドローンを使っていると思われる。イエメンのフーシ派（イランの支援を受けるイエメンの反政府武装組織）は、イランのテクノロジーで開発された独自のドローンを用いてサウジアラビアへの攻撃を開始した。カナダもアフガニスタンで頑丈な箱のような形のドローン、〈スペルウェル〉を使用し、６機を失っていた。ドイツは飛んでいる姿がシロサギのような形をした無人偵察機〈ルナ〉を配備した。ヘリコプターと翼のある航空機を掛け合わせた、ティルトローター方式、垂直離着陸機のような新しいプラットフォームが飛躍的進歩を遂げ、武装化の新たな選択肢となった。[255]

21世紀の最初の10年間の懸念は輸出規制だった。アメリカと欧州諸国は無人機の輸出に消極的で、武装ドローンの規制について共通の立場を採択することを求めた。ペイロード230キロ以下、航続距離300キロメートル以下のドローンを製造するなど、規制を回避する方法はある。ドローンを武装化し、輸出規制を逃れようとする国はますます増えていった。イギリスは〈リーパー〉による攻撃を数回実施した。UAEやウクライナは独自のドローンを製造し、中国などから調達もしている。パキスタンとナイジェリアは現在武装ドローンを使用している。イラクもドローンを保有しており、トルコはその保有量を急ピッチで増やしている。その結果MQ-9〈リーパー〉のようなプラットフォームは脆弱になる。その問題に対処するため、アメリカは2020年にMQ-ネクストと名付けられたプログラムを立ち上げた。2031年までに〈リーパー〉に代わる新たなシステムの整備を目指している。[256]

西側諸国が案じているのはドローンの拡散である。NATO加盟国がアメリカ製ドローンを喉から手が出るほどほしがっていたにもかかわらず、ドローンを独占したいアメリカはテクノロジーを売りたがらず、売買は実現しなかった。NATOがようやく訓練を目的として無人偵察機〈グローバルホーク〉をシチリア島の基地に配備し始めたのは、2020年夏のことだった。そうした事例は至るところにあった。アメリカがUAEに売った〈プレデター〉は武装されていなかった。そうやってアメリカがぐずぐずしているあいだに、市場に参入してきたのが中国である。アメリカの防衛産業は、それをよく思わなかった。そこで、武装ドローンの輸出原則の策定を目指し、2020年初めに文書の草案がまとめられた。自分たちはドローンを輸出したくないが、かといって中国のような他の国々に市場を牛耳られるのも嫌だ。矛盾するふたつの願望のあいだでせめぎあいが続いた。それでは合意内容は乏しいものになる。各国は攻撃を行うための武器と、もっともらしい否認（自分以外の誰かがやった可能性を否定できないこと）を求めている。ドローンは安価なうえにパイロットを危険にさらすことなく使用できるので、特殊部隊や奇襲部隊よりも使用される可能性は大きい。つまり、ドローンは濫用されやすいのである。

濫用の誹（そし）りを免れるため、アメリカは弾頭の代わりに着弾する前に刃が飛び出す「ニンジャ」ミサイル〈RX9〉を開発した。なぜ爆破装置よりも重量45キロで刃の付いた空飛ぶ槍の方がいいのか？　ひとつには、引き起こすダメージが少ないからだ。これまでのミサイルは、間違って無関係な人に当たったら、最悪の場合その人やたまたまその場に居合わせた人の命まで奪いかねない。「ニンジャ」は2019、2020年にシリアで数回使用された。オンラインで公開された映像には、車がまるでトマトのようにさいころ状に切り刻まれ、乗っていた人々の遺体があたりに散らばる様子が映っていた。この兵器なら車に乗ったターゲットだけを殺害し、近くにいる人々に危害が及ばないようにすることが可能なのだ。巻き添え被害は起こらない、というわけだ。[257]

今後は、通信傍受活動とセンサーから得られる情報を処理するアルゴリズムと、それに基づいて殺害の標的が誰かを教える人工知能が巷（ちまた）にあふれるだろう。アルゴリズムを基盤とした兵器システムを利用すれば、軍の攻撃の精密性は向上する。しかし、コンピューターが脅威を特定し、司令官がボタンひとつで容易にそれを排除できるようになったら、何が起きるだろう。もしインプットされるデータが間違っていたら、ますます自律化が進むこれらのシステムを使って、司令官が無実の人を撃ち殺さないとも限らない。西側諸国が求める結果は、「犠牲者ゼロ」、すなわち友軍の兵士や市民が命を落とさないアプローチなのだ。

アメリカとイスラエルの経験から学び、西側諸国が慎重かつ最大限の精度向上の流れに傾いているのに対し、まったく逆の方向に進んでいる国もある。テロリスト集団はドローンを不利な戦況をひっくり返す手軽な手段ととらえた。軍隊と呼んだ方がよさそうなこうしたテロリスト集団が、アフリカのサヘル地域（サハラ砂漠の南縁に広がる地域）から、中東の砂漠地帯、アフガニスタン、フィリピンに至る非統治地域を食い物にしながら勢力を拡大していき、やがてドローンを手に入れる。アメリカ国防総省のプランナーは、１９８０年代からテロリスト集団がはびこるこれらの地域を、世界の「統合されない間隙（ギャップ）」[258]とみなした。そのギャップがアメリカ人に、アメリカのドローン軍にいまにも衝撃を与えようとしていた。

第5章

敵の手に渡ったドローン

独自のドローンを作るテロリストたち

イラクで私は初めて、ドローンにねらわれる側の立場を味わった。モスルの戦いのさなか、私はＩＳＩＳのドローンの音に耳を澄ますイラク連邦警察部隊とともに大きな家の中に退避し、体をかがめていた。ストレスは最高潮に達していた。ＩＳＩＳを追いかけていたはずが、突如として追われる身になったのだ。このとき、防衛手段を持たないテクノロジーに対して軍がいかに脆弱かを、まざまざと見せつけられた。イラク側にある兵器はロケット推進手榴弾とＡＫ－47自動小銃のみ。何か月ものあいだ、イラク軍は空に向かってそれらをむなしく発射していた。ＩＳＩＳのドローンは、アメリカ軍の訓練を受けたイラクの軍隊を叩きのめした。

ＩＳＩＳはどうやってドローンを手に入れたのだろうか？　それまで、ドローンはハイテク国家だけが利用することのできる高価で複雑なテクノロジーだった。テロリストがいつかドローンを飛ばすようになるなんて、想像だにしなかった。だがそれは、それほど驚くようなことではなかったのだ。

ドローンの基本的な構造は比較的単純だ。１９１７年にＡ・Ｍ・ロウ（イギリス人航空電子工学技術者、研究者）が初めて

2017年9月にキルクーク近くのオフィスでISISにより使用されたドローン。クルド自治政府治安部隊ペシュメルガによって発見された。（セス・J・フランツマン）

空中標的を、1940年代にはラジオプレーン社が無人標的機を作った。[259] テロリスト集団はすでに最新の光学技術を使って爆弾を作っていた。彼らがいつか無人機を作れるようになっても何ら不思議ではなかった。

多くのテロリスト集団や「非国家主体」は、すでに無人航空機を製造するか、使用していた。代表格がパレスチナ・イスラミック・ジハード、ヒズボラ、ナイジェリアのボコハラム、シリアのハイアト・タハリール・アル＝シャーム、フィリピンのマウテ、イエメンのフーシやさまざまな麻薬カルテルである。[260] ウクライナのドンバス戦争でもドローンが使われ、リビアの派閥抗争のほか、ベネズエラの反政府組織にも使用されている。

イスラム教シーア派テロ組織のヒズボラは、いち早くドローンを開発し、イスラエルに対して使おうと考えた。ヒズボラはイランの支援を受けて１９８０年代にレバノン南部に出現した。２０００年にイスラエルがレバノンから撤退すると、ヒズボラは新型のミサイルやドローンをイランから自由に調達し備蓄するようになった。

２０２０年３月26日、小型の模型飛行機がレバノン南部からイスラエル領空に侵入した。イスラエルにより撃墜された飛行機の破片がオンラインで公開された。それは、ドローンの威力を見せつけようとヒズボラが新たにしかけた数ある作戦のひとつだった。１９８７年にはパレスチナのハンググライダーを使った攻撃で、６名のイスラエル人が殺害されている。イスラエルがそうした攻撃に弱いことを、ヒズボラは熟知していたのだ。

ヒズボラの指導者ハッサン・ナスララは、イスラエルの撤退後すぐにイランから無人機を購入した。ヒズボラの顔とも言えるナスララはあごひげを生やし、怒りに満ちていた。彼はイスラエルの空爆を恐れて数十年間地下シェルターに潜伏していた。それもそのはず。ヒズボラの中心メンバーはみな悲惨な末路をたどっていたのだ。たとえば、幹部のひとりであるイマド・ムグニヤは、２００８年にダマスカスで車にしかけられた爆弾により爆死している。

ヒズボラはイスラエルの出方を探ろうとした。２００４年11月７日、無人機１機を発射し、イスラエルのナハリヤ市上空から海まで飛行させた。その後ナスララは18キロの爆弾で武装した無人航空機を、イスラエルのどこにでも飛ばすことができると豪語した。[261] ヒズボラの無人機のモデルは、イラン製の〈モハジャー〉とみられた。〈モハジャー〉は直線翼を持つ双テイルブーム機で、イランが１９８０年代に模倣したイスラエルの初期の無人機と大きな違いはなく、実戦に適していた。イスラエル製やほかの１９８０年代初期のモデル同様に、〈モハジャー〉はカタパルト発射式で、パラシュートを使って回収される。ヒズボラは、イランが1997〜2006年にかけて40機ほど製造した〈モハジャー4〉を〈ミルサド〉へと名称を変更した。〈ミルサド〉の初飛行は失敗に終わり、海に墜落した。2005年4月11日の2回目の飛行は、もう少しうまくいった。無事レバノンに戻ってきたのだ。ヒズボラに近い情報筋はベイルートのアメリカ大使館に、その時点でヒズボラが保有する無人機は3機のみだったと報告した。[262] 地元の情報提供者が密かにアメリカ側に伝えたところによると、シリアの諜報機関がヒズボラに飛行に関する助言をしていた可能性も考えられるという。イスラエルは無人機を撃ち落とさなかったが、その後は自国のドローンを飛ばして対抗した。[263]

そのころのレバノンは一触即発だった。2005年、レバノンのラフィーク・ハリーリー元首相がヒズボラに暗殺された。大規模な抗議運動が起こり、暗殺事件への関与が疑われるシリアはレバノンから撤退した。自らの立場が脅かされることを懸念したヒズボラは、2006年7月にイスラエルに攻撃を開始。イスラエル軍の兵士を殺害し遺体を盗んだ。戦争は1か月に及んだ。イスラエルの無人機が威力を発揮し、ヒズボラの無人機数機を撃ち落とした。[264] このとき初めてF‐16戦闘機が無人機と交戦した。イランは40キロの爆発物を搭載した〈アバビル〉と同じタイプの無人機3機をただちに発射した。[265] それに対しイスラエルは8月7日、〈パイソン〉ミサイルを積んだF‐16を飛ばし、海上でイランの無人機を撃墜。8月13日にはまた別の無人機を撃ち落とした。残骸は〈アバビルT〉に似ていて、無人機というよりは巡航ミサイルに近かった。[266] ヒズボラは無人機を救出して戦争が終わるまで使おうと目論んだが、叶わなかった。

2008年、ヒズボラは市街戦によりベイルートを制圧すると、レバノンを人質に、レバノンの政治への関与を強めると同時に、軍備増強を行った。イスラエルは無人機でヒズボラの動きを常に監視していた。2009年に国連レバノン暫定駐留軍(UNIFIL)が確認したイスラエルの無人機は7機だった。1機は2007年にティール上空で[267]、もう1機は2019年にベイルートで撃墜された。

2008年には、ヒズボラは〈ミルサド〉を補充し、爆弾で武装していた[268]。アメリカ連邦議会の報告書は、ヤ・マディ・インダストリーズ・グループとコッズ・エアロノーティクス・インダストリーズをイスラム革命防衛隊の無人機およびグライダーの供給元と特定した[269]。イスラエルの懸念は増す一方だった。テロ対策局長のニッツァン・ヌリエルは2010年9月の会議で、ヒズボラは航続距離300キロの無人機を保有している可能性があると警告した[270]。さらに、ヒズボラが無人機の通信を妨害しようとしたことをつかんだイスラエルは、無人機の情報伝達を暗号化した[271]。イスラエルは、ヒズボラのようなテロ集団が、以前は国家でなければ不可能だったテクノロジーをすでに手に入れつつあることを把握していたのだ[272]。

イランはイラクにも無人機を飛ばした。アメリカ製〈スキャンイーグル〉をそっくり模倣した小型の〈ヤーシル〉が、ヒズボラと同様の地元の民兵組織、ハラカット・ヒズボラ・アル・ヌジャバに供与された。ISISとの戦争中、イランの〈モハジャー4〉と〈アバビル3〉がイラクの上空を飛んだ。イランは米軍を監視するため2009年からイラクで無人機を飛ばしていたが、その後ISISとの戦いを有利に進め、空軍のF-4戦闘機による空爆の標的指示に無人機を使

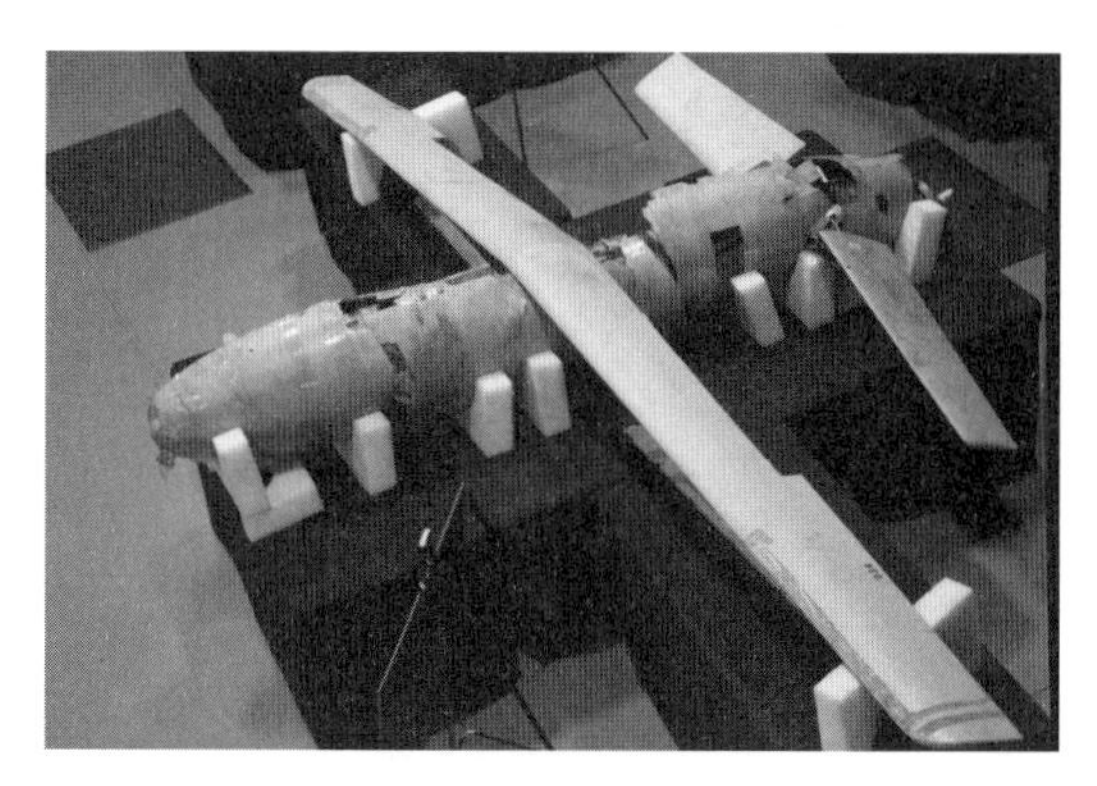

ワシントンD.C.、アナコスティア・ボーリング統合基地のイラン製兵器展示（IMD）で公開されているイランの無人航空機〈シャヘド123〉の残骸（2018年11月26日）。イランが危険なテロリスト集団に最新兵器を供給し、地域の安定を揺るがして紛争を引き起こしている証拠を見せるために、2017年12月に国防総省はIMDを設置した。IMDには、イランがイエメン、アフガニスタン、バーレーンにまで拡散させた兵器も含まれている。国防総省の公開情報は、国防総省がイランの関与を確認したことを示唆するものでも認めるものでもない。（写真提供　国防総省、撮影　リサ・フェルディナンド）

用するために、地上管制をバグダッドに移した。[273]

ヒズボラはその後もドローンの性能を向上させ、イタリアから部品を取り寄せて、2012年に再びイスラエル領空深くにドローンを送り込んだ。イスラエルは〈パイソン〉空対空ミサイルを搭載したF－16を緊急発進させ、ヒズボラのドローンを撃ち落とした。[274]ナスララは「ヒズボラは高性能偵察機を飛ばした」と主張して成果を誇示した。[275]ヒズボラのドローンはイスラエルの対空防衛システム〈アイアンドーム〉をも突破できることを証明したと言い張った。また、ヒズボラによると、新型ドローン〈アヨーブ〉は、イスラエルがレバノンに対して行った、2万回に及ぶ領空侵犯への報復だという。[276]ヒズボラは〈アヨーブ〉で撮影された映像をイランに送った。〈アヨーブ〉はイスラエル、ディモナの原子力施設のあたりを飛行した疑いもあった。その付近では2013年4月に別のドローンが確認されている。

ヒズボラのドローンはベカー高原に特別に設けられた飛行場から発射された。攻撃対象はシリアの反政府勢力だった。起伏の激しい丘や山に囲まれた風光明媚なアルサル地域にまで、彼らはドローンを飛ばした。そこではシリアの反政府グループとISISが作戦を展開しており、ヒズボラはドローンで敵の活動を監視していたのだ。また、2014年9月には、シリアのアルカイダ系組織ヌスラ戦線にドローン攻撃を加え、数十名を殺害した。これは、テロ集団または「非国家主体」によるドローンを使った最初の攻撃だった。[277]

イスラエルにしてみれば、ヒズボラおよびシリアの反政府勢力とのドローン戦争は、プラスとマイナス、両方の側面があった。ヒズボラが内戦中シリアにおける存在感を高めたのは、シリアとレバノンの国境、カラモン山脈の戦闘グループを集中的に攻撃したからにほかならない。ヒズボラは自分たちがレバノンを過激派から守っていると得々と語っていた。新しい飛行場はイラン製ドローンの〈アバビル3〉と〈シャヘド120〉にも使用された。[278] ヒズボラがイラン製のドローンを使っているということは、テロリストは自前のドローンを作ってはおらず、イランが自分たちに代わってイスラエルと戦う集団にドローンを拡散しているだけであることを意味している。[279] ヒズボラのドローン作戦は衰える気配を見せなかった。2017年9月には別のイラン製無人機を、シリアを介してイスラエルに発射し、イスラエルは〈パトリオット〉ミサイルでそれを撃墜した。[280]

脅威の高まりと時を同じくして、イスラエルでは防空およびレーダーの技術改良が進んだ。加えて、イランでは新しいドローン・テクノロジーが爆発的に進化した。それはもはや兵器開発競争の様子を呈していた。２００４年に初めてイスラエルの領空に侵入したとき、〈ミルサド〉は長さ約２・９メートルときわめて小型で、低速の無人機だった。時速２００キロとも言われたが、おそらくそれは誇張だろう。〈ミルサド〉はレーダーを回避したと思われ、イスラエルのクネセト（議会）は国防軍参謀総長モーシェ・ヤーロン中将に説明を求めた。[281] イスラエルは、ドローンの拡散と、イランからレバノンに精密誘導ミサイルなどの兵器が売られるのを懸念していた。[282] それに反して、最終的に２００機ほどの無人機を保有することになったヒズボラだが、そこから先のドローン攻撃では満足のいく成果はみられなかった。[283] ２０１９年８月、ヒズボラはシリアから「殺人ドローン」を飛ばそうとした。だがそうした目論見は、ドローンを使うテロリスト集団の脆弱性も明らかにした。シリアでのヒズボラの動きを監視していたイスラエルは、ドローンが丘の上に運ばれていく現場を目撃した。そしてイスラエルは秘密の方法、おそらく電子妨害によってドローンが使われるのを阻止した。[284]

ヒズボラにドローンの武装化を続けるだけの力はあっても、そのドローンはミサイルほどの脅威は及ぼしていない。[285] それでもヒズボラはドローンの改良をやめなかった。２０２０年３月、ヒズボラのために無人機の部品を購入したふたりの男がアメリカで輸出法違反の罪に問われた。[286] 男たちが調達を試みたのは、デジタル・コンパス、ジェットエンジン、ピストン・エンジンなど、ドローンの操縦に役立つ製品だ。彼らは２０１８年に南アフリカへ逃亡したが捕らえられ、ミネソタ州に送還された。

イランの無人機〈アバビル〉は、ヒズボラの手に渡っただけではなかった。イランはそれをガザ地区を支配する原理主義組織ハマスにも提供した。ハマスは長年イスラエルにテロ攻撃をしかけていたが、イスラエルの撤退後２００６年からガザ地区を統治するようになり、今では多くのミサイルとドローンを輸入し、製造できるようになった。２０１２年11月、ハマスのドローンがガザ地区の南に位置するハーン・ユーニスの滑走路を飛び立った。[287] その翌年ハマスはウェスト・バンクで小型のドローンを作ろうと試みた。ハマスは自力で〈アバビル〉A１B式ドローンを完成させた、偵察用機も製造したとうそぶいた。ドローンは全長約２・７メートル。「アバビル」とは「ツバメ」という意味だが、ハマスのそれはイラン製〈サリール〉H－１１０に似て、最新式のよくある双尾翼機だった。[288] ２０１４年７月に放送されたビデオの中で、ハマスは武器を積んだドローンを飛ばしていると主張した。

ハマスはドローンの改良を続け、２０１４年12月、創設27周年を記念するパレードで１機を披露した。武装しスカーフで顔を覆った男たちが、イスラエルを脅かすゲームチェンジャーだとしてドローンを称賛した。作ったものは当然使ってみたくなる。２０１６年９月、ガザの沿岸上空を飛ぶハマスのドローンが、イスラエルのF－16により発見、撃墜された。[289] ２０１７年２月、イスラエルは再びハマスのドローンがガザを離陸したことを検知し、沖に向かって飛行するドローンを撃ち落とすためジェット機を飛ばした。「脅威は差し迫って」いたと、イスラエル当局は語った。[290] 2019年7月と2020年2月にも、イスラエルはハマスのドローンを撃墜した。影響はエジプトにまで及び、エジプトはラファフ（ガザとエジプトの国境の町）を飛行するハマスのドローンを領空侵入から10分後に撃ち落とした。[291]

ドローン・テクノロジーを手に入れようというハマスの企てはほぼ失敗に終わった。そもそもドローンに手を出したのは、それまで着手した作戦が失敗続きだったからだ。2009、2012、2014年の戦争で、ハマスはロケットでイスラエルを倒そうとしたものの、イスラエルは防空システムのアイアンドームでそれらを迎撃した。そこでハマスはトンネル網を建設したが、これに対してもイスラエルはテクノロジーで応戦した。ハマスのドローン戦争はうまくいかなかったが、その理由はドローンを武装できなかったことにある。おかげでイスラエルは、ガザ地区を地球上で最も監視の目が光る場所にしたレーダーその他の偵察手段を駆使し、ハマスのドローンを容易に検知できた。使用目的を偽ってハマスが輸入しようとした民生用ドローンさえ、国境で止められた。

イスラエルが恐れたドローン戦争は、1600キロ以上離れたイエメンの地で現実のものとなった。そこではイランのテクノロジーが、ドローンがテロリストの手に渡ればどれほどの脅威をもたらすかを見せつけていた。

遠くまで

2019年11月25日、アラビア海に浮かぶダウ船（アラビア商人が利用した大型木造帆船）は、インド、イラン、オマーン間の交易路を行き来するほかのみすぼらしい貿易船と何ら変わりないように見えた。だが、駆逐艦フォレスト・シャーマンは、その船がほかにもなにか積んでいるのではないかと疑いの目を向けた。捜索の結果、ダウ船からはイランからイエメンに運ばれる予定の兵器が見つかった。２０２０年2月には別の船が拿捕された。その船は、ミサイルの部品のほかに、サーマル・イメージング・スコープやドローンの部品を積んでいた。[292]

こうした事例からわかるのは、テロリスト集団にドローン・テクノロジーを輸出するイランのような国がいかに危険な存在であるか、ということだ。そうした危険が最も顕著だったのがイエメンである。アメリカはイエメンで広範囲にわたりドローンを使用してアルカイダと戦ったが、２０１５年には中東を揺るがす新たな集団が出現する。その年、反政府武装組織フーシ派が、それまで支配していた山岳地帯から国全体へと勢力を拡大し、要衝アデン港を脅かしたのだ。

当初のフーシ派は、サウジ主導の巨大連合軍と腐敗したイエメン政府を相手に戦う、武骨な田舎の兵士といった印象が強かった。「アメリカに死を、ユダヤ教徒に呪いを」をスローガンに、彼らはアメリカ、イスラエル、その他イランの敵を叩きのめすと宣言した。洞窟や地下に身を潜めながら、彼らはイランのテクノロジーを活用してドローンやミサイルといった高度な兵器を開発した。部品などの材料は船で運ばれ、密輸されて山岳地帯まで運ばれた。２０１９年9月、フーシ派はドローンがびっしりと積まれた部屋の様子を撮影し、公開した。大半のドローンは全長数メートルと比較的小型で、自爆攻撃を目的としたものだった。フーシ派の弾道ミサイルに対抗してサウジアラビア政府は〈パトリオット〉ミサイルを配備し、うち２２６発がすでに発射されていた。しかし、ドローンは全く新しいタイプの脅威だった。[293]

フーシ派はイランの支援を受けたドローン技術の本当の意味での先駆者だった。複雑なドローン攻撃を実行したのも彼らが最初だった。シェイバーの天然ガス液化施設は、真っ赤な太陽の光が降り注ぐ砂漠に建っていた。そこが標的にされるなんて思いもよらない場所だ。２０１９年８月17日、10機のドローンがサウジアラビアの国営石油会社サウジアラムコの施設を攻撃した。石油施設はイエメンのフーシ派の前線から１０００キロメートル離れた、ＵＡＥとの国境近くの砂漠地帯にあった。フーシ派は「大規模で強烈な攻撃」を計画し、武装ドローンを使った攻撃に成功した。「我々はサウジ政府と大国に今後さらに大々的な作戦を展開すると断言する」。フーシ派は傘下のテレビ局アルマシラにそう語った。[294]

フーシ派は長年ドローンを備蓄し、改良を続けていた。イランにとってフーシ派はサウジとの代理戦争を戦う都合のいい存在だった。２０１９年にアメリカとイランのあいだに緊張が高まると、フーシ派の攻撃も激化した。[295]

たいていのテロ集団同様、フーシ派は既製のドローンを購入するところから始めた。彼らは２０１５年に商用ドローンの大疆創新科技有限公司（ＤＪＩ）製の〈ファントム〉を敵情偵察に使用し、オンラインで入手できる取扱説明書を参考に模型を作ろうと試みた。最終的にはイランからエンジンと模型を手に入れてイラン製〈アバビル〉を模したドローンを完成させ、〈カセフ１〉と名付けた。[296]２０１６年11月、ＵＡＥはイランからフーシ派へのドローン輸送を妨害した。ジム・マティス国防長官の指示で、２０１７年、アメリカはワシントンのアナコスティア・ボーリング統合基地にイラン製兵器展示を設置した。若き司令官だった時分、「カオス」のコールサインで呼ばれていたぶっきらぼうで遠慮のない性格のマティスは、イランの脅威を世界に知らしめたいと考えた。イランがフーシ派に武器を供給していることを証明するドローンやミサイルの残骸を見に、75カ国から人々が訪れた。

　フーシ派は4種類のドローンを開発したと主張した。ひとつは全翼機、その次が巡航ミサイル、あとのふたつは模型飛行機の形状をしている。[297] それに対し、アメリカ政府は激怒した。ニッキー・ヘイリー国連大使はアナコスティア・ボーリング統合基地でイランの〈アバビルＴ〉に似た〈カセフ1〉の残骸を前に記者会見し、イランの武器供与の可能性を強調した。[298] その他、ジャイロスコープなどの残骸はコンフリクト・アーマメント・リサーチ（イギリスの調査機関）によって分析され、イランの関与は確実とされた。〈アバビル3〉と〈カセフ1〉にはＶ10ジャイロスコープが搭載されていた。サウジアラビア、アブカイクの石油施設への大規模なスウォーム攻撃後、２０１９年9月にはＶ９と呼ばれるジャイロスコープが見つかっている。

　アラビア海でダウ船に踏み込んだアメリカ海軍は、イランとフーシ派ドローンの関連に気づいた。ワシントンＤＣのイラン製兵器展示を「ふれあい動物園」と呼んだアメリカ当局者は、発見されたドローンの残骸を、２０１６年10月にアフガニスタンで回収された〈シャヘド１２３〉など、すでにイラン製と判明している兵器と比較した結果、Ｖ９ジャイロスコープはイランが製造した他のドローンに使用されたジャイロスコープと同一のものであることが証明された。[299] 大きな筒のような機体の上に1枚の翼がボルトで固定された〈シャヘド１２３〉は、イラン軍によってカーキ色に塗られ、セクシーとはほど遠い見た目になった。しかもそのうちの１機はワシントンのイラン兵器展示でさらされる羽目になった。どうやら〈シャヘド１２３〉は、おそらくイギリスによって使用されアフガニスタンで墜落した〈ヘルメス４５０〉の機体を、イランが模倣して作ったのではないかと考えられる。[300] そこにドローン戦争の本質がある。遠く離れた墜落現場で、互いの設計を盗み合うのだ。イランやアフガニスタンの山岳地帯では、影の戦争が繰り広げられている。そしてアメリカの諜報部は墜落現場を捜索し、イランやその同盟国が次なる脅威を生み出す前にドローンの破片をすべて回収し、分析しようとする。

フーシ派のドローンが最初はＤＪＩ製クワッドコプターで、次がイラン製〈アバビルＴ〉だったことは数々の証拠が示すとおりだ。やがて彼らは部品の一部を自ら製造するようになった。[301] 使用されたのは世界じゅうから急いでかき集められた木製のプロペラや、回路基板などの内部部品である。たとえば、フーシ派が製造を開始した〈サマド〉に用いられたのは、ドイツからギリシャに輸出されたエンジンだった。２０１８年２月にイスラエル領空に侵入した〈シャヘド１４１〉内部で見つかったモーターや、フーシ派の〈カセフ１〉の部品など、ほとんどの部品がフーシ派とイランの密接な関係を裏づけている。[302]

フーシ派はドローンの達人オペレーターとなり、そのアジトはイラン製の部品をテストする実験室と化した。彼らはパトリオット・ミサイルのレーダーや防空システムに向かって自爆ドローンを放った。サウジアラビアの防空システムを巧みにかわし、王国深くまで攻め入った。また、２０１９年１月にはイエメンのアルアナド空軍基地の軍事パレードにドローンを撃ち込んだ。

ワシントン D.C.、アナコスティア・ボーリング統合基地のイラン製兵器展示（IMD）で公開されている〈カセフ1〉の残骸（2018 年 11 月 26 日）。（写真提供　国防総省、撮影　リサ・フェルディナンド）

フーシ派は〈カセフ１〉の設計を拡張し、彼らの主張によれば自国内で〈カセフ２K〉を製造した。その後はヒズボラの〈ミルサド〉、あるいはイランの〈モハジャー〉を手本にサマド級のドローンを作った。[303] ２０１８年に起きた、イエメンから約１５００キロ離れたアブダビの空港襲撃に、〈サマド３〉が使用されたと言われている。[304] これはどちらかというと巡航ミサイル、あるいは基地に戻ってくることが想定されていない、いわゆる「徘徊型兵器」に近い無人機だった。[305] その後フーシ派はサウジアラビア南部の空港にドローンを飛ばすようになり、２０１９年６月と７月にはアブハ空港を襲った。[306] 彼らが爆弾を積んだドローンで攻撃を開始すると、２０２０年には〈サマド〉の使用疑惑を裏づける画像が次々と報道された。[307]

フーシ派は〈ハドハド〉、〈ラキブ〉、〈ラセド〉といった偵察機も作った。[308] これらのほとんどは模型飛行機と見分けがつかないほどで、航続距離30キロ、航続時間90分と短い。[309] フーシ派がイランの技術や部品や装置に彼ら独自の設計を組み合わせ、ハイブリッド・ドローンを作れる可能性があることが明らかになりつつあった。つまり、ジャイロスコープなどの部品はイランからの密輸に頼らざるをえなくとも、翼や胴体は彼ら自身で作ることができると考えられるのだ。GPS誘導システムを駆使して、遠く離れた場所を標的にすることも可能かもしれない。「ローテク・ハイリターン」と評されながらも、現実に彼らの生み出したドローンは、西側諸国のハイテクな防空システムを利用できる最も富める国々にとって、無視できない脅威となった。[310] 2019年も終わりを迎えるころ、世界の大国の懸案は高まるばかりだった。2020年に入っても、フーシ派の攻撃とサウジアラビアの防空システムはいたちごっこを繰り返していた。アメリカの「ふれあい動物園」に展示される残骸や、EUやUAEの支援を受けて実施された調査は次々とイランの関与を明らかにし、アメリカ海軍の駆逐艦はドローンを運ぶイランの船を発見するために海を行き交っていた。そしてアメリカとイスラエルは、イランが独自の〈プレデター〉と〈アバビル〉を中東のテロ集団に輸出していたという事実をつかんだ。[311]

黒旗

ヒズボラやハマスやフーシ派がイランのテクノロジーを巧みに利用したのに対し、独自のアイデアでドローンの開発を進める集団もいた。ＩＳＩＳは、イラクでアメリカと戦っていたいくつものジハーディスト・グループから発展したテロ組織だ。２０１３年後半から２０１４年初頭にかけてシリアに突如現れ、ユーフラテス川沿いの地域を制圧した。創設者アブ・バクル・アル・バグダディはイラク人で、ジハーディストとして活動し、拘束され収容所に入れられたことがある。彼の配下にはアメリカとの戦争経験のみならず、サダム・フセイン時代の軍人ともつながりを持つイラクの司令官集団がいた。その中に、機械工学に通じる者もいたのだ。

初期のＩＳＩＳに対しては、多少なりと抵抗する動きがあった。イラクがバグダッドまで兵力を後退させ、ＩＳＩＳはイラクとシリアでクルド人を相手に戦闘を繰り広げた。２０１５年春、世界ではテロに対する大規模な協調体制が拡大していった。それを打ち破るためにＩＳＩＳが世界じゅうから集めた5万人の志願者の中に、ドローンに詳しい者がいた。彼らはエンジニアか機械マニア、そうでなければ小型の手榴弾や兵器を付けて再梱包され販売されているドローンがあることを知っているだけの人たちだったかもしれない。

テロ集団は小型のクワッドコプターを調達し、密かにシリアやイラクに運んだ。２０１６年にＩＳＩＳが国境付近の支配地域を失うまで、それらの多くはトルコの密輸業者から持ち込まれた。狂信的テロリストたちはドローンに手榴弾や弾頭を取り付け、２０１６年から実戦に用いるようになった。アメリカが支援するシリア民主軍によると、ＩＳＩＳは一部の前線に毎日ひんぱんにドローンを飛ばしたという。ＩＳＩＳはドローンで彼らの迫撃砲を監視して攻撃の精度を高め、爆弾を積み込んだ車両を誘導した。２０１７年モスルとラッカで惨敗しても、ＩＳＩＳはドローン攻撃をやめなかった。市民やイラク軍に1か月のあいだに100回も爆弾を落としたのだ。

ＩＳＩＳは独自のドローンの製造も検討していた。そこで、イギリスやバングラデシュなどの外国にいる支援者に連絡をとり、カメラ、アンテナ、シミュレーターといった部品を調達するためのフロント企業の設立を目論んだ。ＩＳＩＳが大きな関心を寄せていたのが、木材などの資材を使い、固定翼の模型飛行機を作ることである。だが海外でＩＳＩＳの支援者が次々と拘束されると、今度は巨大なクワッドコプターと密輸資材を購入するようになった。

アメリカ主導の連合軍は懸念を強め、ＩＳＩＳのドローンを撃退するための策に資金を注ぎ込んだ。連合軍にＩＳＩＳによるドローン攻撃の犠牲者はいなかったものの、アメリカ特殊作戦軍レイモンド・トーマス司令官の話では、ある戦闘ではモスル上空をＩＳＩＳのドローンが1度に12機飛んでいたという。1日に飛ばした数は70機にも及んだ。[312] これは、世界じゅうの軍事計画者を困惑させる一種の「スウォーム」ドローンだった。しかもそれらは決して安価ではない。トーマス司令官の推定によると、1機のコストは最大2000ドル。計算すれば、ＩＳＩＳが数百万ドルとまではいかなくとも数十万ドルをドローン開発に投資したことは明白だ。それに対抗し、小型ドローンの攻撃を阻止するテクノロジーを開発するため、7億ドル以上の予算がＤＡＲＰＡなどのプログラムに投じられた。[313] 解決策を見つけ出そうと、ボーイングやレイセオンなどの企業が動員された。

ＩＳＩＳの形勢が不利になるのに伴い、連合軍はドローン製造工場など、ＩＳＩＳのドローン戦争に影響を及ぼす場所をターゲットにすることも可能になった。ドローンの通信を妨害するべく、電子戦飛行禁止区域が設定され、ＤＪＩ社は新たにソフトウェアを更新し、敵のドローンがそうした「ジオフェンス（ＧＰＳやＷｉ－Ｆｉなどを使用して特定の場所やその周辺に設けられる仮想的な境界線）に囲まれた」地域に侵入するのを難しくした。ＩＳＩＳにとって不幸だったのは、ドローン開発を試みた結果、２０１６～２０１７年にかけてドローン大国へと変貌を遂げた一方で、それがほかのテロリスト集団をも刺激したことだ。ほどなくして、フィリピンのイスラム過激派マウテは、ドローンを使ってマラウィ市を占拠した。10機余りが両陣営の攻撃を受けて撃墜された。戦闘が終わり、フィリピンを支援していたアメリカとオーストラリアの連合軍は、前線に立つ歩兵隊にどうしても必要なのは小型ドローンであると結論づけた。また、敵を特定し攻撃するには使い捨ての安価なドローンが有効だとも述べた。要するに、特殊な軍用ドローンを目的を問わず軍に配備する必要はないのだ[314]。ＩＳＩＳの支援者はイエメンなどでもドローンの使用を開始した。メキシコの麻薬カルテルはＩＳＩＳに刺激を受けたらしく、空から爆発物を投下できるドローンを作った。

　ＩＳＩＳとのドローン戦争で苦戦していたのがイラクだ。イラク軍はジャミングにより無人飛行機を撃ち落とす、奇抜な形をした銃など、各種の装置を試していた。イラク軍兵士はドローンを警戒し、絶えず上を見上げながら、ゆっくりと動かざるをえなかった。ＩＳＩＳのドローンは戦略を大きく変えるゲームチェンジャーではなかったが、恐ろしい兵器であることは確かだった。

　２０１７年３月に私がモスルに入ったとき、ＩＳＩＳは川の西側の一部を支配していた。イラク軍の威力に押され、ＩＳＩＳはじわじわと川沿いに追い詰められていた。前線にいたのはイラク連邦警察部隊である。私たちはイラクのクルド人自治区の首都エルビルから、戦争で無残な姿となった畑や橋を通り、車でモスルに入った。黒焦げの車やＩＳＩＳの「マッドマックス」、つまり爆弾を積んで自爆した車の残骸が目に入る。１時間半ほどのあいだ、住む人のいなくなったキリスト教の村を車でくねくねと進み、ニネヴェ平原からユーフラテス川へと向かった。

モスル市郊外の連邦警察に到着し、これから市内へと同行する兵士を待った。武装したイラク軍の自動車数台と私たちのＳＵＶで車列を組むのだ。壊れた道路、爆撃を受けた田畑や家を見ながら車を走らせ、ようやくあるエリアに着いた。そこからは狭い路地を歩かなければならない。モスルの街にはさまざまな店が立ち並び、一見したところほかの都市と何ら変わらない様子に思えた。ところが細い道を入っていくと、荒廃ぶりは一目瞭然だった。路地には狙撃者から身を守るための毛布がかけられていた。ドローンが飛んでいないか、兵士たちはずっと上空を監視していた。ドローンの脅威は絶えずつきまとった。迫撃砲や狙撃者より恐ろしいとまでは言わないが、高い空をせわしなく飛び回る、姿の見えない敵にねらわれるのはひどく不安をかき立てる。報道によると、〈プレデター〉に遭遇したタリバンも同じように恐れていたという。ドローンには高速で飛ぶヘリコプターや戦闘機とは異なる点がある。じっと動かず上空を漂いながらこちらをずっと監視しているので、薄気味悪いことこのうえないのだ。モスルに入った当時、ドローンの音を聞くと、私は得体の知れないものへの恐怖を覚えた。ドローンを撃ち落とす手段はなかった。できるのは、どこかに身を潜めることくらいのものだった。

アメリカがドローンと戦うためのさまざまな手段に資金を投じるようになったのも無理はない。戦闘部隊はディドローン社のドローン・ディフェンダー（ドローンの通信を妨害し、制御を失わせて強制的に着陸させることができる装置）を手に入れた。空軍は2300万ドルかけて戦闘機への搭載が可能な高エネルギー・レーザー兵器（HELW）を開発した。また、レイセオン社と1600万ドルの契約を結び、〈フェイザー〉を購入した。『スター・トレック』にでも出てきそうな名前のこの機械は、高出力電磁波兵器である。[315]

これらはISISの小型ドローンの脅威に対抗するために開発された。戦争に備え、軍は過去の戦争経験を踏まえた訓練を行う傾向にある。〈プレデター〉同様に、〈リーパー〉も〈グローバルホーク〉も先進の防空システムには太刀打ちできなかった。なぜなら、それらは防空システムを持たない敵を相手に戦っていたからだ。そこでアメリカは、ISISが生み出したドローンの脅威と戦うことのできるシステムの開発に乗り出した。しかし現実には、次の戦争の相手が第2のISISであるとは限らない。

2000年代半ば、商用ドローン製造業者は好況に沸いたが、ドローンによる安全保障上の脅威も一段と高まった。その結果、規制が強化された。つまり、国境を越えて容易にドローンを飛ばすことができた時代の隙間に、ISISのドローンはぴたりとはまったというわけだ。ところが、ISISが拡大しその後衰退していくなかで、多くの国がドローンの脅威の高まりを懸念するようになった。イランでは、ドローンを飛ばして写真を撮ろうとしたカップルがスパイ容疑で逮捕された。ジャーナリストをはじめさまざまな人たちが、ドローンを所有したとして拘束されている。

テロ組織のほうもさらなる技術革新を進めなければならなかった。シリアで活動するハイアト・タハリール・アル＝シャームは、以前はアルカイダ系組織だったが、その後離脱したいわゆる反政府組織で、シリア政府とラタキアにあるロシア軍基地をドローンで攻撃した。２０１８年にはロシア軍の基地に「スウォーム」攻撃までしかけた。対抗策としてロシアは高価な防空兵器を送り込んだ。ロシアは組織の壊滅を目的にイドリブ（シリア北西部の都市）で掃討作戦を開始し、ドローンが発射されたイドリブでの介入強化をトルコに促した。戦いは２０１８、２０１９年と続いた。ロシアは、「ドローン・スウォーム」は技術を誇示したいアメリカの差し金によるものであり、アメリカが海軍のP－8偵察機を使ってドローンを制御・誘導したと批判した。[316]

テロ組織、代理組織、「非国家主体」がドローンを手に入れるスピードは尋常でなかった。これらの組織は、単なる商用クワッドコプターではなく、現実の脅威となるドローンを持つテロリスト軍隊だった。イスラエルが偵察用無人機の先駆者だった時代から、アメリカがドローン攻撃の覇権を握り、やがて群雄割拠の時代になるまで、あれよあれよという間に世界は様変わりした。すでに80余りの国がドローンを調達していただけでなく、恐怖が現実になりつつあったのだ。ドローンはいつかニューヨークを脅かす。２０１４年のドキュメンタリー映画『ドローン』の中で、そんなことばが語られている。まるで秘密の空爆を実行するのがアメリカだけでなくなる未来を暗示するかのようだ。その日は確実に近づいていた。ドローンが航空機に取って代わるという予言は依然として神話のままだったが、脅威は現実になった。

同じころ、ロシアはドローンの脅威を教訓として行動を起こしていた。サンクトペテルブルクに拠点を置くスペシャル・テクノロジー・センター（ＳＴＣ）社は、ドローンに向かって飛んで行き、衝突するロケットを完成させた。海軍分析センターのサミュエル・ベンデットは、爆発物を搭載しないシンプルなロシアの兵器なら、地上の犠牲者を減らせるだろうと述べた[317]。

シリアのＨＴＳドローンは、商用クワッドコプターというよりは小型の兵器が取り付けられた模型飛行機のようだった。ロシア国防省はその声明の中で、ドローンを遠くから容易に検知し、ミサイルで制圧することは可能であると述べた[318]。ロシアの例は、防空システムを配備すれば現代のドローンの脅威に対抗できることを物語っている。ほかの多くの国々も身をもって学びつつあった。ロシアなどの国々による防空システムの開発が、ドローン戦争のもうひとつの側面である。各国の対応はさまざまだ。続いては、それぞれの国が講じたドローン対策を見ていこう。

第6章

反撃

ドローンに対する新しい防衛手段

人はそれを「野獣」と呼んだ。2007年、全翼機の「野獣」はカンダハルの空に初めてその黒い姿を現した。その正体は、スカンクワークスが開発した最新鋭無人機、ロッキード・マーティンRQ-170〈センティネル〉だった。それを目にした人たちは、機密であるはずの無人機がいったい何のために飛んでいるのだろうといぶかった。[319] そのころには、見慣れない無人機が目撃されたとなれば、人々がその写真や詳しい説明を求めるぐらい、無人機は世間一般に浸透していたのだ。その存在が正式に認められたのが2009年。そして2011年1月にはアフガニスタンの飛行場のエプロンに置かれた野獣の新しい写真が公開された。韓国でも目撃されたと言われていた。[320] しかしながら2020年になっても、野獣の開発に関する情報は機密扱いのままだった。

2011年の写真が撮られてからまもなく1年になろうとするころ、ヒラリー・クリントン国務長官は側近フーマ・アベディンからメールを受け取った。RQ-170がイランで撃墜されたという。2011年12月4日のことである。イランの国営衛星テレビ局アルアラムは、「偵察」機が撃ち落とされたニュースを興奮した様子で伝えた。[321] アメリカ当局は奇襲作戦、あるいは空爆を行って無人機を取り返そうと考えたが、結局は断念した。イランとの関係に緊張が高まるのを避けたかったからだ[322]。

それから数日にわたる報道によると、撃ち落とされたのは長年イランを偵察していた無人機で、その年の5月にパキスタンでビン・ラディンを急襲したときに使われた偵察機の可能性があるという[323]。無人機の墜落現場はイランの内陸部、カンダハルからおよそ1000キロの距離にあるカシュマールの近くだ[324]。数日のうちに、イランは無人機を回収して公開した。見たところほとんど損傷しておらず、それが撃ち落とされたのではなく、また自爆機能が働いた形跡もないことは明らかだった[325]。バラク・オバマ大統領はイラン政府に無人機の返還を求めたが、イラン側は無人機の機密情報を解読すると答えた。どうやらイランは、通信システムに侵入して無人機を撃墜させせようと試みたようだ。アメリカのメディアは「パイロットのミス」が原因ではないかと報じた。CIAと空軍は見解を発表していない[326]。

その一件は、イスラム革命防衛隊航空宇宙部隊のアミール・アリ・ハジザデ准将にとって宣伝戦略の大勝利であり、回収された無人機は宝の山である可能性があった。ハジザデは国営テレビに対し、イランは飛行経路の情報を収集し、精密な電子監視を活用して無人機を撃ち落としたと語った。つまり、イランはステルス性の高い推進システムなどの新たな技術や、厚さ0・9メートル、全長4・6メートル、翼幅24メートルといった〈センティネル〉独自の特徴を、中国やロシアにリバース・エンジニアリングさせることもできたわけだ[327]。

イランはそれまで何年間もアメリカのドローンの撃墜を試みていた。そのために、ロシア製電子情報収集（ＥＬＩＮＴ）システム〈アウトバザ〉を調達したばかりだった。やるかやられるかのドローン戦争においては、ドローン・オペレーターは敵より一歩先んじなければならない。ＲＱ‐１７０が捕捉されたことは、アメリカにとって痛恨の極みであり、イランにとっては大手柄だった。それまでイラクやアフガニスタンといった、政府が機能していない脆弱な国で、大手を振ってドローンを使用してきたアメリカに、その存在を隠すためのステルス技術は不要だったのだ。

たとえば２００９年、アメリカ空軍第62遠征偵察飛行隊はアフガニスタンのカンダハルに駐留していた。その結果カンダハルはドローン戦争の中心地となり、司令官たちはパイロットによる〈プレデター〉の飛行回数を増やすよう要求した。[328]

しかし、イランの核兵器開発に対する懸念が高まるなかでの、イラン上空における偵察ミッションは、それまでの任務とは全く性格が異なるものだった。[329]ドローン作戦の本部がアフガニスタンのシンダッド空軍基地であることなど、ＲＱ‐１７０の情報が明らかになると、パネッタ国防長官はアフガニスタンとイランの国境付近におけるドローン作戦を今後も続けると明言した。[330]イランの国連大使モハメド・カーゼイはそれに激怒し、「不法行為」をやめるよう要求した。イランはアフガニスタンの指導者に電話をかけて、アメリカのドローンの侵入が今後も続くようなら、それを敵対的行為とみなすと警告した。[331]

大躍進

イラン上空で繰り広げられているのは、最新情報の収集能力の競い合いだった。冷戦時代にソ連上空を飛んだU－2同様に、RQ－170はゲームチェンジャーの役割を期待されていた。また、1万5000メートルの高さを飛行し、ステルス性の高い機体におびただしい数のセンサーを装備できるとみられていた。ランド研究所の分析担当者によれば、化学物質を匂いで検知できるセンサーまであるという。[332]〈センティネル〉には最新テクノロジーのフルモーション・ビデオ（FMV）・センサーが搭載されていた。高解像度FMVに、さらにドローンの現在地を表示する地図を組み合わせれば、分析担当が疑わしい動きを瞬時に見つけ、あらゆるメタデータを他のセンサーと結びつけるのに役立つ。[333]アナログからデジタルに変換し、データを地上部隊と共有して全員が同じ画像を見られるようにすれば、戦争の方法は変わるだろう。〈センティネル〉はそうした静かなる革命の一翼を担っていたのだ。[334]

イランは雄牛を乗りこなすようにその革命の舵を取り、アメリカの技術の進歩に便乗したいと考えた。2011～2020年まで、ハジザデの主導の下、そのための取り組みが実行に移された。彼はイランの最高指導者アヤトラ・アリ・ハメネイ師からじきじきに許可を得た。ハメネイ師はイランのドローン計画とアメリカのドローン攻撃への対抗策の効果を信じていたのだ。

指導者の支持を取り付けたハジザデは、アメリカのドローンを積極的に撃墜するようイラン軍に命じ、〈センティネル〉だけでなく、〈プレデター〉、〈リーパー〉、〈スキャンイーグル〉[335]、ひいてはイスラエル製の〈ヘルメス180〉をも捕捉した。イランはドローンの監視と「制御」を実

イスラエル・エアロスペース・インダストリーズの〈ヘロン TP〉。多用途で最新式の、長距離中高度長時間滞空型（MALE）の無人航空機。（写真提供　IAI）

行し、自国のほかにイラクやシリアの上空でも外国のドローン8機を捕捉した。[336] 2014年、イランはサイバー攻撃により乗っ取ったドローンから撮影されたと主張するビデオを公開した。その中で、イランが鼻高々で披露したのがイスラエル製〈ヘルメス〉の破片だ。イランはイスラエルが〈ヘルメス〉を使い、ナタンズのウラン濃縮施設を偵察していたと断言した。施設はイスラエルから1600キロ離れた場所にある。専門家がエルサレム・ポスト紙に語ったところによると、イランが公開した無人機の残骸は明らかに〈ヘルメス180〉でも〈ヘルメス450〉でもなく、ナタンズを監視するには同じイスラエル製でも〈ヘロン〉の方が適していた。[337]

イランはイスラエルの成功を間近で見ていた。〈ヘロン〉は1990年代からイスラエルの主力兵器だった大型ドローンのひとつである。そのおかげで２０００年代初頭に防衛企業イスラエル・エアロスペース・インダストリーズ（ＩＡＩ）は世界有数のドローン販売企業となった。[338]〈ヘロン〉は航続時間を40時間以上に、航続可能な距離を１０００キロ超に伸ばし、主力機となった。イランは２００５年、イスラエルが〈サーチャーⅡ〉をＩＡＩ製〈ヘロン〉に代え、パルマヒム空軍基地で運用を開始するのを確認した。２００７年、アミール・エシェル率いるイスラエル空軍の飛行隊に初めて〈ヘロン〉数機が配備された。[339]エシェルはのちにシリアに展開するイラン部隊への空爆で重要な役割を果たす人物だ。

ドローン戦争では、噂や情報が実際の進歩と同じぐらい重要になりうる。ドローン開発はまるで模倣合戦だ。たとえばイランの〈サーエゲ〉は明らかに〈センティネル〉のコピーである。イランのジェットエンジン式〈シャヘド１７１〉シームルグも〈センティネル〉のコピーで、最初の配備は２０１４年だった。ハジザデは最大４発のミサイルで〈サーエゲ〉を武装するよう指示し、完成したドローンは敵の領空深くまで侵入できると主張した。[340]２０１８年２月にイランは〈サーエゲ〉１機をシリアのＴ－４基地から飛ばした。それはイスラエル領空内に侵入したものの、イスラエル軍に撃ち落とされた。[341]

イランが〈センティネル〉を撃墜して以降の空の戦いは、ひとつのドローン超大国が君臨する時代から、いくつものドローン製造国がしのぎを削る時代になった。これが、ドローンを取り巻く世界のパワーバランスや、ドローンがもたらす脅威を根本的に変えたのである。イランのねらいは、１９８０年代のイスラエルと同様に独立したドローン軍を組織し、かつてのアメリカのように堂々とドローンを飛ばすことだった。ハジザデの下で、イランはステルス性の高い〈センティネル〉だけでなく、２０１９年には〈グローバルホーク〉も撃ち落とし、イエメンのフーシ派にドローンを供給するようになる。[342] わずか数年で、世界は変化の早い全く新しいドローン戦争の時代に突入しようとしていた。

　イスラエルやアメリカと対等に戦えるようになるまでに、イランは長きにわたり血にまみれた道を歩んだ。１９７９年のイスラム革命後、イランにはシャー（イラン最後の皇帝。イランの近代化を進めたが、イラン革命により失脚。イランとアメリカは革命直前まで良好な関係を続け、７０年代中盤には、最新鋭の戦闘機や空中給油機がアメリカからイラン空軍に納入された）時代の遺物であるアメリカ製無人標的機があった。それらは基本的にはロケットが搭載された大型の模型飛行機だった。だがイランの新しい指導者たちにそれらの使い方を学んでいる暇はなかった。１９８０年9月22日、イラクの戦闘機がイランを攻撃。イラン・イラク戦争が勃発する。ソ連製の兵器や毒ガスを保有するイラクは技術大国だった。それに対し、イランは信仰心を動機にした人海戦術で対抗した。だが一方で、信心深いイランの新たな革命防衛隊は無人機にあれこれと手を加えていた。ほどなくして彼らは初期モデルの無人機を戦闘に導入するようになった。１９８６年、後にイスラム革命防衛隊の指導者となるカセム・ソレイマニは部隊を率いて運河を越え、イラクのバスフにある魚の養殖用湖へと進んだ。その中に、新たに集められたイランのドローン戦士たちがいた。飛行ミッションの回数は９４０回にも及び、５万４０００枚の写真が撮影された。[343]

　イランの技術革新はさらに進んだ。１９８０年代、コッズ社が〈モハジャー〉を開発し、１９８５年に初飛行を行っている。ふたりで運べるほど小型のこの航空機は数百機製造された。

1986年にはイラン航空機製造工業（HESA）の〈アバビル〉が完成し、約400機製造された。HESAは実は、革命前にヘリコプター〈ベル〉を製造したアメリカ企業テキストロンの旧工場内に設立された企業だった。〈アバビル〉は巡航ミサイルに近い徘徊型兵器で、トラック上のカタパルトから発射された。[344] 1990年代に〈アバビル2〉が、2000年代には双尾翼機〈アバビルT〉が登場し、後者はレバノンやイエメンに輸出された。

イランの無人機プログラムは、IAI〈スカウト〉、その後イスラエルが設計しアメリカが使用したAAI製RQ-2〈パイオニア〉をはじめ、1980年代の設計を大きく取り入れていた。一例をあげると、これらの双テイルブームに似た設計を持つのが、2006年に開発され、100キロ先まで飛行でき、時速200キロで4時間航続可能な〈アバビル3〉である。〈アバビル3〉は2019年までに数百機製造された。[345] 興味深いのが、南アフリカのデネル・ダイナミクス社の無人機〈シーカー〉の製造にイスラエルが力を貸しているという情報がイランに伝わると、それを契機にイランが〈アバビル3〉の開発を進めるようになったことだ。[346] 2015年、UAEが運用する〈シーカーII〉がイランの支援を受けるフーシ派によりイエメンで撃墜された。まさに「風が吹けば桶屋が儲かる」を地でいくような話である。[347]

イランは、1991年にイラクで撃墜された2機の〈パイオニア〉と、1999年にコソボ紛争で撃墜された〈ハンター〉を回収して解析を行い、イスラエルのドローンに関する知識を得ていた可能性がある。[348] より最近では、2015年にシリア上空で消息を絶った〈パイオニア〉や、2019年6月の〈リーパー〉、11月の〈スキャンイーグル〉といずれもイエメンで撃ち落とされ

衛星とELINT装置を積んだIAI〈ヘロン〉。ミッションに応じてドローンには異なるシステムが装備される。（写真提供　IAI）

た無人機の残骸を回収することができたのではないかと考えられる。[349] 一見したところ、イランは設計図や写真の利用には何の問題もないようだったが、彼らが本当に目指していたのは、ドローンの航続距離を伸ばし、偵察、通信中継、標的設定能力を向上させることだった。とはいえ、たとえばアメリカやイスラエルのハイテク産業が使っているような複合材料や誘導装置や電子光学装置などは、制裁下のイランではおいそれと入手できるものではなかった。南アフリカの〈シーカー〉、〈モハジャー4B〉、あるいはアメリカの〈パイオニア〉、エアロノーティクス・ディフェンス・システムズの〈エアロスター〉といった無人機の設計はどれも基本的には同じ、長い翼を持つ双テイルブームで、先頭には電子光学装置を収めるドームが付いていた。[351] イランに必要だったのはドローン内部の改良だけだった。

イランは〈アバビル〉と〈モハジャー〉を高度な機能を持つ無人機へと改良することに成功した。2008年、スーダンで使用されているドローンに関する国連平和維持軍の調査に対し、イラン政府は、それらはイラン製〈アバビル3〉が〈ザギル〉に名前を変えたものだと答えた。[352]〈アバビル3〉は少なくとも2機が反政府組織に撃ち落とされた。ベネズエラも2007年にイランの〈モハジャー2〉を購入し、偵察任務を実行している。[353]

1980年代から2010年にかけて、イランはこれらの無人機数世代を製造した。その数は合計600。それらはどれも、到達可能な距離は見通し線圏内で最長でも100キロをやや上回る程度だった。加えて、燃料タンクの容量も航続距離を短くしていた。[354]〈アバビル〉がイスラム革命防衛隊に広く使用される一方で、〈モハジャー〉は主としてイラン陸軍地上部隊によって用いられた。[355] 2020年4月、イランは空軍および陸軍向けの新型〈アバビル3〉を公開し、新しい爆弾誘導装置を装備していると発表した。イランはまた、巡航ミサイルに似た新型無人機〈カラール〉を誇らしげに披露した。[356]イラン政府によると、〈カラール〉は時速900キロで1500キロ航行することができ、1万3700メートルの高さまで到達可能であるという。イランはイスラエルの〈スパイク〉ミサイルを模倣し、〈アバビル3〉に取り付けてターゲット上に落下させ、ドローンに対戦車兵器を搭載したと主張した。[357]

イランは2010年以降も数々のドローンを開発し、それぞれ〈ヤーシル〉、〈ホッドホッド〉、〈ローハム〉、〈ヤ・マハディ〉、〈サーリル〉、〈ラード85〉、〈ハーマセー〉、〈ハゼム1〉と命名した。これらの多くは実験のため、あるいは保有数の多さを誇示することだけを目的として作られた。[358]イランの無人機に詳しい記者のアダム・ラウンズレーの話では、イランは試作機を1、2機作っては自慢するだけで、完成には至らなかったものも多いそうだ。「ドローンの実力が本物かどうかは、ネットワーク空間で必要とする人たちに画像やデータを届けることができる能力で決まる」[359]。イランのアクバル・カリムルー大佐は2020年春のインタビューで、イスラム革命防衛隊の無人航空機部隊は通信能力を急速に向上させていると述べた。また、タスニム通信（イランの国営メディア）には、部隊に配備される無人機はビデオ撮影や地理情報システムの最新テクノロジーを装備し、航続距離を100キロ以上に伸ばしたと語った。カリムルーによると、主力となる新たな無人機は〈アバビル3〉、〈モハジャー6〉、〈シャヘド149〉だという。

ドローン部隊を作ったあとのイランの目的は、それらを駆使して敵を追い詰めることだった。1980年代、その矛先はイラクに向けられた。いよいよ大きな戦いの始まりである。イラン政府は影響力の発揮を目論み、ねらった国に対して次々とドローン作戦を展開していった。まずは「近い外国」（もともとは、ロシア側から見た旧ソ連諸国を指すことば）であるイラクに始まり、シリア、レバノン、イエメン、スーダン、ガザ、アフガニスタンへと広がっていった。その後ペルシャ湾とオマーン湾上空をイランのドローンが飛行するようになる。イランはドローンの力でアメリカと肩を並べることができたのだろうか？　一方のアメリカは手を広げすぎた。アメリカが目指したのは、ドローンを24時間飛ばして世界240カ所で戦闘空中哨戒（CAPS）を恒久的に展開することだ。[360]しかし結局のところ、それを実現できたのは60余りの地域に限られ、それが問題を引き起こしている。というのも、監視の必要なテロリストや敵がわんさかいる狭い地域が、世界には60以上あるからだ。[361]

イスラエルの無人機製造業者エアロノーティクス社のロビー。 世界じゅうを 25 万時間以上飛行したコスト効率のよいシステム、 エアロスター・タクティカル UAS（TUAS）の模型が展示されている。

アメリカを打ち破るため、イランはホルムズ海峡の南の沿岸に無人機基地網を構築した。[362] 基地が置かれたのは、ケシュム島の砂漠の飛行場、バンダルアバスやバンダルジャスク港付近、ミナブ、コナーラクなどである。コナーラクの基地には〈プレデター〉をモデルにした新型〈シャヘド129〉が配備された。２０１０年以降、ミナブとバンダルアバスの基地に〈アバビル3〉の拠点が設けられた。２０１５年には、新たな飛行場がジャキガーに作られた。そのころには、イランはドローン展開の経験を数多く積んでおり、シリアにドローンを送り、砂漠にあるティヤス空軍基地をその拠点とした。

２０１８年2月、イランはティヤス空軍基地からドローンを発射し、イスラエルの防衛能力を試した。ドローンはゴラン付近を航行し、おそらくヨルダンを領空侵犯してヨルダン渓谷にあるベト・シェアン付近に侵入した。イスラエルは〈アパッチ〉ヘリを緊急発進させてドローンを撃墜した。報復として行われた空爆のさなか、イスラエルのF-16Iがイスラエル北部で墜落した。ハイファの北に位置する、労働者階級が多く暮らす郊外の海辺の町、キリヤ・ヤムに滞在していた私は、2月10日の朝、墜落のニュースを聞いて目が覚めた。F-16Iの墜落現場であるシェファルアムの、大きな鶏舎が建ち並ぶ野原の近くに私は車を走らせた。雨の降る寒い朝、舗装されていない道を歩いて行くと、墜落機の残骸と、真っ黒こげになったエンジンが突き出ているのが目に入った。イランのしかけたドローン戦争のなれの果てだった。

イランはますます大胆になっていった。2016年1月12日、イランはアメリカ海軍の空母ハリー・トルーマンとフランス海軍の原子力空母シャルル・ド・ゴールの上空にドローンを飛ばした。まるで、2015年のイラン核合意後は、自分たちこそ中東の勝者であるとでも言わんばかりに。アメリカ海軍第5艦隊の広報担当、ケヴィン・スティーヴンスは、イランの無人機は武装されておらず、危険は一切なかったと述べた。海軍に言わせれば、それは「倫理に反する異常な行為」だった。[363] だが、いくらアメリカがイランの新型〈シャヘド129〉による領空侵犯を単なる倫理違反で片付けたとしても、イランがドローンの能力を試していたことは疑いようがなかった。2015年12月にもイランのドローンは空母の上空に侵入していた。また、アヤトラ（イスラム教シーア派の優れた宗教指導者に与えられる称号）[364] が2017年に飛ばしたドローンがアフガニスタン上空のヘラート州で発見されている。2017年8月には無人機〈サーデグ〉をペルシャ湾に展開する空母ニミッツの上空を飛行させ、イランによると2019年4月には同じくペルシャ湾を航行する空母アイゼンハワーにもドローンを飛ばしたという。

その後イランのドローン演習は活発化し、2019年3月には50機のドローンを動員した大規模な演習が海上で実施され、イランはこれを「エルサレムへの道」と名付けた。[365] 6月にはアメリカの〈グローバルホーク〉を撃墜。[366] 2019年7月には、イランのドローンがホルムズ海峡で強襲揚陸艦ボクサー上空を飛行したため、アメリカ海軍はジャミングを行ってドローンを破壊した。[367]アメリカやイスラエルなどの国が直面したのは、イランのドローンにすぐに対抗できる防衛手段がないという問題だった。アメリカは長い年月を費やしてドローンに殺傷能力を装備してきたものの、ドローンを保有する国と戦う重要性、そして反撃してくる国にどう対処すればいいかは考えてこなかったのだ。[368]

構想20年

1990年代および2000年代、アメリカ国防総省は世界の制空権をほしいままにしていた。アメリカに対抗できるだけの力を持つ国がなかったからである。要するにドローンへの対応はアメリカにとって急務ではなかったわけだ。たとえば2005年、アメリカはRQ-5A〈ハンター〉、その後名称を改め改良が施されたMQ-5Bの開発予算の増額を検討していた。プログラムには1990年代にすでに多額の資金が投じられた挙句、中止になっていた。ノースロップ・グラマンはフォート・フアチュカのリビー陸軍飛行場に配備された〈ハンター〉を最新式にしたいと考えた。〈ハンター〉はそれまでにバルカン半島やイラクを1万4000時間飛行していたが、MQ－5Bは翼幅が長くなり、最大15時間航行し続けることが可能になる。[369]

グローバルなテロとの戦いを20年間続けた結果、無人航空機開発は行き詰まった。ニーズがなかったために、さまざまなアイデアが生まれては消え、数億ドルをかけて試作機がいくつも作られたものの、実機の完成には至らなかった。

ノースロップ・グラマンはすでに〈グローバルホーク〉とヘリコプターを無人化した〈ファイアスカウト〉を開発していて、それらは海軍が運用することになっていた。同社は統合型無人戦闘航空機システム（J－UCAS）を開発するDARPAのX－47プログラムにも参加していた。ボーイングのエンジニアたちはもともと有人の統合攻撃戦闘機X－32の開発に取り組んでいたが、2001年にX－32がロッキード社のF－35に敗れてからはX－45の開発に移行した。ノースロップはX－47と呼ばれる別の設計を先がけて開発し、ロッキードはX－44の開発に取り組んだ。これらすべての設計の共通点は、基本的にはそれまでの航空機と異なり、SFの世界から飛び出してきたような「V」字の形状をしていることだ。それはステルス偵察機の未来の形だった。それほど大型でなく、1980年代に作られたB－2ステルス爆撃機のような全翼機の設計を主に取り入れていた。そう考えると、この間に設計はほとんど変わっていない。変わったのは装備されるテクノロジーのほうだ。

プログラムはいくつもの課題に直面した。全翼機の構想はJ－UCASに採用される予定だったはずが、2006年にJ－UCASプログラム自体が中止となった。空軍の使用を念頭に置いた流線形のボーイングX－45は、結局国立空軍博物館行きになったが、そのとき開発された空母上での自動離着陸用ソフトウェアは有人戦闘機にインストールされた。[370] その後は海軍が最初はN－UCAS、次に無人艦載偵察攻撃機（UCLASS）計画として独自に無人戦闘機システムの開発を進め、空母搭載空中給油システム（CBARS）とボーイングMQ－25〈スティングレー〉（空母搭載用空中給油無人機）として実を結んだ。ステルス性の若干劣るX－47Bは、2013〜2015年にかけて空母ハリー・トルーマン、原子力空母ジョージ・ブッシュ、空母セオドア・ルーズヴェルトでさまざまな飛行試験が行われた。ところが2016年に開発中止が決定し、X－47Bは2017年にノースロップ・グラマンの工場に戻された。一方、ボーイングは海軍にX－45Nを提案し、X－46と、やはり全翼機の〈ファントムレイ〉の開発を継続した。

X－45とその時代はDARPAが有効な新しいアイデアの開拓を支援した1990年代の産物だった。空軍将校のマイク・リーヒは、ノースロップ、ボーイング、レイセオン、ロッキードに資金提供し、殺人ドローンの開発を要請すべきだと強く主張した。[371] イスラエルが当初シリアにドローンを飛ばし、フーシ派がサウジアラビアを攻撃したように、殺人ドローンで敵の防空設備を破壊しようと考えたのである。「それは、『白いスカーフの人々』の命が危険にさらされることのないミッションである」とリーヒは述べた。[372]「白いスカーフ」や「シルクのスカーフ」は、パイロットをヒエラルキーのトップに据えた従来型の空軍文化を象徴することばである。最終的に、空軍はF－35とF－22に持てる資産のすべてを集中させたため、ボーイングのXシリーズの開発計画はいずれも中止となった。ステルス無人戦闘機XQ－58〈ヴァルキリー〉、極秘の無人偵察機

RQ-180、ゼネラル・アトミックスの〈アヴェンジャー〉、〈ロイヤルウイングマン〉のコンセプトが花開くまでには、何年もの年月を要することになる。

アメリカの計画の行方を見守っていたロシアは、ついに自ら未来型の全翼無人機を作る決断を下した。ロシアはすでにミニチュア航空機のようなシンプルな小型機、〈オーラン10〉を開発し、2010年に生産が開始され、約1000機を配備していた。以降、ロシアは開発を加速させていった。その無人戦闘航空機を手がけたのはMiGとスホーイ社で、両社による共同開発の結果、2019年8月に〈スホーイS-70〉は初飛行を実施した。ロシアはこれを〈ハンター〉または〈オホートニク〉（ハンターを意味するロシア語）と呼び、強攻撃ドローンだと説明している。これは、アメリカのF-35や無人機に匹敵する航空機を作れる力を世界に誇示しようという、虚栄心から生まれたプロジェクトだった。ユーリー・ボリソフ副首相は航空ショー「MAKS-2019」で全翼機〈オホートニク〉を鼻高々に披露し、2025年には納入されると断言した。

2019年、大型無人機〈オホートニク〉は20~30分間飛行し、着陸にも成功した。〈オホートニク〉は「ステルス」UAVで重量約20トン、時速1000キロで飛ぶとみられ、電子光学装置とレーダーが標準装備されている。[373]〈オホートニク〉が成功すれば、シリアやリビアを巡って敵対するアメリカを屈服させ、NATO加盟国のトルコにS-400ミサイル防衛システムを売り込みたいロシアには重要な意味を持つだろう。第5世代の空軍を整備することで、お粗末なドローン兵器しかないというロシアのイメージはよくなるかもしれない。

イランの技術革新以降のドローン戦争では、アメリカとその同盟国が空の上でますます問題に見舞われることになると予想された。アメリカでは各軍に無人機が配備されていたが、実績のある旧式の機体が多かった。たとえばMQ-1C〈グレーイーグル〉は、2004～2009年に陸軍のために作られた〈プレデター〉の別バージョンである。アメリカ陸軍航空ミサイル軍は〈グレーイーグル〉をひじょうに気に入り、この無人機12機を含む防衛システムを11基調達した。[374] それらは第82戦闘航空旅団に配備され、その後多くの部隊に展開された。最初の実戦投入はイラクのディヤラ州だった。[375]

同じく陸軍のAAI（現テキストロン）製RQ-7〈シャドウ〉は〈パイオニア〉の後任として開発された双テイルブームの小型無人機だ。これらはすべて同一の制御システムを使用し、燃費がよく、より高性能の兵器を装備できる。[376] 一方、海軍はより戦術的な小型UAV、たとえばボーイング・インシツRQ-21〈ブラックジャック〉を数多く調達していた。双テイルブーム式でグレーのRQ-21はアフガニスタンに配備されたが、その結果は複雑なものだった。海軍は2019年にさらに60機の配備を求めた。RQ-21は17キロのペイロードを積んで6100メートルの高さを160キロ航行可能で、ボーイングはより高性能のエンジンを装備することを検討していた。しかし、ここまでしても、敵の無人機に対するアメリカとその同盟国の防衛能力は十分ではなかった。

どうすればドローン攻撃を止められるのだろうか？　基本的には航空機と同じ手段を使えばいい。イラク軍もセルビア軍もアメリカの無人機を撃ち落とすか、墜落させていた。イスラエルはF-16または〈アパッチ〉ヘリ、空対空ミサイルでイラン製無人機を撃墜した。[377]

戦闘機を緊急発進させても、無人機の攻撃を止めることはできない。そもそもレーダーが無人機を捕捉しないかもしれないし、戦闘機を送っている時間もない。それに、無人機の種類によっては、小型無人機の防衛に高価な無人機を投入するのでは無駄が多い。しかも、今後無人機を使った攻撃の脅威が高まるとすれば、すべての攻撃を封じるだけの戦闘機を配備するのは難しい。無人機を飛ばして無人機と戦わせることは可能ではあったが、そうした技術はまだ初期の段階だった。アメリカが〈リーパー〉を使ってほかの無人機を初めて撃墜したのは2018年9月になってからのことだ。[378] F－16は突如姿を現わした新たな脅威に対抗する間に合わせの策だった。

イスラエルの場合、最初のうちは無人機をそれほど恐れていなかった。ヒズボラもハマスもそれほど多くの無人機を保有していなかったからである。イランが吹きさらしの砂漠に建つティヤス空軍基地に無人機を配備したときも、数百キロ先まで飛ばそうという動きがあれば、そのたびにイスラエルは偵察機によってそれを確認することができていた。しかしその後脅威が高まると、イスラエルはそれを深刻に受け止め、イランが無人機をイスラエルに飛ばせるようになる前の2019年8月、ゴラン高原近くの民家にいるヒズボラの殺人ドローン・チームを襲った。イスラエルはシリアの偵察も強化し、ティヤス空軍基地を攻撃した。

脅威をなくすことができない以上、それに対抗するためのほかのテクノロジーが必要だ。2000年代初頭にはすでに、ガザのイスラエルに対する広範囲に及ぶミサイル攻撃は激しさを増していた。2006年にはレバノンのヒズボラから数千発のロケット攻撃を受けたうえに、ハマスがガザから数千発のロケットを放ち、イスラエルはふたつの脅威に直面した。それに対処するため、国防研究開発局局長のダニエル・ゴールド准将は、ミサイル防衛システム、のちのアイアンドームの構築を推し進めた。現在、そして未来の脅威に立ち向かうシステムを確立しようというその構想は、当時の国防大臣アミール・ペレツの支持を受け、アイアンドームは2010年に試験を終えた。ゴールドは、イスラエルは古典的な手法にこだわるべきではなく、未来を見すえ、その未来の舵を取る力となるテクノロジーの使用を検討しなければならないと信じていた。[379]

アイアンドームがその優れた性能を証明したことから、2016年4月、アメリカはそれを間接火力防護能力増強2プログラムのマルチミサイルランチャーの候補のひとつとして検討し始めた。アイアンドームはホワイトサンズ・ミサイル実験場へと運ばれ、性能試験が行われ、迎撃ミサイル〈タミル〉がドローン攻撃に成功した。[380] イスラエルのラファエルとレイセオンから調達されたアイアンドームは、アメリカではスカイハンターと呼ばれた。[381] アメリカの支援を受けて、イスラエルはほかにもダビデスリング、アロー3といった防空システムを構築した。どちらも最初は2017年、2018年のシリアからの攻撃に対して使用された。いずれのシステムも無人機を仕留めるように設計されたわけではなかったが、ダビデスリングは無人機の攻撃に対する防御にも効果があるように思われた。そこで2020年の終わりに数か月をかけて、イスラエルは過去に例を見ないアイアンドームとダビデスリングの多層防衛システムの統合試験を実施し、巡航ミサイルと無人機に対する防衛能力をテストした。その結果、システムの防衛能力の高さが証明された。一方、アメリカはイスラエルから納入された最初のアイアンドームが、自分たちの防衛ニーズを満たすかどうかを確かめることになっていた。

イスラエルの夕暮れ時に発射されるダビデスリングの迎撃ミサイル。イスラエルの多層防空システムのひとつ。(写真提供　ラファエル・アドバンスド・ディフェンス・システムズ)

これらのシステムは対無人機の防衛に有効なことがのちに判明するが、無人機を撃ち墜とせる防空システムはそれだけではなかった。アメリカは、既存のテクノロジーとの統合やサイバー・セキュリティなどの点で問題のあるプログラムに巨額のコストをかけるのをためらっていた。[382] アメリカの〈パトリオット〉ミサイル・システムは1990年代に開発され、イスラエルに配備された。2014年にイスラエルは〈パトリオット〉でハマスのドローンを攻撃したが、ミサイルのコストは1発100万ドルだったと言われている。[383] 2018年6月と7月には、シリアのドローンに〈パトリオット〉が発射された。最初のミサイルはドローンに向かって飛んでいったが、ドローンはシリアに引き返した。2番目のケースでは、シリアからヨルダン上空を通りガラリヤ湖に向かって飛行するドローンを、ミサイルが撃墜した。[384]
2017年11月、イスラエルはシリアからイスラエル領空に侵入したドローンを迎撃した。[385] だが、すべてがうまくいったわけではない。2016年7月には、2発の〈パトリオット〉ミサイルがヒズボラのドローンの攻撃に失敗している。[386]

このときはミサイルが命中しなかっただけでなく、ジェット戦闘機もドローンを見つけることができなかった。そのため、このシステムで果たしてドローンの脅威を止めることができるのか、疑問が生じた。フィッシャー航空宇宙戦略研究所UAV宇宙・無人機研究センター長のタル・インバーはイスラエル紙『ハアレツ』に、ドローンの大きさ、速度、材質を考えれば、完全な防御は難しいと述べた。[387]

さらに、〈パトリオット〉で小型のドローンを撃つのは、過剰殺戮ではないかとの疑問も生じた。アメリカのデイヴィッド・パーキンス大将は2017年3月、「我々は〈パトリオット〉ミサイルをひじょうに高く評価している」と語った。パーキンスはクワッドコプター・ドローンを撃墜した〈パトリオット〉の逸話を引き合いに出した。200ドルのクワッドコプターはひとたまりもなかったという。「効果がわかったので、彼らは〈パトリオット〉を調達した」と、パーキンスは述べた。[388] 彼がその話をしたのは、アラバマ州のアメリカ陸軍協会である。〈パトリオット〉のシステムは、20キロの射程でPAC-2またはPAC-3ミサイルを使用するようには設計されていなかった。[389] アメリカ陸軍は新型のPAC-3部分強化型（MSE）ミサイルの大量調達を開始し、2018年に240機、その翌年にもまた240機を購入した。PAC-3MSEの発射機1基当たりの搭載ミサイルの数は最大16発、射程40キロ、迎撃高度20キロだった。[390]

レーダーは160キロ先の標的を追跡可能だが、広い国土を防衛するには大量のミサイルが必要になる。あらゆるドローンの脅威に対抗するには、〈パトリオット〉の数も足りない。トーマス・カラコ戦略国際問題研究所所長は、２０１９〜２０２０年初頭にかけて〈パトリオット〉の需要が高まったと述べた。「全部を1度に各地に配備するのは不可能だ」[391]。イスラエルの砲台とともに、サウジアラビアやＵＡＥにも〈パトリオット〉が配備された。

アメリカはトレーラー搭載の発射機8基とＡＮ／ＭＰＱ－65多機能フェーズド・アレイ・レーダーに加え、それぞれ3〜5の砲台を備えた18の防空砲兵大隊を有していた。一部の大隊は日本、韓国、ドイツ、アメリカで訓練を実施した[392]。防空砲兵大隊は、アナログからデジタルへのレーダーの改良を含むアップグレードも進行中だった。それによりレーダーの性能が向上し、下層での防空能力、すなわち下層防空ミサイル防衛センサー（ＬＴＡＭＤＳ）がシステムに追加されることになる[393]。しかし、すでに統合多層防衛システムの一部に組み込まれているイスラエルのアイアンドームとは異なり、〈パトリオット〉は終末高高度防空（ＴＨＡＡＤ）、低高度短距離防空（ＳＨＯＲＡＤ）、ノースロップ・グラマンが開発した統合ミサイル防空戦闘指揮システム（ＩＢＣＳ）のいずれにもまだ組み込まれていなかった。これらのシステムに配備されれば、２０３１年には〈パトリオット〉の用途は広がるだろう。だがそれには時間がかかる。砲台のテクノロジーをシステムに合わせて変えるか、新しい砲台をアメリカに送るかしなければならないからだ。

ドローンの脅威に気づき始めたアメリカ軍は、それに対処するため２０１７年にレイセオンの〈ファランクス〉と、ノースロップが開発したロケット弾、砲弾、迫撃砲弾を空中で迎撃するための兵器（C-RAM）システムを改良しようと考えた[394]。「我々は、暫定的なソリューションとして適用できるものを検討している」と、2017年12月、先端装備調達部隊ジョン・L・ワード大佐は述べた[395]。推進されたのは、電子戦兵器、新型センサー、そして敵にいっそう正確にねらいを定める、つまり「誘導」するための50口径機関銃の照準技術の向上だ。陸軍とノースロップ・グラマンは問題について検討を重ねた[396]。C-RAMはすでにイラクとアフガニスタンで展開され、2500発のロケットや迫撃砲の攻撃を防御していた。35トントレーラー上で1分間に4500発を連射できる20ミリ・ガトリング砲が装備されたC-RAMは、堂々たる存在感を放っていた。それでも、ドローンに対抗するにはそれ以上に多彩な能力が求められた[397]。アメリカ陸軍は、「スマート・シューター」なるものも調達した。これは動く標的をロックオンして引き金を引き、ドローンが銃口の前に戻ってきたときにだけ銃弾を発射できる、イスラエル製の照準器である。2020年6月29日、IAIはドローンでドローンを攻撃する迎撃技術を活用するため、アイアン・ドローンとの提携を発表した。

ドローンの追跡は迫撃砲の場合とは異なる。ドローンは軌道に沿って飛ぶわけではなく、あちこちを移動し、徘徊するからだ。厄介なのは、ドローンはアメリカが追跡可能な速度より速く飛び、新型のセンサーやミサイルなどのアイデアを練ったり既存のシステムにアップグレードを施したりしても、問題をタイムリーに解決することにはならない点だ[398]。そのせいで2021年にアメリカは、イラクでイランのものと思われるドローンの脅威にさらされ、サウジアラビアをはじめとするアメリカの同盟国とイランとのあいだにも2019年秋に緊張が高まった。

ドローン戦争と同じように、ドローンを撃墜するための技術は存在してはいたものの、システムとして統合されていなかった。ドローンの脅威の出現はあまりに唐突だったため、過去の栄光の上にあぐらをかいていた西側諸国はその威力を軽く見た。それは１９４０年当時のフランスの状況に似ていた。フランスは戦車に関してドイツと同等の技術を持ち、製造能力もあったにもかかわらず、そうした技術や能力を結集させて新しいものを生み出すことができなかったのだ。１９６７年、イスラエルはアラブ諸国を打ち負かしたが、それは奇襲攻撃を実行し、空軍の力と装甲車両をうまく連携させたからだ。最先端の技術を誇る国に恐れることなくドローン攻撃をしかける者が、これからの戦いの勝者となる。そしてその戦いを起こすことになるのが、イラクだった。

テヘランのどこかにあるイスラム革命防衛隊本部で、アメリカに屈辱を与える究極のミッション計画が密かに始まろうとしていた。イスラム革命防衛隊は、アメリカの同盟体制の弱点――サウジアラビアの油田――を攻撃した。彼らがとったのは、「ドローン・スウォーム」と呼ばれる新しい戦略だった。

第7章

防御を圧倒するドローン・スウォーム

２０１９年5月、イラン軍の幹部がテヘランに顔をそろえた。イランとアメリカの緊張は高まる一方だった。そろそろアメリカに1発くらわせるときだ。ホセイン・サラミ少将は、指揮権は自分にあることを自分自身にもイスラム革命防衛隊にも証明したいと思った。ハジザデやサラミをはじめ、イラン軍は何年ものあいだそのときを待ち望んでいた。彼らはアメリカとその重要な同盟国に、次々とドローン攻撃をしかけていった。２０１９年の5月と6月、イスラム革命防衛隊は機雷を使ってタンカーを爆発させた。さらに〈グローバルホーク〉を撃墜し、イエメンとイラクの協力者にサウジアラビアのインフラを襲うよう促した。

9月14日、イランはさらに踏み込んだ。最高指導者アリ・ハメネイ師はその計画を讃えた。アメリカ人が犠牲になれば何らかの対抗措置がとられることになるだろうが、それは覚悟のうえだった。アメリカ人に死者が出なかったことを理由に、トランプ大統領が〈グローバルホーク〉撃墜に対する報復を直前になって中止したことも、彼らはアメリカの報道を読んで知っていた。[399] イランが企てたのは25機のドローンと巡航ミサイルを使った複雑な攻撃だった。ドローンはイラクを通過して南に進み、サウジアラビアで最も重要なインフラ、アブカイクの石油施設へと向かった。その年の8月、戦略国際問題研究所は、通りがどこまでも続く、パイプや巨大な貯蔵タンクだらけのジャングルのようなこの巨大な石油施設は、ドローンのターゲットにされる可能性があると警告していた。サウジアラビア政府は、〈パトリオット〉砲台、スカイガード・レーダーを搭載したエリコン製GDF35ミリ機関砲、フランス製〈クロタル〉（サウジアラビア向けシステムは〈シャヒーン〉と呼ばれる）システムを含む防空システムを石油施設の周囲に配備していた。しかし、レーダーは見当違いの方向を指し示し、敵のドローンは低い高度で飛んできた。施設の巨大さがあだとなり、ドローンを検知することができなかった。

9月14日早朝、18機のドローンが攻撃を開始した。アブカイクでは2度にわたってドローンの波が襲いかかり、爆発は17分間続いた。イランは巡航ミサイルも放ったが、全部がアブカイクに近いクライスの施設に届いたわけではなかった。GPS誘導ドローンは貯蔵タンクなどを高い精度で攻撃した。死者は出なかった。イランは当初、イエメンの反政府組織フーシ派の犯行だとしらばっくれた。しかし、アブカイクはイエメンからは相当距離があるため、それは不可能に思われた。しかもイエメンからドローンを飛ばせば、サウジの領空を800キロにわたり飛行しなければならず、そのあいだに見つかる可能性が高い。やるとすればリヤド付近を飛ぶか、ダーラン、カタール、バーレーンに近づかなければならない。だがそれらはいずれも紛争地域なうえ、カタールのアル・ウデイドには米軍の空軍基地があるほか、バーレーンには第5艦隊が駐留し、UAEのアルダフラにはアメリカのドローン基地が置かれていた。

イランの反政府組織によると、ドローンはアフワズ付近から打ち上げられ、イラク、クウェートの上空を飛び、約650キロを飛行した。世界の原油の5パーセントを供給する施設が破壊され、サウジアラビアが生産を回復させるのに数週間を要した。[400] だが、その攻撃に対して、強力な対抗措置がとられることはなかった。湾岸諸国は、ほかのアメリカの同盟国にも同じような危機が差し迫っているのではないかと危惧した。

イスラエル空軍の元防空司令官ピニ・ユンマン准将は、イランが使ったドローンは、アブカイクを襲ったときのように群（スウォーム）をなして飛んできたとしても、大きな弾頭を搭載しているわけではないので、今のところ戦略的に大きな脅威ではないと述べた。[401] イスラエルのミサイル防衛組織の元トップであるウジ・ルビンは、（ミサイル防衛の重要性を詳細にわたって説明しなければと焦っていたのか）早口で話す。ルビンによれば、イスラエルに対する脅威について、より小型の無人機を有し、レーダーで領空を監視する能力を持つイスラエルは、サウジアラビア上空では敵よりも優位だという。

アブカイク襲撃は、「真珠湾攻撃」に匹敵するほど無謀だった。では、とてつもない数で低空飛行してくるドローンの脅威は、どうやって検知すればいいのだろう。ユンマンは、たとえ数十万機のドローンが襲ってきても、打ち勝つことができると自信をのぞかせた。だがルビンは、それらすべてを検知するのは大きな課題だと指摘する。「ミサイルの場合、水平線よりも上を飛ぶので、防衛システムのセンサーはそこにねらいを定める。ドローンを撃ち落とすためには、クラッター（レーダーの電波が地表面や海水面に反射すること。ドローンはこれに紛れて低高度で飛行するため、探知されにくい）を除去する必要がある」

イスラエルの分析にアメリカも同意した。コロナ禍の2020年6月10日、中央軍司令官ケネス・マッケンジー大将は中東研究所代表とZOOMインタビューを行った。緑の迷彩柄を身につけたマッケンジーは、敵の安価なドローンが大惨事をもたらしかねないと案じていた。かすかに南部訛りのある柔らかい声で、マッケンジーは中東におけるさまざまな課題について1時間ほど語り、最後にドローンの話になった。小型の無人機が大量に襲いかかってくることは脅威であり、それを阻止するには、アメリカは遅れを取り戻さなければならないと彼は述べた。[402]

GPS否定環境の再現や無線妨害、その他の制御方法によって、ドローン攻撃は阻止できる。しかし、ドローンが独自の光学システムや人工知能により誘導されている場合、それらを止めるただひとつの方法は「ハードキル」、すなわち撃墜することである。インタビューの中でユンマンは、ひとつの対策として、現時点で約2・5キロの射程を持つ5〜10キロワットレーザー砲をあげた。カラコもやはり、アブカイクの事件を受けて、ドローン問題への新たな「ソリューション」を数多く投入する必要があると考えていた。「これらの脅威に対抗する多様な手段が世界じゅうで必要になるだろう」

2019年9月のイランの攻撃が契機となり、ドローンの脅威が白日の下にさらされた。イラン製ドローンは高性能で、アメリカの同盟国は完全に不意打ちをくらったかっこうだ。サウジアラビアなどの国がもっと注意を払っていれば、2019年8月に起きた、フーシ派のドローンによるシェイバー油田内の天然ガス液化施設の襲撃が、アブカイクの予行演習だったと気づくことができたかもしれない。2度の攻撃で防空システムの欠陥が露呈し、この先に待ち受ける未来の姿が垣間見えた。レーダーの探知範囲の狭さから被害が大きくなったことを考えると、360度探知可能なレーダーの必要性は明らかだった。つまり必要なのは、水平線の向こうまで全方位を監視することができるレーダーである。さらに防空システムには、脅威を発見し、たとえば、ダビデスリングに装備されたイスラエルの迎撃弾〈スタンナー〉やアイアンドームの〈タミル〉ミサイルのような、レーザーや各種ミサイルや機関砲などの迎撃装置を使うための光学装置も求められる。電波妨害装置、レーザー、機関砲を装備したC-RAMシステムを使用することも可能だ。ドローン・スウォームに対する最高の兵器は、砲弾を補充する手間の要らないレーザーなのだ。

スター・トレックからロボコップまで

ベン・グリオン大学はイスラエル南部ベエルシェバにある。都市の起源は、その昔、アブラハムがこの街に井戸を作ったという聖書の逸話に由来する。ベエルシェバは1900年にトルコ人によって再び活気を取り戻し、第1次世界大戦中の1917年、オーストラリア軽騎兵の勇ましい攻撃の舞台となった。そして2020年、新たなタイプの戦争が始まろうとしていた――低周波レーザーでドローンを撃ち落とす戦いだ。ベン・グリオン大学で開発が進められたライト・ブレードというシステムは、オプティディフェンスという小さな企業が商業化にこぎつけた。大学によると、よりシンプルなモデルをエルビット・システムズ社の検知システム〈スーパーヴィズアイアール〉と組み合わせて、ガザから国境付近に飛んでくる気球爆弾を撃ち落としたという。ア

ラファエル・アドバンスド・ディフェンス・システムズのドローン・ドーム。高まるドローンの脅威を検知し、対抗するための注目のテクノロジーだ。（写真提供　ラファエル・アドバンスド・ディフェンス・システムズ）

ミエル・イシャヤ教授とふたりの同僚は、低周波レーザーを用いて都市部へのドローン攻撃を防御するレーザー防衛システムの開発に取り組んだ[403]。彼らの研究プロジェクトのすぐ近くでは、別のグループがラファエル社による新世代小型偵察無人機の開発に協力していた[404]。イスラエルの最先端ドローン技術とドローン防衛技術はすべて、ふだんは軍や大学で共同研究をしている人たちの小さなコミュニティが担っているのだ。

イスラエル北部ハイファに本部のあるラファエル社では、ドローンを撃つレーザーも完成に近づいていた。ラファエルはもともと、イスラエル国防軍技術部隊の最先端兵器を作る研究開発防衛研究室の一部だったが、2002年に会社組織になり、2019年には従業員数約8000人にまで成長した。これまでに対戦車ミサイル、アイアンドームや戦車向けのトロフィー防衛システムを開発している。数多くの防衛システムを構築してきた実績を考えれば、ラファエル社がドローン防衛技術に参入するのはきわめて当然の流れである。

２０２０年2月、ラファエルの試験担当者は、テロリストが商業市場で購入しそうなクワッドコプター・ドローンを何種類か砂漠に運び、ドローン・ドームに装備されるレーザー・システムの試験を行った。発射されたドローンが上空を旋回すると、ジープに搭載されたレーザー砲がそれを撃ち落とし、黒焦げにした。レーザーが照射されたのは、3機がひとつの群（スウォーム）をなして飛ぶドローンだ。ラファエル社によれば、「ドローン・ドームは、軍事施設と民間施設の両方を敵のドローン攻撃から守ることができる設計になっている」[405]。また、ドローン・ドームはトラックに装備されたミサイルを発射してドローンなどを破壊する、〈スパイダー〉をはじめとした他の防空システムと組み合わせて展開することも可能だという[406]。２０１８年、イギリスのガトウィック空港が商用ドローンの侵入によって数日間閉鎖に追い込まれ、約１０００便がキャンセルされて14万人に影響が及んだが、そのとき問題を鎮静化させたのがこのドローン・ドームだった。イスラエルの企業が製造するドローン対策システムは、ほかにもＩＡＩエルタ・システムズの〈ドローン・ガード〉や、エルビットの〈リドローン〉などがある。

２０１９年1月、私は〈ドローン・ガード〉のデモンストレーションを見るためにイスラエル中央地区の田園地帯を訪れた。折りたたみ式の小さなテントの中にプラスチック製の折りたたみテーブルとコンピューター・ディスプレイが置かれたシステムは、配備も使い方も容易だった。テントの前では金属の柱に取り付けられたレーダー・システムが回転していた。隣の小型カプセルには光学装置が入っており、これを使ってオペレーターは脅威を発見し、確認する。小型のクワッドコプター・ドローンが木立の丘のあたりに発射されると、システムはそれらを検知した。なぜ、システムはそれが鳥でなくドローンだとわかるのだろうか。設計者は長年その方法に頭を悩ませてきたが、アルゴリズムと視覚光学装置の使用により、オペレーターはモニターに映っているのがドローンかどうかを判断できるようになった。ドローンを誘導する電波を止めるジャミング装置を使用することも可能だ。[407] ただし欠点は、アブカイクのような広い地域の防衛には多数のシステムが必要になることである。さらに、ドローンが電波誘導されず、あらかじめ設定された飛行経路を飛ぶ場合は、ジャミング装置でそれを食い止めることは不可能である。そうなれば、レーザーのような兵器でドローンを破壊しなければならない。

試験的に使用する分には問題ないのかもしれないが、レーザーが実戦に投入されたことはほとんどなかった。新しいドローンの脅威に手を焼いていたアメリカもやはりレーザーの使用を検討していた。[408] イスラエルはさまざまな脅威に直面していた。たとえば、イランによるアブカイクの真珠湾攻撃と同じ月、ガザのドローンがイスラエル国防軍の〈ハマー〉に爆発装置を投下した。[409] イスラエル政府はそれがその年に入って2回目の攻撃だったことを明らかにした。そうしたことから、イスラエル国防省研究開発局は国内の主要な防衛企業3社による複数のプログラムに資金を投入した。ドローンを迎撃するレーザー砲、〈アイアンビーム〉もそのひとつだ。2020年1月のイスラエルの発表によると、技術は飛躍的に進歩したという。

「陸、海、空におけるエネルギー戦争は新たな時代に突入しようとしている」とヤニヴ・ロテム准将は語った。研究への投資は報われつつあった。かつてドローンの製造を牽引したように、今やイスラエルはドローン防衛技術の分野で先頭を走っている。イスラエルが必要としているのは、いくつかのタスクをこなすことが可能なシステムだ。それは戦場の部隊が使うことのできる操作のしやすいもので、〈アイアンドーム〉を補完し、雲より上の空でも使用可能でなければならない。[410] システムの3つのバージョンを開発するのはエルビットとラファエルの2社だ。たとえばラファエルの〈アイアンビーム〉の射程の上限は7キロである。精度もきわめて高く、1セント硬貨ほどのサイズの標的にも命中する。〈アイアンビーム〉は2009年から10年をかけて開発され、2014年にシンガポールで初公開された。[411] ただ問題は、2020年に至ってもなお、それらが完全配備されていないことだ。アメリカ海軍は2020年5月、ノースロップ・グラマンが開発した、固体レーザーアレイを使用したレーザー兵器の実射試験を行った。真珠湾の近くで、ドック型輸送揚陸艦ポートランドに搭載されたレーザー砲からとてつもない光が放たれた。レーザーの閃光がドローンを撃ち落とし、その効果のほどを証明した。[412]

未来のほかの多くの兵器と同様に、レーザー兵器に関しても議論が重ねられてはきたものの、いまだ実現していなかった。アメリカ陸軍は長年、とりわけ2016年以降レーザー兵器の使用を検討してきた。[413] 陸軍が進めていたのは、「可動式実験的高エネルギーレーザー」と呼ばれるプログラムで、これは2017年にドローンの撃墜に成功している。

ロッキード・マーティンでは、トップレベルのエンジニアたちが、レーザー兵器システム〈アテナ〉を開発した。フォートシルでの実験では、おびただしい数の無人機を撃ち落とすことに成功した。アメリカ政府はこうした防衛システムのためのロードマップを策定していなかったが、ロッキード・マーティンはシステムの効果を確信していた。[414] 彼らはレーザーの出力を100〜200キロワット程度に増強したいと考えた。それが叶えばレーザーの射程は最大10キロ延び、1カ所にいくつもシステムを配備しなくても、基地やインフラを効率よく防御することができるだろう。

ロッキード・マーティンの先進プログラム担当副社長ダグ・グラハムはインタビューの中で、「サウジアラビアの石油施設など、近年の攻撃を考えると、指向性エネルギー兵器が配備されていれば、巻き添え被害の減少や兵器システムによる状況把握の向上など、比類のない大きな効果があったのではないでしょうか」と述べた。ターゲットの無力化のほかに、レーザー兵器システムにはレーダーその他の兵器を補完する長距離高精度センサーが装備されている。[415] 指向性エネルギー技術のターニング・ポイントは、固体レーザーの進歩だったとグラハムは言う。指向性エネルギー兵器とは、具体的に言うとコンパクトかつ殺傷能力が高いファイバー・レーザーである。それによってレーザー兵器システムが運用可能になり、現実の脅威に低いコストで対処できるようになった。「出力数十キロワットのレーザー兵器システムを実戦投入させる準備はできていて、今後1、2年のうちには実行されるでしょう。私たちは、より威力のあるターゲット、たとえば巡航ミサイルや、最終的には弾道ミサイルを迎撃するために、レーザーをどのように段階的に強化していくかを示す開発ロードマップを作成することができます」

そのテクノロジーの可能性は無限だ。レーザーを航空機に装備して攻撃作戦に打って出ることができるし、弾薬切れの心配もない。配備は間違いなく迅速に進むだろう。最終的には、海上で運用可能になると考えられる。

ドローン戦争といえば未来のものというイメージがある。無人機が長年、『ターミネーター』、『ロボコップ』といった映画に登場してきたことも理由のひとつだ。ドローン戦争は、『スター・ウォーズ』や『スター・トレック』など、未来を描くほとんどすべての映画を思い起こさせる。たとえば2019年の『エンド・オブ・ステイツ』にはドローンによるスウォーム攻撃のシーンが描かれている。未来を思わせるそうした技術は、いくつかは現実のものになったが、ほとんどがまだ実現していない。ドローン戦争の中心はいまだに飛行機から飛び立って巡航ミサイルのように飛行するドローンだ。一方のドローン防衛は、検知や撃墜の技術が大きく進歩している。なぜかというと、必要に迫られたからだ。2011年にイランが〈センティネル〉をサイバー攻撃して捕獲したと主張すると、アメリカはドローン通信の暗号化をさらに推し進めた。[416] 世界のドローン戦争の中心は、スウォーム攻撃へと移りつつあった。すなわち、ドローンの自律性が高まり、おそらくドローン「母機」とともに、あらかじめ設定されたパターンに沿って群れをなして飛行するようになると考えられた。

スウォーム攻撃のアイデアは数十年前からあったが、戦場で実行に移されることはなかった。イランがサウジアラビアの石油施設を攻撃するまでは。それまでもアメリカは、ときにはターゲット上空で「戦闘空中哨戒」任務に当たり、他の部隊にターゲットを殺害させるシステムの一部として、大量のドローンを使用していた。[417] DARPAがX－45を検討していたとき、リーダーのマイケル・フランシスはすでに、敵に発見される前に防空システムを破壊する未来のドローン・

スウォームを念頭に置いていた。エドワーズ空軍基地でX－45の試験が行われ、初めて複数の無人機を同時にコントロールすることが可能なことが実証された。[418]シアトルのオペレーターが飛ばしたドローンは相互に連携し、ほかの仮想ドローンとともに疑似防空システムを空爆したり、攻撃を誘導したりすることができた。ボーイングにとっても、2005～2015年にキャンセルされた各種のMQ－X構想にとっても惜しむらくは、肝心のスウォーム攻撃技術の開発が棚上げされたことだろう。

ドローン・テクノロジーは常に軍幹部の認識の10年先を進んでいる。中国は、2018年5月に西安で1300以上のドローンを使った光のショーを実施して世界記録を破るなど、多数の民生用ドローンをみごとに使いこなしてきた。その後中国はコロナウイルスが猛威を振るうパンデミックのなか、医療従事者に感謝の意を表すため、圧巻の規模でドローンを飛ばして医療関係者のさまざまなイメージを描き出し、珠海の空を明るく照らした。[419]このように民生用ドローンの技術革新が進んだ反面、軍用ドローンの開発は滞っている。その理由は、ドローン部隊を指揮する軍幹部の多くが、過去の戦争を戦ったベテランだからだ。つまり、湾岸戦争を戦う兵士たちはヴェトナム戦争当時のテクノロジーしか知らないし、テロと戦う兵士たちの頭には、湾岸戦争当時のテクノロジーと、いわゆる「軍事における革命」（軍事に関する諸要素の「革命的な変化」のこと。とくに、情報技術の発展が軍事と戦争のあり方に及ぼす劇的な変化を指す）によって生まれた、絶対に効果があるとは限らない各種の新しいテクノロジーしかなかったのだ。しかし、今日のドローン戦争を戦う司令官の場合、生まれたときにはすでにドローンはこの世に存在していた。

オンラインで戦う未来の兵士を描いたアメリカ空軍のポスター。ドローン戦争では、コンピューターやテクノロジーが軍事をますます支配するようになる。（セス・J・フランツマン）

空軍情報・監視・偵察担当参謀次長補代理ケネス・ブレイは2017年、未来に目を向けながら、ドローンが収集するあらゆるデータをどう活用すべきかを考えることが重要だと述べた。「我々は、データをもとに考え、適正な規模のデータを集めているだろうか、それともプラットフォームには異なるセンサーが必要だろうかといった、さまざまな物事を決めるようになっていく」。ブレイはさらに、未来の戦争では、車や建物の中にいるAK－47を手にしたローテクなテロリストではなく、もっと複雑な敵を相手にしなければならないと指摘する。よって、鉄壁の守りをかいくぐって侵入するためには、人工知能やアルゴリズムを活用した自律型ドローンの配備が不可欠なのだ。[420] アメリカは「戦闘地域」でも、厳しい天候や敵の兵器の攻撃にさらされても残存可能な未来のドローン、MQ-Xの開発を推し進めていた。そのニーズを満たすことが期待されたのは、ゼネラル・アトミックスの〈アヴェンジャー〉(通称〈プレデターC〉)だった。[421]

ゼネラル・アトミックスが航続距離を延ばし、航続時間20時間、時速640キロで飛行することを可能にした〈アヴェンジャー〉の派生型は、YQ-11と呼ばれた。空軍が少なくとも1機を調達したが、海軍か別の政府機関が今後さらに調達を進めるものとみられた。YQ-11はモハヴェ砂漠で試験飛行し、シリア上空を飛んだ。だがそれらはスウォーム攻撃が可能な兵器ではなかった。少なくとも予測可能な未来においては。

スウォーム・テクノロジー

P・W・シンガーは著書『ロボット兵士の戦争』の中で、ドローン・スウォームはサダム・フセインが配備したスカッド・ミサイル・ランチャーを発見・撃破するスカッド・ハント作戦でアメリカが必要としたような、広いエリアをカバーする能力があると指摘した。人工知能を搭載すれば、ターゲットの場所を特定し、どのターゲットが無力化されていないかをオペレーターに示すことができる。「自律性のあるドローン・スウォームは、それをすべて自力で判断する」[422]

アメリカ海軍は2009年、ドローンのための「飛行計画」を作成し、その中でスウォームについて考察を行った。[423]ドローン・スウォームとは、無線アドホック・ネットワークを用いて戦場で有人部隊、無人部隊の両方をサポートする、半自律型ドローン集団のことを言う。それらは互いに衝突を避けて飛行し、ターゲットを攻撃するのに最適なドローンを選択する。7年後、アメリカはついに、カリフォルニア州チャイナ・レイクで開催されたパーディックス・スウォーム・デモンストレーションでスウォーム技術の実験を行った。3機のF-18戦闘機がターゲット上にドローン103機を投下した。MITの学生が設計した翼幅30センチのドローンの動きは、まるで「生命体の集団」のようだった。[424] コンピューター画面上それらは小さな緑色のマークで表示され、投下された場所から長い列を作って一斉に移動し、ターゲットの周りを取り囲んだ。さながら1980年代のビデオゲームのようだった。

それは過去のドローンとは一線を画すものだった。2018年にシリアの反政府組織が国内のロシア軍基地を攻撃した際に使われたドローンもおびただしい数に及んだが、それらはスウォームのようなハイブ・マインド（集合精神）（集団を構成する個体が同じ思考を共有し、個々の思考はほぼ失われた状態）を持つ「生命体」ではなかった。発射後にスウォームの個々のドローンを制御する一元的なシステムはない。膨大なリソースと大勢のコンピューターオタクを動員し、スウォーム戦争の暗号を解読したのは、やはりアメリカだった。

DARPAはドローン・スウォームのアイデアを気に入り、徘徊型兵器のスウォームに関するグレムリン・プログラムを推し進めた。[425] プログラムの一環として開発され、野獣の異名を持つX-61Aの試験は、ダグウェイ実験場で行われた。輸送機C-130〈ハーキュリーズ〉が格納されたX-61Aを空中発進させた。1機は墜落。X-61Aは敵のレーダーの探知、あるいはジャミング、監視、戦闘損害評価といった目的に使用されるとみられた。[426] 海軍も、低コストUAVスウォーム技術（LOCUST）と呼ばれるスキームで数多くの無人機を発射した。アメリカ海軍研究局のリー・マストロヤンニは、UAVは使い捨てかつ再構成可能で、有人航空機やその他の兵器システムをなくすことができ、「兵士のリスクを減らして戦闘力を本質的に増強することができる」と述べた。[427]

レイセオンが開発した〈コヨーテ〉は、80キロの距離を60分間飛行し、敵を攻撃することができる小型無人機だ。〈コヨーテ〉は地上または艦上の巨大な箱から打ち出される。レイセオンによると、それらは敵を制圧し、危険な場所に侵入することが可能だという。オペレーターはタブレットを使うか、またはジェスチャーでドローンに指示を出す。[428]

2010年代、新アメリカ安全保障センターのポール・シャーレは未来のドローン・スウォーム戦争の予言者と言われた。2018年にシャーレは、自律型兵器と未来の戦争をテーマに著書『無人の兵団――AI、ロボット、自律型兵器と未来の戦争』を出版した。「監督がサイドラインに立っているだけで、どこに向かって走れとか、何をしろといった正確な指示を出さないアメフトの試合を思い浮かべてみよう」。選手をドローンに置き換えてみると、その意味がわかると思う。2016〜2020年にかけて、ドローン・スウォームへの関心は飛躍的に高まり、ハーバードやMITが研究を行い、結果を論文にまとめた。[429] 通信、とりわけドローン間の相互通信に関しては、いくつか制限要因があった。[430]

いったい何が問題なのだろうか？　DARPAはそれを突きとめようと、3月のある日の夕刻、アリゾナ州のユマ試験場で、ナヴマー・アプライド・サイエンス・コーポレーション製RQ－

23〈タイガーシャーク〉6機の「スウォーム」と、DARPAの「GPS否定環境における連携オペレーション」(CODE)システムの試験を実施した。グレーの小型UAV〈タイガーシャーク〉は双テイルブームで、イラクとアフガニスタンで実戦投入されていたが、試験許可が下りたのは2019年だった。[431]〈タイガーシャーク〉は爆発物の探知や戦闘空中哨戒任務を目的に低コストの追跡機として設計された。[432] 6機の〈タイガーシャーク〉は海軍航空システム・コマンドに引き渡され、レイセオン製ソフトウェアとジョンズ・ホプキンズ大学応用物理研究所のホワイト・フォース・ネットワークのアルゴリズムを用いて飛ばす14機の仮想ドローンとともに試験が行われた。[433]

敵がもしこのテクノロジーを手に入れて、私たちに対して使ったらどうなるのか? 海兵隊総司令官ロバート・ネラーは2019年4月、ドローン・スウォームが私たちの行く手を阻むだろうと警告した。今後重要なのは爆撃機からの防御でないことを確信したケラーは、「敵のドローンによるスウォーム攻撃が未来の現実になると思う」と述べた。海兵隊は小型のレーダーと巨大なペストリーのような形の電子戦装置をジープに取り付けた。これは軽海洋防空統合システム(LMADIS)と呼ばれ、ドローンを検知し撃ち落とすことができる。第13海兵遠征部隊第166海兵中型ティルトローター飛行隊の低高度防空大隊がLMADISを試験的に使用することになった。[434] 2019年7月、ペルシャ湾に展開中の強襲揚陸艦ボクサーに乗り込んでいた海兵隊は、このシステムでイランのドローン1機を破壊した。[435]

空軍も、戦術的高出力マイクロ波作戦反応システム(THOR)と呼ばれるパラボラアンテナ・

システムを、ニューメキシコ州アルバカーキのカートランド空軍基地に設置し、2019年に試験を実施した。[436] 一見何の変哲もないシステムだが、コンテナに収めて移動させることが可能で、閃光が虫を吹き飛ばすかのように、マイクロ波を照射してドローンを墜落させた。

さらに空軍は中距離対ドローン兵器が必要だとして、対電子機器高出力マイクロ波射程延伸空軍基地防空（CHIMERA）の試験を行った。空軍と陸軍はさらに、自己防衛高エネルギーレーザー実証（SHiEld）プログラムの一貫で、ロッキード・マーティンが開発を進めるマイクロ波ドローン迎撃システムにも関心を持った。イランやISISによる攻撃のみならず、ベネズエラで起きた暗殺未遂事件から、シンプルな商用ドローンであるDJIの〈マトリス〉もC4爆弾で武装可能であることが明らかになるなど、どうやらドローンの脅威への対応は緊急を要するようだ。[437]

ドローン・スウォームを開発し、それに対処する技術はあっても、すべての基地や地域にスウォーム迎撃技術を配備するのは無理だ。それに、時間と労力をかけて試験を実施し、迎撃システムを配備したとしても、最新のドローン迎撃システムで防衛された基地にわざわざドローン・スウォームを送り込んで、それらが実際の戦闘でどんな働きをするかを確かめようという国やテロリストがいる可能性は低い。

スウォーム技術の開発に対する関心は高まっているが、テロ組織幹部などのほとんどのターゲットはドローンによるスウォーム攻撃を必要とはしないだろう。もしアメリカが中国などの大国と戦争しなければならなくなったら、スウォームが他の先進テクノロジーを叩きのめすかどうか確かめることができるかもしれないが、そんな戦争で新しいテクノロジーを試すのは大きな賭けでもある。つまり、ドローン・スウォームが戦争を変えるという数々の予測は刺激的だが、どれも現実にはなっていないのだ。[438] サウジアラビアに対するイランの攻撃は、スウォームが引き起こした真珠湾攻撃と言えるかもしれない。しかしながら、１９４１年の真珠湾攻撃が再び繰り返されることがなかったように、第二のアブカイク襲撃が同じような形で起きることはおそらくないだろう。起きたとしても、それはより速く、より危険で、より破壊的な攻撃になるはずだ。

第８章

より良く、より強く、より速く

新しい世界秩序

「ＵＡＶによって過激派相手の軍事作戦は劇的に変わりつつあり、従来とはまったく異なる戦闘活動ができるようになっています。我々はホスト国の軍隊の支援にＵＡＶを使い、イスラム国のような敵を打倒したり、反政府主義者やテロリストとして活動しているＩＳＩＳの残党を追跡したりしてきました。これは一昔前だったら決してできなかったことです」と元アメリカ陸軍大将であり、退役後にＣＩＡ長官を務めたデイヴィッド・ペトレイアスは２０２０年初頭に言った。[439] 彼はまた、「（ドローンの他に）無人船、無人戦車、無人潜水艦、ロボット兵士などの無人システムが思いつきますが、これらはいずれも軍事作戦のあり方を変えていくでしょう。いずれ、ヒューマン・イン・ザ・ループ（人工知能などによって自動化・自律化が進んだマシンやシステムにおいて、一部の判断や制御にあえて人間を介在させること）に関する問題は、無人システムを使った作戦そのものではなく、アルゴリズム開発へと移っていくのではないかと思います」とも言った。

ペトレイアスは、対テロ戦争の初期にＵＡＶの利点を目にしていた。２００３年３月、陸軍第５軍団がバグダッドに対して攻勢をかけていたとき、彼は第１０１空挺師団の指揮官だった。当

世界中で市販されている小型クワッドコプターの一種である〈Tello〉。このタイプのドローンは、DJIをはじめとする企業が大量の小型ドローンを展開したため、2013年以降一般的になった。（セス・J・フランツマン）

時、軍団全体が保有するドローンは非武装の〈プレデター〉1機のみであり、このドローンが撮影した動画のクオリティは低かった。2008年までに、ドローンはサドル・シティの戦いのために準備された。ひとつの旅団に対して、従来よりもはるかに優れたISR（情報・監視・偵察）用の装備が与えられた。ペトレイアスによると「人口200万程度の地域を取り囲むオプティクス（光学機器）付きのタワー、オプティクスを搭載した高空飛行船、低空ドローン、オプティクスを搭載した攻撃用ヘリコプター、〈プレデター〉、有人航空機、偵察飛行を行うU-2など」が含まれていた。[440] ペトレイアスは当時、イラクでアメリカ軍と多国籍軍を指揮していた。重層的な監視体制が功を奏し、グリーンゾーン（アメリカ軍の旧管轄区域）を標的にしていた75のロケット弾および迫撃砲のチームが粉砕された。2008年、ドローンの推進者であるバラク・オバマ上院議員が、ペトレイアスに会うためにイラクを訪れ、サドル・シティ一帯を視察した。

イラクとアフガニスタンでドローンを使用した作戦が成功したことで、より高性能なドローンを求める動きが起こった。しかしこの成果は、世界初のドローン超大国であるアメリカが油断する原因にもなった。新型ドローンを急いで開発する必要はなく、その代わりに、多くの実験が行われ、アイデアに数十億ドルもの大金がつぎ込まれた。この背景には、F－35のような従来型の有人航空機を望んでいた指揮官からの反発があった。

ドローンに関して言えば、技術の進歩によって、銃を持っている兵士を除いたすべての人がドローンを扱えるようになりつつあった。軍は高性能のドローン開発で遅れており、民間企業がドローン開発をリードした。2006年に創業された深圳（しんせん）を拠点とする大疆創新科技有限公司（DJI）は、2013年に〈ファントム1〉を発表した。後継機の〈ファントム2ビジョン〉の性能は、飛行時間20分、航続距離300メートルだった。〈マヴィック〉は2016年に発表されたコンパクトでポータブルなドローンだった。その時点で、DJIは商用ドローンの世界市場の72パーセントを食い尽くそうとしており、2017年までに10億ドル規模のビジネスになっていた。[441] DJIは2017年に28億ドルのドローンを売り上げた。これは、2016年と比較して80パーセントの増加だった。[442]

DJIのドローンは最も広く使用されているドローンだったが、アメリカ軍の「兵器調達計画（プログラム・オブ・レコード）」には入っていなかった。そこで、アメリカ兵はこれらの商用ドローンを独自に入手して、軍事作戦で使用するようになった。中国側に軍事情報が漏れてしまうのではないかという懸念があったが、ＤＪＩのドローンは、アメリカを拠点とするエアロヴァイロマント社によって製造された〈ピューマ〉や〈スイッチブレード〉などの小型ドローンとともに、アメリカ軍全体で使用されていた。だが、陸軍はサイバー能力を強めつつあった。[443] 計画および準備担当副チーフのジョセフ・アンダーソン中将は、２０１７年に指揮官と兵士にＤＪＩ製ドローンの使用を中止するよう通達した。「すべてのＤＪＩアプリケーションをアンインストールし、機器からすべてのバッテリー及びストレージメディアを取り外し、指示があるまで機器を保管しておくように」

アメリカのサイバーセキュリティについての懸念は正しかった。２０１８年1月、ストラヴァのジョギング用アプリが、シリアの秘密基地にいる特殊部隊のランニングコースの情報を漏洩していることに、インターネット上のユーザーが気づいたのだ。つまりこれは、特殊部隊のジョギングパターンが筒抜けになっているということだった。さらにハッカーは、〈プレデター〉の動画データや〈リーパー〉の計画書を盗み出し、それらをネット上で販売することまでしていた。[444]

安価で、極秘で、奇妙な

２０１７年以降の最も重要な問題は、ドローン戦争の格差をなくすことだった。アメリカやその他の国々には、今やテストすべき多種多様な新製品があり、それらが持つ脆弱性を新しいテクノロジーで補おうともしていた。問題は、ドローンで何をするのがベストなのかということだった。たとえば、サンディエゴのゼネラル・アトミックスは、同社の〈アヴェンジャー〉に１５０

キロワットのレーザーを搭載したいと考えていた。そのレーザーはニューメキシコ州ホワイトサンズで試験されたが、当時の大半のドローンにとって重すぎる代物だった。ミサイル防衛局（MDA）はまた、他のドローンを監視できるようにする新技術をドローンに詰め込むという構想を支持していた。[445]

さまざまなドローンが次々と開発された。ボーイングは、前面にふたつのプロペラを持ち、10時間飛行可能で、最大約900キログラムを運搬できる飛行船型の液体水素燃料ドローンを製造していた。このドローンは〈ファントム・アイ〉と呼ばれていた。[446] MDAは、〈ファントム・アイ〉の長距離検知追跡能力を気に入っていた。一方、2019年12月にユタ州のダグウェイ実験場で、空軍も2日間飛行可能な「超長時間滞空型航空機プラットフォーム」（LEAP）というドローンの試験を行った。[447]〈ゼファー〉という別の実験用ドローンは、高度約22キロメートルで1か月間飛行できた。これは、2018年にエアバス・ディフェンス・アンド・スペースによって製造され、「高高度疑似衛星」（HAPS）と呼ばれた。

2019年3月、アリゾナ州のユマ実験場で、XQ-58A〈ヴァルキリー〉と呼ばれる別の先進的なドローンが離陸し、雄大な高地砂漠の上空を飛行した。このドローンは敵の防空を突破できると期待された。低コストになるように設計されており、オハイオ州ライト・パターソン基地の空軍研究所がプロジェクトを推進した。コックピットが切り落とされたF-117ステルス攻撃機のような見た目のこの航空機は、〈グレムリン〉というドローンスウォームも作っていたクラトスという小さな会社によって製造された。[448] XQ-58の予想価格は1機あたりわずか200万ドルだった。空軍は、これまで多くの失敗作を生み出してきたが、ようやくアイデアを具体化し、手頃な価格の編隊僚機になるか、自律的な飛行で自らミッションを遂行できるドローンを生み出そうとしていた。この低予算の新計画は、「低コスト消耗航空機技術」と呼ばれた。[449]

もうひとつの先進的なアイデアは、2023年までに飛行予定の〈スカイボーグ〉だった。〈スカイボーグ〉は安価かつ交換が容易で、航空機に随行する一種の飛行ポッドだ。調達ディレクターのウィル・ローパーによると、〈スカイボーグ〉は独力で離着陸し、あらゆる気象条件で飛行できるそうだ。アメリカの新しい国家安全保障戦略は、中国、ロシア、イランなどの国々とのより熾烈な覇権争いを想定していたため、これらのアイデアは注目を集めている、と彼は2019年4月に述べた。今やアメリカは、〈プレデター〉と〈グローバルホーク〉以外の選択肢を持たねばならない時期に来ていたのである。

これは好ましい変化だ、とポール・シャーレは言った。彼は、アメリカが2009年以降新しいプラットフォームを製造していないことをほのめかし、F-35、F-22、および次世代機のB-21という3種類の戦闘機に依存していることに言及した。「兵器の多様性は、敵に対する状況を複雑化するうえで非常に有効です」[450]。この背景には、パイロットが航空機のリソースを欲していたため、空軍は新型ドローンへの投資を躊躇したという経緯があったようだ。ミッチェル航空宇宙研究所のデイヴ（デイヴィッド）・デプトゥラ中将は、〈スカイボーグ〉はパイロットの領分を侵すことはないだろう、と言った。「〈スカイボーグ〉は、航空作戦のあり方を劇的に変える可能性を秘めています」[451]

連邦議会は空軍の計画に良い反応を示さなかった。２０２０年には、わずか12機の〈リーパー〉が追加購入されることになった。海軍用はたった2機だった。また、連邦議会は〈グローバルホークス〉のスペアパーツに少額を投じることを決めた。その結果、途方もなく高価な偵察機がイランのミサイル攻撃に対して脆弱になった。それは、中国やロシアに太刀打ちできるものではなく、もはやただの空飛ぶクジラだった。連邦議会は、小型ドローンのＰＱ－20Ｂ〈ピューマ〉に対して１２００万ドル、低コスト計画に1億ドルを割り当てただけだった。[452]

小型ドローンの世界では、ＤＡＲＰＡが「スクワッドＸ」計画の一環として、ＡＩを搭載した超小型ドローンを兵士に支給することになっていた。前方監視型赤外線装置の略称と同じＦＬＩＲという名前の会社が、このアイデアを売り込んだのだ。[453] 第82空挺師団はアフガニスタンでこの超小型ドローンを目にした。[454] ２０２０年まで、アメリカはＵＡＶの絶好の野外実験場であるアフガニスタンに赴任する兵士を削減し続けた。この超小型ドローンは〈ブラックホーネット〉という名で、25分間飛行可能だ。陸軍は、このような昆虫サイズのドローンが将来的に「スタンダード」になることを期待している。[455]

空軍もより多くの小型ＵＡＶを欲していた。すでに１５０機以上の〈バットカム〉を戦術的な航空管制用に配備していたが、さらに多くのマイクロドローンを検討していた。この〈バットカム〉はまた、空軍博物館に展示されるという異例の扱いを受けている。[456] それはそれとして、アメリカのパイロットたちは、かつての〈プレデター〉と同じくらい普及する新型ドローンについて、いまだに一致した考えを持てずにいた。２０１９年ごろ、アメリカは２０３０年までにさらに１０００機の戦闘用ドローンと、約４万３０００機の小型監視ドローンを購入したいと考えていた。[457]

アメリカ陸軍はまた、最大１億ドルの臨時の需要を満たすために新製品を調達できる「その他の取引に関する権限」という奥の手を使った。彼らは、現場で活動する兵士の多目的ツールとして、携行可能な小型ドローンを保有することを検討していたのだ。アフガニスタンとイラクでの軍事行動を踏まえると、将来に何が待ち受けているのかは不透明だったが、少なくとも、次の戦争のために新しいドローンシリーズが必要だった。

一方、海兵隊員は、自分たちが望むドローンを手に入れられないことで、絶えず行動が制限されていた。彼らがようやく初めての〈リーパー〉を飛ばしたのは２０２０年３月だった。[458] この時点まで、海兵隊無人航空機飛行隊は〈ブラックジャック〉を使用していた。海兵隊は２０１８年以来、ゼネラル・アトミックスから〈リーパー〉をリースで取得し、ドローンの飛ばし方を学んでいた。アリゾナ州ユマを拠点とする海兵隊が、このドローンを操縦した。[459]〈ブラックジャック〉とRQ－20〈ピューマ〉を使用している海兵隊員の写真は、彼らがより広範囲の攻撃能力を必要としていたことを示唆している。[460]

海兵隊はまた、自らの航空能力を向上させるため、「海兵隊空陸任務部隊無人航空機遠征システム」、略してMUXと呼ばれる計画を推進していた。スター・ウォーズに出てくる〈Xウイング〉のようにも、前面にプロペラを搭載した〈フライングV〉のようにも見える、この長い名前の航空機は、２０２６年までに配備される予定だ。[461] MUXが飛ぶまでにおよそ10年かかると海兵隊が予測したことは、アメリカの計画立案者の動きがいかに緩慢だったかを物語っている。２０１５年に海兵隊が作成したスライドショーで「ＭＱ‐Ｘ」[462]と呼ばれていたこのシステムを、彼らはずっと欲していたが、いまだ持つことができないでいた。

連邦議会に提出された研究報告書は、戦術ＵＡＶが前線部隊に血漿（けっしょう）や通信機器などの物資を届けられることを指摘している。[463]陸軍用としては、携帯性の高い小隊レベルのＵＡＶが導入予定だった。陸軍は２０１８年に、戦術的ドローンの〈シャドウ〉の後継機を検討して、「将来戦術無人航空機システム」（ＦＴＵＡＳ）のためのアイデアを出した。マーティンＵＡＶとノースロップは、〈Ｖ‐Ｂａｔ〉というアイデアを提案したが、ＡＡＩは、イスラエルの双胴機偵察ドローンのような外見の〈エアロゾンデ〉を開発した。要するに、物事の見方は、１９８０年代からそれほど変わっていなかったのだ。２０２０年を通して、ケンタッキー、ワシントン、テキサス、ノースカロライナなどの陸軍部隊で、ドローンの試験と運用が行われた。彼らは、滑走路をあまり必要とせず、優れたオプティクスを搭載しており、低騒音で、操縦する際に余計な機材がいらないドローンを欲していた。[464]新しい選択肢がたくさん出てくるということは、肯定的に見れば、ドローンがようやく身近な存在になってきたことを意味していた。

アメリカ軍にとっての問題は、今後どのようなドローンが必要になるのかがよくわかっていないということだった。２０１９年10月の会議で、戦略国際問題研究所のトッド・ハリソンは、アメリカはドローンを使用する可能性を、有人飛行機に代わる低コストで有用性の高い選択肢として評価すべきだと述べて次のように続けた。「ＲＰＡ（遠隔操縦航空機）やいくつかの新しい運用概念への移行を開始できる新規のミッションは何かという観点で言えば、ＲＰＡのロードマップが必要になるでしょう」[465]。〈リーパー〉のような旧世代のドローンにとって、こうした新しい概念は羨ましかったかもしれない。老犬は新しい芸を覚えなければならなかった。〈リーパー〉は、２０１８年10月に初めて自律的離着陸を行った。[466]

これはアメリカが抱える問題のほんの一部だった。先進的なＸ-47のようなアイデアを取り下げたり、機密計画としてそれらを表沙汰にならないようにしたりして、海軍はさらに別の実験、すなわち無人給油機ＭＱ-25の開発に乗り出した。[467]ＭＱ-25は２０１９年９月に初飛行した。[468]各国の空軍は、〈ロイヤルウイングマン〉という有人航空機の支援を主な任務とする運搬用のドローンの開発計画を推進し続けた。２０２０年５月初旬、ボーイングはついに、前年２０１９年に明らかにした「航空戦力チーム編成システム」を導入するための承認をオーストラリア空軍から得た。ボーイングは全長11メートルの航空機を３機製造した。この流線形の航空機は、先端を切り落とし、翼をそのままにして、胴体を半分にすれば、通常の戦闘機のように見える。複数の任務遂行を支援するために、戦闘機とペアで飛行する。だが、これはパイロットが望むことなのだろうか？　有人機の横を余計なＵＡＶが飛ぶことで、無人機のメリットが否定されるだけでなく、パイロットの気が散ってしまう恐れがある。実は両者にとって最悪の組み合わせなのではないだろうか？

もうひとつの問題は、混雑した空域を飛行しているドローンに適切なデータをアップロードするという未来の戦争計画だ。数機のＦ-15が頭上を飛行する代わりに、未来の戦争は、ベル社の先進的なV‐247のようなヘリコプター型ドローン、小型ドローンのスウォーム、船上のチューブ型の発射機から発射されるカミカゼドローン、海岸に上陸した海兵隊員がカタパルトで発射する戦術ドローン、付近の丘の上で特殊作戦部隊が飛ばすドローンなど、さまざまなタイプのドローンが上空をひしめき合うことになるだろう。そのすべては、ステルス全翼機と、〈ヘルファイア〉で武装した他のドローンの戦闘空中哨戒によって監視されることになる。だが最終的に、これらのドローンは互いに衝突してしまうかもしれない。そのため、「迅速な戦術実行のための空域総合認識」（ASTARTE）という状況認識技術を考案する必要があった。2020年、DARPAはこうした問題を解決するためのネットワークを探そうとした[469]。一方、イスラエルはすでに「グラスバトルフィールド」という戦場ですべてのユニットをネットワーク化するシステムをドイツ軍用に開発中だった。これは、ラファエルのBNETコミュニケーションズシステムズとファイアウィーヴァーの一部であり、最前線の部隊のデジタル化を目的としていた。それによって彼らは、大量の無線機やシステムの違いに難儀することなく、他の部隊と通信できるようになるのだ[470]。

シークレット

どこかの格納庫、ひょっとしたらアメリカ西部の砂漠にある格納庫に、実験用の極秘ドローンが存在する。その極秘ドローンは操作可能かもしれないが、ほんの一握りだろう。アメリカには、秘密裏に使用されることを目的とした、新型ドローンの開発計画が常にあり、多数の全翼機デザイン、1990年代に誕生した〈センティネル〉のようなデザインの遺物(レガシー)がラインナップに入っている。[471] ある写真家は、2011年にネヴァダ州トノパーの試験場でそのような秘密の全翼機の1機を見たと主張している。[472]

軍隊には、こうしたシステムの運用に特化した専門集団がいると言われている。「ビッグサファリ」と呼ばれる空軍の第645航空システムグループは、機密計画をサポートする任務を負っていた。MQ-1B〈ウォリアーアルファ〉を最初に与えられた陸軍のタスクフォース・オーディンの場合も同様だった。ジョセフ・トレヴィシックとタイラー・ロゴウェイが、アメリカの技術系メディア『ザ・ヴァージ』のために実施した調査によると、空軍の第44偵察飛行隊は、第732作戦群第1分遣隊という別の部隊と同じく、極秘ドローンを運用しているという。[473] 2017年から2019年のあいだに、シリアとアフガニスタンで極秘の新型ドローンが運用されていたと推測されている。ペンタゴンはまた、2017年にシリアのイドリブでテロリストのアブ・ハイル・アル・マスリを切り裂いた、「ニンジャ」という刃を備えた弾薬の秘密兵器を配備した。

アメリカはB-1やA-10のような航空機を退役させようとしていた。当然のことながら、ある航空機を引退させる場合、別の新しいものが必要になる。『ナショナル・インタレスト』のデイヴィッド・アックスは、空軍が2020年2月にRQ-180という極秘の新型ドローンを購入する予定だと推測した。[474] 空軍参謀総長のデイヴィッド・ゴールドファイン大将は、アメリカが「機密扱いの領域」で航空機を購入していることをすでに述べていた。それは、連邦議会に数十億の予算を割り当てさせて、それに「シークレット」とラベル付けさせることを意味していた。

２０１３年にＲＱ－１８０について大きく取り沙汰されたが、やがて報道は下火になった。[475]翼幅推定39メートルのその機体は、ノースロップ・グラマンの関与が噂される巨大な全翼機で、見た目はＢ－２やＢ－21と瓜二つだった。しかも、ロッキード・マーティン開発のＳＲ－72を伴っていた。[476]伝えられるところによると、この極秘の全翼機はネヴァダ州グレーム・レイクのエリア51でテストされたらしい。そのことでよりいっそう神秘的で異質な存在になった。

こうした新兵器の話の大部分はアメリカが舞台だった。それは、アメリカには、大規模な実験プロジェクトに取り組むための資金と技術があるからだ。イスラエルはドローン開発に関してすでに自立しており、有用なプラットフォームの開発に取り組んでいた。イランのような他の国々は、アメリカ製ドローンのコピーをできる限り作ろうとしていた。

アメリカ軍のトップ司令官が目指す未来を知るために、私はネヴァダ州クリーチの第４３２航空団司令官であるスティーヴン・Ｒ・ジョーンズに連絡を取った。彼は、２０２０年以降にＭＱ－９のパイロットが直面する最も重要な課題は、「過酷なオペレーション」であると語った。これは、敵からの脅威にさらされる場所にドローンを出動させるという意味だ。「我々はニアピア戦でＭＱ－９を使用できなければなりません」。ドローン戦争の本質は、両陣営のドローンと防空である。「我々は、生存性を確保するためにさまざまな技術と戦術を検討しているところです」と彼は言った。[477]

ドローンのパイロットの役割も変化しつつある。ジョーンズは、パイロットは有人のミッションと統合しようと努めており、自分たちを現場司令官として認めさせ、捜索救助を行うために、近接航空支援（ＣＡＳ）の枠を超えて活動している、と語った。〈リーパー〉はまた、ＧＰＳ精密誘導を備えたＧＢＵ－３８ＪＤＡＭなどの新しい弾薬を取り入れつつあった。数字が雄弁に物語っている。司令官たちは、「生来の決意作戦」（アメリカなどが２０１４年8月から開始した軍事作戦）でＩＳＩＳと戦っているあいだ、〈リーパー〉と〈プレデター〉は、２０１５年に全弾薬の7パーセント、２０１６年に18パーセントを発射したと言った。[478]

進む世界

アメリカが武装ドローンの輸出に積極的ではないこともあり、他国はアメリカ製のドローンをなかなか手に入れられなかった。アメリカの同盟国は独自に製造するか、中国から購入しなければならなかった。イスラエルは独自のドローンを持っていた。またＵＡＥは、初の国産ドローンのひとつである無人ヘリコプターの〈ガルムシャ〉を発表した。〈ガルムシャ〉は２０２０年2月のＵＡＥ国内の博覧会で好評を博した。ＵＡＥの国営企業であるエッジのＣＥＯは、ドローン技術は「世界に大変革をもたらしている」と語った。[479]ＵＡＥのドローンメーカーであるアドコムはまた、空飛ぶイルカのような見た目の〈ヤボン〉という中型ドローンを製造した。これはアルジェリアに売却された。

イランも積極的にドローン計画を推進していた。すでに暗視ドローンと多数の自爆型ドローンを発表していたイランは、長距離ドローンも開発した。[480]イラン政府は２０１９年9月に、〈キアン〉という名の新型ドローンが最大高度４５００メートルで９６０キロ飛行可能であると主張した。さらに、2013年に〈フォトロ〉という滞空時間30時間、航続距離2000キロのドローンが披露された。[481] イランは、2020年夏までに、〈フォトロ〉にミサイルを搭載する予定だった。

実際には、イラン製ドローンの一部は、政府が言ったようには機能しなかった可能性がある。[482]〈プレデター〉のコピーである〈シャヘド129〉は、2015年にパキスタン国境付近で墜落した。イラン革命後にベル・ヘリコプター社の工場を引き継いだHESAによって製造されたこのドローンは、イスラム革命防衛隊のために作られたものであり、〈サディド〉ミサイルを搭載することになっていた。アメリカのF-15は、2017年にシリアで少なくとも2機の〈シャヘド129〉を撃墜した。[483] その年の6月初旬のある事件では、シリアのタンフにあるアメリカの訓練施設付近で、〈シャヘド129〉が「複数ある武器のひとつ」を落としたことが目撃されている。[484]

一方、イスラエルでも、ドローンの先駆者たちが、とりわけカミカゼドローンとVTOLドローンで新しい計画を推進していた。2000年代初頭までに、イスラエルのIAIは、UAVの売上高2億5000万ドルを預金していた。これは世界市場の約4分の1にあたる。[485] 2019年秋、私はイスラエルの〈スカイラーク〉のオペレーターと一緒に夜間ミッションに参加した。ドローンは大きなバックパックに入れられており、それを持ち運ぶ兵士は「歩く高層ビル」のようだった。私は夜、ベト・シェメシュの町からそう遠くない野原の近くに到着した。前日の雨で地面は濡れており、私はぬかるみに駐車した。近くで2台のハンヴィーが音を立てていた。将校の命令があるまで、私は他の兵士たちと寒さのなかで立って待機した。

30分以上待ったあと、ドローンの入ったバックパックを背負って丘へ向かえとの命令があった。私たちはふたつの丘のあいだを蛇行する悪路を歩いた。この訓練は、兵士が夜間に移動する能力をテストすることだったが、真の狙いは、レバノンのような場所にドローンを持ち込み、下の戦場にいる特殊部隊や車両をドローンで支援するための練習をすることだった。岩や道路の侵食部分につまずきながら、ゆっくり1時間かけて歩いたあと、小さな台地で丘が交差する場所に到着した。あたりは暗かったが、月明かりで台地にいる暗い人影が見えた。巨大なスリングショットのようなカタパルトで、ドローンの発射準備をしている数人の女性兵士だった。ドローンは空中に発射されると、コウモリのように音もなく飛んでいき、見えなくなった。

気温が下がってきた。やがて、司令官のジープが音を立てて近づいてきて、私たちの何人かを連れ戻した。兵士たちは夜明けまで訓練することになっていた。私の訓練は朝3時に終わった。私は、ドローンを入れた重いバックパックを運ぶ、この部隊の兵士たちをうらやましいとは思わなかった。ドローンを展開するより良い方法、あるいはドローンをより小さくする方法が必要だった。多くのイスラエル人がすでにその問題に取り組んでいた。

イスラエルの中央地区に本社がある、ドローン開発のパイオニアのIAIは、2019年までに約170万の実戦時間を達成していた同社の人気機種を改良しようとした。その機種とは、特徴的な双尾翼を持つ長期滞空監視航空機〈ヘロン〉のことで、IAIはこれに新しい機能を追加しようとしたのだ。これらのマシンは、1990年代にドローン戦争の大変革を起こす一助となり、IAIは世界じゅうにマーケットを拡大した。イスラエル政府と密接なパイプがあり、元

IAIのUAVオペレーター。ドローンの能力が向上するにつれて、オペレーターはドローンの操縦から解放され、さらに多くの時間をミッションに費やせるようになった。（写真提供　IAI）

空軍将校の再就職先にもなっているＩＡＩは、２０１０年に〈タクティクル・ヘロン〉を、２０２０年に〈ヘロンＭＫⅡ〉をラインナップに追加した。ＩＡＩには、２０１４年に公開された〈スーパーヘロン〉と、〈バードアイ〉と呼ばれる小型の戦術ＵＡＶもあった。[486] トラックや発射装置から発射された〈バードアイ〉は、アメリカの〈スキャンイーグル〉のような小型ドローンと似たものだった。

ＩＡＩの将来のビジョンは何か？　ほとんどの企業と同様、ＩＡＩも、ＵＡＶを複数のＵＡＶとコントロールステーションを備えたひとつのシステムとして販売した。[487] 同社の〈ヘロン〉は約20カ国に利用されているほか、世界の30の武装組織もユーザーだった。「パイロット」を使うアメリカとは対照的に、イスラエルは「オペレーター」を養成していた。これは重要な違いだ。なぜなら、最新テクノロジーにより、ドローンが自動的に離陸して、基地に帰還することが可能になったからである。航空機が自ら飛行できるということは、人間にとってミッションを飛行させるようなものだ。人間がノブとジョイスティックを使って旧式の〈スカウト〉(飛行時間2・5時間、航続距離150キロ)を飛ばしていた時代は遠ざかった。ほとんどのドローンメーカーと同様、IAIの将来の展望は、航空機全体を再設計することではなく、センサーやオプティクスなどの装置を追加して能力を向上させることだった。すべての大型ドローンメーカーは、F-35に代わる戦闘機がないことを認識している。そのため、F-35が担っている任務の多くを代行できるドローンが必要になるだろう。

パイロットやプラットフォームよりもミッションに重点を置くというイスラエルのUAV構想は、2020年の春と夏にイスラエルのすべての主要なドローンメーカーに私が行った一連のインタビューで明らかになった。エルビット・システムズでは、さまざまな顧客に向けた〈ヘルメス〉シリーズがオーダーメイドされていた。そのひとつである〈スターライナー〉は、ヨーロッパの民間空域で飛行する資格が与えられることになっていた。レーダーと長い翼を備えた球根状の機首の〈スターライナー〉は、〈プレデター〉と見た目が似ている。[488] これは、国土安全保障や船員救助の海上任務などを行うために、民間空港を含むあらゆる場所にドローンがいるということであり、次のドローン革命だった。さらにエルビットは、タレスUKと協力して、アフガニスタンで使用されている〈ヘルメス450〉をベースにした〈ウォッチキーパー〉を開発している。

「我々は空中戦(ドッグファイト)を行うつもりはない」とイスラエルの元パイロットは私に言った。それが現実だ。重要なのは、ドローンにより多くの「センサー」を組み込むことである。イスラエルの戦闘機パイロットは、これらのドローン開発に関与することが多く、ドローンに何を搭載すればいいのかを知っているのだ。

56カ国、75のクライアントを抱えるエアロノーティクスも、UAVを開発している。私は2020年6月3日に工場を訪ねた。同社は、砂丘と海に近いイスラエルの都市の工業地帯にある。その日は、猛暑目前の気温が高い日だった。ほとんどのイスラエルのドローンメーカーと同じく、ロビーは清潔で無駄がなく、モニターでドローンの飛行と離陸のシーンを流していた。

アメリカの〈スキャンイーグル〉に似た小型戦術監視ドローンから、より大型の〈ドミネーター〉(民間プロペラ機からドローンに改造された)まで、同社は歩兵隊や警察の需要を満たすことに長けていた。これらのドローンは、取り扱いや発射が簡単で、大型タブレットのようなデバイスで飛行する。ユーザーは数週間で使い方をマスターでき、ドローンが自ら飛行するあいだ、95パーセントの時間をミッションへの集中に費やせる。新型ドローンの〈オービター4〉は、24時間飛行可能で、パラシュートとエアバックで着陸する。将来の見通しについて同社は、民間地域でさらに多くのドローンが見られるようになるだろうと予測した。[489] 繰り返しになるが、テクノロジーはすでにある。だが、ドローンに対する規制がそのビジョンを実現するうえでの足枷となっているのだ。

ドローンのある機種はいまだ物議を醸していた。イスラエルの徘徊型兵器は今やますます主流になりつつあった。2000年代初頭、アメリカはイスラエルが自国の〈ハーピー〉の改良版を中国に販売することを制限しようとしていた。IAIが開発した〈ハーピー〉は、正面に弾頭

エルビット・システムズのドローンにはさまざまなサイズがある。最新技術が組み込まれた一部の機種は民間空域で使用され、多岐にわたる監視任務を遂行する。（セス・J・フランツマン）

がある巨大な三角形のような外見をしていた。IAIは、2016年2月に、事実上の飛行ミサイルである〈グリーンドラゴン〉を披露した。これは、歩兵や特殊部隊の小規模グループを保護するための徘徊型ミサイルであると宣伝された。車両のキャニスターから発射される〈グリーンドラゴン〉は、飛行して目標を探すときに翼を展開する。[490]

「今日のドローン開発は、国の威信をかけたオリンピックのようなものです」とヤイール・デュベスターは言う。「大量の燃料を運ぶこともそうですが、同一のプラットフォーム、通信情報、電子情報、レーダーなどで、できるだけ多くのペイロードを運ぶことも必要です」。しかし同時に、空軍は、ステルス性、精度、武器、さらには低コストのドローンを望んでいる。

ドローン開発者全員の目標は、将来最も効果的に機能する新しいコンセプトを見つけることだった。ロッキードは〈ストーカーXE〉を開発し、それに垂直離着陸（VTOL）ローターまで加えた。[491] より多くのVTOLまたはヘリコプタードローンが必要であることは、エイブ（エイブラハム）・ケレムのようなドローンのパイオニアにとって言うまでもないことだった。彼はフロンティア・システムズという新会社を設立し、ボーイングA-160〈ハミングバード〉の開発計画に尽力した。[492]〈ハミングバード〉は、速度を変更することで騒音を抑えられる最初のヘリコプターだった。当初、アメリカ軍はこのドローンに関心を示していたが、他の多くのアイデアとともに関心が薄れてしまった。DARPAのトニー・テザーは、アイデアは悪くない、いずれまた関心が集まるだろうと考えた。ヤイール・デュベスターは、VTOLの開発にも熱心だった。[493] どこからでも離陸でき、一度宙に浮かんだら翼で飛行してエネルギーを節約できるようにするために、多くの企業がローターと翼の実験をしているところだ、と彼は述べた。[494]

最初の〈プレデター〉が飛行してから四半世紀後のドローン業界を眺めると、ドローンメーカーは自社の製品に多くの機能を追加して、さまざまなニッチを埋めようとしていることがわかる。たとえば、ドローンのステルス能力を向上させることや、超小型と大型の両方の機種を増やすことがその例だ。〈プレデター〉やイスラエルの双尾翼型ドローンの〈スカウト〉のような機種が、同じ見た目で同じことを行うドローンのモデルとなる一方で、マイクロドローンやミニドローンといった新しい機種が登場した。アメリカにおけるもともとのドローンの分類は、高高度、中高度、第1級戦術ドローンという3種類だったが、しだいに複雑になっていった。

だが、軍隊の本音は「ドローンに多様性は不要」ということだ。彼らが望んでいるのは、多くの任務をこなせるひとつの信頼できるプラットフォームであり、耐久性のある武装ドローンであり、敵の空域に侵入できるステルスドローンである。さらに、小隊レベルまたは特殊部隊で扱え、戦場に持ち込んで配備できるドローンを必要としており、それらを大量生産したいと考えている。

より良いドローンを求めるアメリカが抱えていた問題は、軍種間の要望の違いや連邦議会との予算を巡る争いから、ドローンの優先順位が絶えず変化したことと、ドローン戦争に対する危機感のなさだった。多くの労力と資金をつぎ込んだ計画は、少なくとも部分的にはパイロットからの静かな抵抗があったせいで、中止になった。戦争の未来についてのセンセーショナルな報道があったり、格好いいハイテク製品の動作検証が行われたりしたが、実用化したものはほとんどなかった。

ドローン戦争で本当に求められるのは、最大・最速のドローン・スウォームでも、多量のミサイルを積んでいるドローンでもなく、〈T型フォード〉のような使いやすく安価なドローンなのかもしれない。ロッキード・マーティンは、2019年5月に開催された「特殊作戦部隊産業会議2019」で、固定翼モデルの〈コンドル〉を発表した。「グループ1ドローン」に分類された〈コンドル〉は、戦術ISRミッション用に空軍研究所で製造された。機材は少なく、航続時間は4・5時間だった。[495] また、防水加工されており、重さは8キロ、翼幅は360センチ、720pの高解像度カメラを備えていた。

現在、非常の多くのドローンが出回っているが、アメリカはどれを利用するかを決めかねており、今後数十年間のドローン戦争でアメリカが優位を保てるかどうかは不確かだった。中国、ロシア、トルコ、イランなどは、新型ドローンを実戦で使いたくてうずうずしていた。トルコはすでに2020年2月下旬から3月上旬にかけて、新型ドローンの可能性を示していた。自国のドローンでシリア政権の車両数十台と、シリア軍が配備した対空兵器〈パーンツィリ〉を8機も破壊したのである。これは、初めてのドローン電撃戦であり[496]、「両陣営がドローンを使用する戦争」という未来の先触れだった。

第9章

来たるべきドローン戦争
新しい戦場

2020年2月の最後の96時間、トルコのドローンがシリア北西部でシリア政府軍の戦闘機を追跡した。なだらかな丘が続き、古代都市の遺跡があるこの地域の景観は美しい。アレクサンドロス大王、十字軍、古代ローマ帝国、ビザンティン帝国やその他の大帝国が、かつてこの地で戦った。それぞれの戦いが新しい武器と戦略をもたらした。トルコとロシアが支援するシリアとの軍事衝突では、ドローンが将来の戦争のあり方を知る手がかりとなるだろう。

トルコのドローン——戦争の数年前に配備されたが、シリア軍の機甲部隊のような戦闘車両に対して、まだ本格的な攻撃を行っていなかった——は、シリア軍をあっという間に始末した。シリア政府軍は疲弊しており、使い古しの車両に乗っている栄養状態の良くない兵士たちは、ドローン攻撃への備えが不十分だった。トルコ政府は、2020年の「平和の泉作戦」で、151両の戦車、8機のヘリコプター、3機のドローン、86台の榴弾砲(りゅうだん)、その他100両の装甲車を破壊したと成果を誇った。一方、シリア政府のメディアは、トルコのドローン10機を撃墜したと主張した。[497] これは、トルコが領空を支配せずにドローン攻撃を行った最初の戦争だった。トルコの

2016年、シリアとの国境付近でパトロール中のトルコ軍。トルコは〈バイラクタル〉を開発し、アゼルバイジャンに販売した。さらにこのドローンは、2020年のシリアやイラクでも効果的に使用された。（セス・J・フランツマン）

F-16はロシアの許可なしにシリア上空を飛行することができなかったため、ドローンを密かに侵入させて、攻撃することにしたのだ。[498]

シリアのイドリブを攻撃し、その後アゼルバイジャンがアメリカ軍に対して使うことになるこの攻撃用ドローンは、2020年に起こった一大事件だった。シリアとトルコのあいだの小規模な武力衝突は、ドローンの超大国同士——たとえばアメリカと中国——が戦った場合に起こることを暗示していた。トルコは、〈バイラクタルTB2〉と〈アンカS〉の飛行隊をイドリブ上空に派遣した。翼幅12メートル、重さ650キロの〈バイラクタル〉は、敵の攻撃や破壊を目的に設計されたシンプルな兵器だった。これは複雑な戦場だった。ロシアは近くのラタキア（シリア西部、地中海沿岸の港湾都市）からシリア政府を支援していたが、トルコ軍と直接戦うことには消極的だった。同じく、シリア政府もこの戦いに全力を傾けなかった。トルコもまた、イドリブに配備している大量の戦車を投入して、シリア政府を崩壊させることはしなかった。

ドローンは、もっともらしい言い訳をトルコに与えた。トルコは、ドローン攻撃の映像を見せつけることだってできた。このドローン攻撃は、全面的な戦争を避けつつ、シリア政府に対して嫌がらせをするという、トルコが長年行ってきた攻撃パターンの一種だった。重要なことは、複雑な政治的駆け引きではなく、ドローンが数日間の戦闘で重要な役割を果たし、対装甲車両の戦場を一変させる力を持っていることを示したという事実なのだ。[499]

トルコとシリア政府がイドリブ付近で衝突していたとき、トルコ政府はまた、リビア東部を支配するハリファ・ハフタル陸軍元帥と対立している、トリポリに拠点を置くリビア暫定政府を支援するために、リビアにドローンを派遣していた。かつて、ドイツ軍のエルヴィン・ロンメル将軍は砂漠の戦車戦に革命を起こしたが、トルコが派遣した兵器はドローン戦争の新しいフロンティアを変えつつあった。ドローンは、2012年にテロリストがアメリカの駐リビア大使のクリストファー・スティーヴンスを殺害するのを阻止できなかった。大使殺害に関与したテロリストたちは、アメリカが2015年にリビアのISISを狙うために武装ドローンを送ったときに戻ってきていた。[500]

2020年のリビアでは、地元勢力は近隣諸国に支えられていた。サウジアラビア、ロシア、UAE、フランスはハフタルを支援し、カタールとトルコはリビア暫定政府を支援した。ハフタルは中国製ドローンで攻撃を行い、トルコはリビア暫定政府に自国のドローンを送った。伝えられるところによると、トルコによってアゼルバイジャンから送られたと思われる少なくとも2機のイスラエル製ドローン〈オービター3〉が、2019年7月に撃墜されたという。イスラエルの〈ハロップ〉もトルコによってリビアに送られたが、リビアのディルジという町に墜落した。[501]

トルコのドローン革命は迅速かつ密かに行われた。これは、多額の投資を必要とせずに、比較的容易にドローン空軍を構築できるということであり、他の場所でも模倣可能だ。エイブ・カレムがアメリカのドローン開発に多大な貢献をしたように、セルチュク・バイラクタルという名の若いトルコ人イノベーターが、トルコ軍の「ドローンファーザー」になった。彼のキャリアは、MITでのエンジニアリングのバックグラウンドを生かして、トルコの政治家に自分の手製のドローンに興味を持ってもらおうとした2005年に始まった。[502]

トルコには、ゼネラル・アトミックスから入手した〈ノット〉のようなドローンがいくつかあった。これにより、トルコは独自のドローン計画において、エイブ・ケレムとのコネクションが得られた。その後、イスラエルの〈ヘロン〉を取得した。国産のUAVはトルコ航空宇宙産業が開発した。トルコは、かつて密接な関係だったイスラエルから距離を置こうとしており、独自のドローン計画を欲していた。トルコは、クルディスタン労働者党（PKK）に関する情報をアメリカのドローンから得ていたトルコは、武装UAVを必要としていた。2010年に17メートルの翼を持つ〈アンカ〉が配備されたが、これは非武装だった。

〈バイラクタル〉のTB1とTB2は、2014年以降に生産ラインを離れ、トルコはかねて欲していた殺傷力のあるドローンを手に入れることができた。2015年にトルコとPKK間の停戦が崩壊すると、トルコはすぐにＰＫＫを追跡し始めた。トルコは２０１６年までイラクを飛行し、２０１６年９月にドローンによる軍事攻撃の成功を初めて公表した。２０１８年までに、ＴＢ２は約６万時間飛行していた――１か月あたり約４５００時間だ。さまざまな武器、主として〈ロケトサン〉ミサイルを使用するＴＢ２は、最大８キロメートル離れたターゲットを攻撃し、７６００メートルの高度で１５０キロ飛行することができる。

より大型の〈アンカＳ〉も、２０１８年にミサイルを搭載して稼働を開始し、衛星制御による空爆を行った。〈アンカＳ〉は最大24時間飛行可能で、〈プレデター〉に似た外見をしていた。運用可能なわずか16機のうちの少なくとも２機がイドリブで撃墜された。一方、トルコが保有している〈バイラクタルＴＢ２〉は約90機だった。トルコのドローンファーザーは、より重要な問題に取り組んでいた。彼は、２０１６年にトルコ大統領エルドアンの娘スメイエと結婚した。彼のドローンは今、ウクライナ、カタール、チュニジアをはじめとするトルコの同盟国に輸出されている。現在の彼の目標は、ふたつのターボプロップを搭載し、20メートルの翼幅で、１３００キロのミサイルを運ぶことができる〈バイラクタル・アキンチ〉という大型ドローンの開発だ。[503]このビーストはトルコの次世代主力武装ドローンである。トルコは今や、アメリカ、イスラエル、イラン、パキスタン、中国と並んで武装ドローンを使用する６つ目の国であることを誇ることができた。実際、イドリブでのドローン使用は、戦略の中心としてドローンを使用する最先端の実例であり、イスラエルもアメリカもこのようなドローンの使用はまだ行ったことがなかった。

トリポリと近隣の都市の上空を飛行した攻撃用ドローンは、戦場を作り変えた。カダフィ体制のリビアから逃亡し、その後に帰還して２０１１年以降にリビアの半分以上を支配したハリファ・ハフタル将軍は、ＵＡＥにいる支援者から中国製ドローンの〈翼龍〉を供給された。〈翼龍〉は船や空港を襲撃するのに使用された。

ハフタル軍の情報筋によると、〈翼龍〉はリビアで非常に効果的に稼働し、高い性能を示したという。その人物は、〈翼龍〉は戦闘機が過去に行った方法で近接航空支援を実行したと言い、「ドローンは、リビアの暫定政権『国民統一政府（ＧＮＡ）』軍に対する作戦で敵を孤立させることに役立った」と言った。彼らはドローンを使ってＧＮＡの兵站を捜し出し、倉庫を狙うことでトルコのドローンに攻撃を加えた。これは、最初の本格的なドローン対ドローンの戦争だった。両陣営は、海外から支給されたこの安価な空軍を使って作戦を遂行し、形勢を変えようとした。「我々は敵の倉庫と基地を焼き尽くした」とハフタルの情報筋は２０２０年4月に言った。ハフタル側の兵士にとって、ドローンは「アルカイダ」を狙うために使用されていたのだが、トルコはハフタルが「反政府組織のリーダー（ウォーロード）」であると断言した。

トルコのドローンとの戦闘で、ハフタル率いるリビア国民軍（ＬＮＡ）の兵士たちは、トルコの〈バイラクタル〉の射程が短いことが自分たちに有利に働いたと言った。戦場は広大で、１９４０年代にドイツのエルヴィン・ロンメル将軍がイギリス軍と対峙したのと同じ数百キロの砂漠だった。トルコ側は、自分たちのドローンと通信するための中継タワーを追加で建設しなければならなかった。２０２０年1月にＬＮＡがスルトを占領すると、このトルコの企ては無駄になった。ハフタル側の将校は、4月までにトルコのＴＢ２を50機撃墜したと戦果を誇った。彼らはロシア製の防空と携行型ミサイルを使用した。「2月28日の一夜だけで、我々は6機のトルコ製ドローンを撃墜した」[504]

しかし、トルコ製ドローンは、ロシアとエジプトとサウジアラビアに支援されたハフタルが攻勢をかけているあいだ、トリポリの暫定政府が持ちこたえることに貢献した。新型コロナウイルスのパンデミックがあったものの、2020年4月ごろには大量の〈バイラクタル〉が到着しつつあった。ロシアの〈パーンツィリ〉防空システムは、ハフタル軍の防空力を強化した。[505]これはトルコにとって沽券（こけん）に関わる問題だった。なぜなら、ドローン電撃戦の設計者は今やエルドアン家の人間だったからだ。4月17日、リビアのナスマ近くに〈バイラクタルTB2〉1機が墜落した。MAM-Cミサイルを搭載したままだった。別のトルコ製ドローンは、数日後にトラックを爆撃しようとしたときに撃墜された。[506] UAEも数機のドローンを失い、そのうちの1機は2020年4月19日に撃墜された。[507]トルコ政府は、自国のドローンがふたつの重要な戦争の流れを変える可能性があることを依然として証明し続けていたのだ。[508]

UAEのトレーナーたちは疲れ果てていた。5月26日、トリポリ近くにあった〈パーンツィリ〉内部の様子が密かに録画された。[509] 3人の男がふたつのスクリーンを前にして座っている。左のスクリーンは白黒映像、右のスクリーンはレーダーの映像だ。男のひとりが、侵入してくるドローンを撃つタイミングを決めるためトリガーをいじる。ドローンがゆっくりと、ほんの数キロのところまで接近したときに、発砲して命中させる。男たちは当惑している様子だ。トラックの上のコンテナ内部からは、外部の砂漠の熱や、〈パーンツィリ〉を構成するコンテナの上部に搭載されたミサイルや機関銃の存在が感じられない。〈パーンツィリ〉は、いくつものミサイルや銃で飾られ、上部にはレーダーが付いている巨大なボックス型システムであり、傍目にはいくつもの棒が突き刺さった巨大な箱のように見える。コンテナはトラックのシャシーに取り付けられているが、内部のユーザーは月にいるのも同然だ。彼らは近づいてくるドローンの脅威を感じない。ようやく敵を倒すと、彼らは笑って「アッラーフ・アクバル」と声を上げる。

5月18日、トルコ製ドローンを使用して、GNA軍はアルワティヤ空軍基地——カダフィが旧ソ連時代の武器を大量に備蓄していた歴史的な基地——を攻撃した。この空軍基地は首都の南西に位置している。2020年まで、この埃まみれの基地は、現代的な基地ではなく、リビアの挫折した歴史を留める博物館のようであった。しかし、LNAがトリポリ近郊で活動するための拠点だった。トルコ製ドローンが襲来し、ロシア製の〈パーンツィリ〉がそれを発見した。[510] ドローンはいくつかの格納庫を爆撃し、〈パーンツィリ〉が炎上した。その後、地上部隊が空軍基地を襲って〈パーンツィリ〉を奪い、その戦利品を見せびらかしながらトリポリに持ち帰った。翌日、LNAはトルコ製のドローン7機を撃墜したと発表した。[511] リビアは、ドローンが防空に対して有用であることを明らかにした。会戦では、互いのドローンが戦火を交えた。トルコは、将来のドローン戦争では、防衛技術を備えた敵に対してドローンが使われることになることを証明した。これは、イランがサウジアラビアへの攻撃で可能だと証明していたことと似ていた。

地上部隊とともにドローンを使用することは、義勇軍という結束の緩い集団でさえ、この新しいテクノロジーで「インスタント空軍」を保有することができ、それによって戦争を変えられることを証明した。どちらの陣営も、ベテランパイロットを必要としなかった。これらのユーザーフレンドリーなトルコ製と中国製のドローンは、ドローン戦争をしかけ、上空援護を受けるためには、F－35のような高価な戦闘機を必要としないことを証明した。たとえ泥沼の戦いに見えようとも、リビア内戦は未来の戦争の姿なのかもしれない。さらに言えば、ロシアやトルコなどの台頭しつつあるドローン大国の代理戦争であり、中国にとってはテクノロジーの実験場だった。

ドローンの問題はまさにそれだ、とリック・フランコーナは私とのメールインタビューで言った。この退役軍人は現在メディアアナリストだ。彼は、ドローンは国の戦闘能力を根本的に変えることはないかもしれないが、その能力を補完し、パイロットを失わずに破壊的な攻撃を遂行するだけの可能性を持っている、と主張した。実際、UAEもトルコもリビアにパイロットを送ろうとはしなかった。フランコーナからのメールには、ドローンはユニークな拡張機能（アドオン）だ、と書いてあった[512]。

リビアとイドリブにおけるドローン戦争は、アメリカが数十億ドルを投じているドローン計画と比べると地味な印象を受けるが、大きな意味を持っている。というのは、ドローン技術の拡散と、ドローンが今日いかに使われているのかの実例であるからだ。第1に、ドローンは本格的な空軍を組織したり獲得したりするための資金や安定性を欠いている内戦中の国々にとって、一種の「貧者の空軍」になっている。第2に、ドローンを輸送したり武器禁輸を回避したりすることは容易である。第3に、ドローンは、貴重なベテランパイロットを必要とせずに、敵を簡単に苦しめることができる。ドローンは大半の作業を自律的に行えるため、ほとんどの兵士はビデオゲームをプレイする感覚で、高性能なドローンの操作を学ぶことができる。

最後に、これらの小規模な戦争は新しいテクノロジーの実験場であり、中国やトルコやその他の国々にとって、彼らのシステムが、1980年代以来優位を占めてきたアメリカやイスラエルのような「大国（ビッグボーイ）」の最先端ドローンと同様に機能するかどうかを確認するための手段である。イスラエルが1980年代にシリアに対して、初めてドローンを使用して成果を挙げたように、トルコも改めてシリアのイドリブでドローンを使用した。トルコは新時代のドローン戦争におけるイスラエルのような存在なのだろうか？　いや、それは違うだろう。数字は、なぜイスラエルとアメリカが依然としてトップに位置しているのかを示している。アフリカでのドローン戦争は小規模だが重要だった。フランスは、リビア近くでバルハン作戦（マリ共和国北部の砂漠を支配するイスラム過激派への軍事作戦）の一環としてドローンを投入し、ニジェールとチャド上空に飛ばしていた。アルメニアとアゼルバイジャンもドローンを持ちながらにらみ合っていた。

ビッグドローン

ティールグループの「世界の軍用無人航空機システムに関する市場分析」によると、ドローン市場は2019年から2027年のあいだに830億ドルに拡大する見込みだ[513]。これには、支出が2018年の83億ドルから、2027年までに推定130億ドルに増加することも含まれている。アメリカは、2017年に大型および中型ドローンを1179機製造しており、2026年までに最大2500機を製造する予定だ。ほとんどの資金は、新型戦闘車両と、高高度および中高度のドローンに投入され、戦術的な小型ＵＡＶへの投資は減っていく。[514] ２０２０年ごろの予想では、軍用ドローン市場はさらに拡大し、今後10年間で約９８０億ドルになる見込みだ。[515]

２０１９年の『ドローン・データブック』では、約3万機の軍用ＵＡＶが存在し、その大部分が「クラスⅠ」と呼ばれる１５０キログラム未満の小型ドローンであると推定されている。これらのドローンは85カ国に使用されていたが、クラスⅡと呼ばれる１５０〜６００キロのドローンを使用しているのは44カ国にすぎなかった。クラスⅢと呼ばれる６００キロ超の大型ドローンを使用しているのは31カ国だった。多くの国がクラスⅢドローンの保有を模索していた。[516] 軍用ドローンを使用する国は急速に増加し、２０１０年は約60カ国だったが、２０２０年ごろには約１００カ国になった。

彼らはどんなドローンを買おうとしているのだろうか？　ドローンが流行り出すと、多くの出版物が刊行され、ドローンをさまざまなカテゴリーに分類してランク付けすることに関心が集まった。人気のドローンは、〈ブラックジャック〉、〈ファイアスカウト〉、〈トリトン〉、〈ワスプ〉、〈シャドウ〉、〈スキャンイーグル〉、〈リーパー〉、〈ヘロン〉、〈ヘルメス〉、ＣＨ－５、〈ヤボン・ユナイテッド40〉、〈翼龍Ⅱ〉、〈アンカ〉などだ。

いちばんドローンを購入している国はどこか？「ジェーン」の市場予測によると、アメリカは２０２９年までにさらに１０００機の大型戦闘ドローンを購入する予定だ。中国は68機、ロシアは48機、インドは34機にすぎず、オーストラリア、エジプト、トルコ、マレーシア、インドネシア、イスラエルはさらに少ない。[517] 一方、アメリカは４万３０００機以上の軽量監視ドローンを

夜間にミサイルを発射するIAI製の防空システム〈バラク〉。すでにインドに供給されているこのシステムは、イスラエルの多くの防空システムの一つである。（写真提供IAI）

購入する予定だ。これに対して、中国は800機、ロシアは6000機、インドは5000機、フランスは2000機、イスラエル2000機である。ロシア、中国、トルコなどの国々でドローンを使用するミッションの数に関する情報の多くは公表されておらず、西側諸国は特殊任務のほとんどを機密扱いし続けているため、ドローンが実際に遂行するミッションの数について確かなことはほとんどわかっていない。『ガーディアン』は、イギリスが2014年から2018年のあいだにイラクとシリア上空でドローンを飛ばし、〈リーパー〉で398回の空爆を行い、2423回のミッションに〈リーパー〉を使ったと指摘している。ドローン攻撃は、イギリスの空爆全体の約23パーセント、イラクとシリアにおける反ISIS作戦のミッションの42パーセントだった。このデータからわかることは、UAVが現在、ミッションの半数近くで使用されているようだが、イギリスが行った空爆の大部分では使われていなかったということだ。[518]

ドローンの保有国が急増しているにもかかわらず、アメリカは依然として武装ドローンや最新鋭で高価な監視ドローンの圧倒的なユーザーだった。しかし、その優位性は2020年に急速に低下しつつあった。アメリカの政策の急速な技術的・社会的変化に注目している無党派のシンクタンク「ニューアメリカ」は、ドローン空爆を行ったことがあると答えた国を一覧にしている。このリストには、2001年以降のアメリカ、2004年以降のイスラエル、2008年以降のイギリス、2015年のパキスタン、2016年のイラン、ナイジェリア、アゼルバイジャン、イラク、トルコ、2018年のUAE、2019年のロシアとフランスが含まれている。実のところ、ほとんどの国は武装ドローンを持っていない。持っているのであれば、それはドローン戦争をリードしている一握りの国から購入したものだ。ニューアメリカによると、そうしたドローン強国には、アメリカ、中国、南アフリカ、イスラエルが含まれる。[519] このリストにはトルコを追加すべきだろう。

多くの国が武装ドローンを持っていない大きな理由として、そもそも製造する能力を持っていないことや、開発に投資してこなかったことが挙げられる。これは、他の軍事技術とあまり違いがない。ほとんどの国は、戦車、潜水艦、戦闘機を独自に製造していない。アメリカは武装ドローンの輸出を望まず、これらのプラットフォームの独占を望んでいたため、ドローン使用の拡大も抑えられた。その状況はトランプ政権下でいくらか変わり始めたが、依然として世界のドローン超大国が自国のドローンを独占するという構図が続いている。例外と言えるのは、次のようなことだ。イタリアは自国の〈リーパー〉を〈ヘルファイア〉ミサイルで武装している。また、フランス、スイス、スウェーデン、スペイン、ギリシャ、イタリアがヨーロッパのＵＣＡＶ（無人戦闘機）プロジェクトに投資しており、いくつかの国がドローン競争に参加しようとしている。

このヨーロッパのプロジェクトには、アメリカのＸ－45のような外見の、ダッソーが開発した先進的な〈ニューロン〉のテストが含まれていた。〈ニューロン〉は、２０１３年に初めて飛行したＢＡＥシステムズの〈タラニス〉とともに、２０１２年から２０１６年のあいだにテストが行われた。全体的に見れば、この技術は、「将来戦闘航空システム」――スウォーミング技術を備え、２０３５年までに第６世代戦闘機用の「ロイヤルウイングマン」として機能する艦上ＵＡＶを見越した航空システム――の一部であった。ヨーロッパのドローンプロジェクトは、２０２５年までに配備予定の中高度ドローンも念頭に置いていた。

コストを巡る対立は絶えず存在した。フランス国防大臣のフロランス・パルリは２０１９年６月に、あまりに金がかかりすぎるとしてこのプロジェクトを激しく批判した。ヨーロッパはドローン開発を急いでいなかった。ＢＡＥシステムズが２００９年に開発した大型双発ドローンのプロトタイプである〈マンティス〉のような構想は、ほとんど進展もないまま10年の歳月が過ぎてしまった。彼らはアメリカ製のドローンに依存し続けなければならなかった。ドローンに関して言えば、２０１０年代はある意味、ヨーロッパとアメリカにとって失われた10年だった。だがその一方で、イギリスは独自の武装ドローンをテストしており、ＵＡＥとトルコは新型ドローンを製造していた。独自のドローンを持っていないヨーロッパの国々にとって、イスラエルからリースすることは選択肢のひとつだった。イスラエルのＩＡＩは、２０２０年初頭にギリシャにドローンをリース販売した。この契約では、サードパーティからパイロットまで提供される。ギリシャは監視データを得るだけだ。[520]外注のドローンは監視ドローンの未来であると言えるかも知れないが、武装ドローンの未来は違っていた。武装ドローンの製造と販売において巨大なポテンシャルを持っている中国のことは、誰も触れたがらない問題だった。

２０２０年にドローンの世界に存在したガラスの天井が崩壊したが、大国アメリカとアメリカに追いつこうとする他の多くの国々という昔ながらの構図に変わりはなかった。たとえば、２０１３年、オックスフォード研究グループの社会変革ネットワークは、遠隔制御プロジェクトのためのレポートを依頼した。彼らはＵＣＡＶを重点的に論じようと考えており、洗練された武装ドローンを開発・製造している６つの主要国だけを確認した。当時は２００種類のＵＡＶが軍隊に利用されていたが、ＵＣＡＶはたったの29種類だった。大半のドローンは非武装で、監視作業に使われていた。しかし、将来的には、武装ドローンが物資を運び、さまざまな作業を実行することになるだろう。「最も多様なＵＣＡＶを保有しているのは中国だが、技術と輸出という点ではイスラエルがリードしている」とレポートは指摘している。[521]

この研究は、現在のドローン世界を地図に表した。たとえば、イスラエルには52種類のＵＡＶがあり、そのうちの４種類がＵＣＡＶだった。ロシアは54種類のドローンと５種類のＵＣＡＶ。中国は46種類のＵＡＶと11種類のＵＣＡＶ。イランには17種類のＵＡＶがあり、そのうちの６種類が武装している。インドは21種類のUAVと6種類のUCAV。2019年ごろ、アメリカ・バード大学にあるドローン研究センターは、10か国（アゼルバイジャン、イラク、イスラエル、イラン、パキスタン、ナイジェリア、トルコ、UAE、イギリス、アメリカ）がドローンを使った攻撃を行ったことがあることを発見した。他の30カ国は、空爆を実行できるドローンを入手しようとしているか、保有していた。

国際戦略研究所（IISS）は2019年に、アメリカは495機の「大型UAV」を保有していると断定している。また、中国には26機の似たような大型ドローンがあり、フランスは5機、インドは13機、ロシアは「少数」、イギリスは9機保有していると考えている。[522]ドローン研究センターの『ドローン・ハンドブック2019』では、イギリスは10機の〈リーパー〉を保有していると断定している。全体的に見て、IISSの調査は『ドローン・ハンドブック』の統計を裏付けていない。これは、多くの場合、大型ドローンあるいは武装ドローンの数の概算が不明か、機密情報であることを示唆している。

おそらく、大量の小型ドローンを調達しようとしている国々が存在するということのほうがよく知られているだろう。たとえば、インドは1800機の小型戦術ドローンを入手しようとしており、フィリピンもやはり戦術目的でミニドローンを入手しようとしている。マニラは、約1000機のイスラエル製の小型クワッドコプター〈トール〉、カタパルト発射型の〈スカイラーク〉、中型の〈ヘルメス450〉を欲している。[523]この契約は、各国が、一種の「インスタント空軍」である重層的なドローン兵器を急いで入手しようとしている一例である。敵に対していつでも出動できるドローンの必要性は明らかに高まっており、これらの国々は過去数十年にわたるドローンの発展に便乗して、そのニーズを満たそうとしている。中国はそうなることを確実にしようとしていた。

天翔ける龍

ＵＡＥの皇太子であり、外交政策の立案者でもあるムハンマド・ビン・ザーイドは、要求が叶えられないことに苛立ちを感じていた。２００４年６月、彼はアメリカ空軍の国際問題担当副次官兼地域問題局長だったロナルド・ヤギー准将と会談した。ザーイドは何年にもわたり、アフガニスタンに展開している自国の特殊部隊を支援するために、非武装のドローンだけでなく、武装した〈プレデター〉も必要としていることをアメリカに訴えていた。また、武装ドローンを使うことで、ＵＡＥの力を誇示したいという思惑もあった。しかし、アメリカは非武装の〈プレデター〉しか送ることができないとノーを言い続けてきた。これはザーイドにとって屈辱的なことだった。

彼は国防総省と国務省に連絡を取った。ＵＡＥは物乞いを続けるつもりはない、「我が国は多数のオファーを受けている」と彼はヤギーに言って、ＵＡＥのドローン開発を支援してくれたり、他のドローンを売ってくれたりする国があることをほのめかした。イランの真向かいに位置し、ペルシャ湾に面した賑やかな都市があるＵＡＥは、すでに南アフリカと提携し、同国の〈シーカーⅡ〉を使っていた。彼らは〈シーカーⅡ〉をアフガニスタンのバグラムに送り込んだ。今や

ＵＡＥは、南アフリカ、フランス、ドイツ、イタリア、中国、さらにはイスラエルと手を組むことをいとわなかった。「今はまだ検討中だ」と彼は言った。ＵＡＥは、最終的に何らかの形でアメリカと同じ能力を持つことになるだろう。[524] アメリカの同盟国であるイスラエルや、フランス・ドイツ・イタリアなどのヨーロッパ諸国に接近するというＵＡＥの決断はもっともであるし、南アフリカのような民主政を採用した国も理解できる。だが、その中でも中国は際立っていた。中国は、アメリカ第５艦隊とアメリカ中央軍（ＣＥＮＴＣＯＭ）が拠点を置くペルシャ湾で、アメリカに取って代わる存在になるかもしれなかった。

中国はドローンの発展とともに勢いを増していた。

１９９０年代、中国は自国の軍隊の将来的ニーズに目を向け、アメリカと諸外国におけるドローンの軍事技術の発展を認めるようになった。中国政府はＵＡＶのトレンドを分析し、その技術を自国の軍隊に取り入れるために、外国から学ぼうとした。これは多面的な取り組みだった。経済成長が著しい中国は、輸出用と自国の軍隊用にドローンを開発するだけの力があった。中国の産業力をもってすれば、数百、いや数千種類のドローンを生産することも夢ではなかった。２００４年にシンガポールで開催されたアジア宇宙航空会議で、中国宇宙航空技術輸出入公司（ＣＡＴＩＣ）のバイスプレジデントである楊鷹（ようよう）は、ＵＡＶに対して「偵察能力、諜報能力、長航続時間」を求めるのは世界の顧客のトレンドであると述べた。[525]

中国は、長年にわたって外国からさまざまな無人機を輸入し、無人標的機や鉱物調査用などさまざまなミッションに使用してきた。たとえば、旧ソ連のフヴォーチキン設計局が開発したＬａ

–17Cをあらゆる面から分析し、無人標的機〈長空–1〉を製造した。中国における初期のドローン開発は、外国で成功しているモデルを手本にした。イスラエルと同じく、中国はアメリカの〈ライアン・ファイアビー〉の経験から学び、1980年代にWZ–5とCH–1〈彩虹〉を製造した。また、アメリカの〈グローバルホーク〉をもとにして、2000年代初頭にWZ–9を製造した。[526]〈グローバルホーク〉の中国版は、〈翔龍〉（天翔ける龍）と名付けられた。〈翔龍〉の初期バージョンの推定航続距離は6400キロ、全長14メートルで、740キロ毎時で飛行可能だった。[527]〈翔龍〉は、中国製の新型ドローンが披露される場となっている「珠海航展」で、2006年に発表され、2008年に試験が実施され、2009年に初飛行が行われた。[528]成都飛機工業公司と貴州飛機工業公司によって製造された〈翔龍〉は、当初4つの奇妙な尾部と方向舵付きの翼を持つデザインだったが、ほどなくして〈グローバルホーク〉のように尾部近くにエンジンを搭載したより洗練されたデザインへと変わった。

軍隊にドローンを導入することとは、開発とは別次元の高度な知識が要求された。2006年までに、中国はASN〈愛生〉という西北工業大学無人機研究所によって製造された数機のドローンを地上部隊用に配備した。初期のASNドローンは、イスラエル製の〈スカイラーク〉をベースにしていた。ロケットで地上から発射される形式のASN–104は、翼幅4メートル、飛行時間2時間、航続距離300キロだった。ASN–105Bは7時間飛行可能でGPSを搭載しており、着陸はパラシュートだった。[529]その後、地上部隊はZ–3という無人ヘリコプターを取得した。ASNの技術は急速に進歩し、最終的には、赤外線カメラで最大150キロを昼夜問わず飛行でき、航続時間8時間、上昇限度６０００メートルという高性能なＡＳＮ-２０６を配備するまでになった。[530] ＡＳＮ-２０６の外見は、〈ハンター〉のような双尾型ドローンに似ていた。ＡＳＮは２０１３年中に中国のＵＡＶ市場の９割を支配すると考えられていた。[531]

中国製ドローンの多くは、珠海航展で発表され、輸出用に新モデルが開発されるというパターンをたどった。２００４年に、〈プレデター〉と瓜二つの初期デザインが登場した。２００６年の珠海航展では、北京航空宇宙大学とハルビン航空機産業が開発したＢＺＫ-００５が披露された。これもアメリカの〈プレデター〉に似ていた。ＢＺＫ-００５は最大１７０キロ毎時、上昇限度８０００メートルで、最大１５０キロの兵器を運ぶことが可能だった。[532] 飛行時間は最大40時間とされた。[533]〈プレデター〉よりもステルス性を高くするという中国の野心を反映し、２００９年までに運用可能であると考えられていたこのドローンは、海軍と空軍に供給された。[534] しかし、このドローンはステルス機としては不十分であり、２０１８年４月に南シナ海の島々の上空を飛行したとき、日本の航空機がそのドローンを追跡して写真に撮るためにスクランブル発進した。[535]

一方、北京宇宙航空学大学の後継である北京航空航天大学は、ＢＺＫ-００５のデザインをベースとして、２０１７年に輸出用のＴＹＷ-１を製造した。[536] 北京航空航天大学の王建平は、ＴＹＷ-１が東南アジアと中東の市場を開拓することを希望する、と語った。中国はまた、国内向けのドローンに新技術を導入した。過去にＥＯ／ＩＲポッドが搭載されていたドローンに対して、２０２０年に合成開口レーダーが追加された。[537]

２０１５年ごろ、中国はステルスモデルも含めて、向こう８年で４万２０００機の軍用ドローンを製造すると推定されていた。それらのステルスモデルのひとつは〈暗剣〉と呼ばれ、その先進的技術が海外で注目されていた。アメリカがテロリストとの戦いに集中するようになると、中国は新性能を披露して顧客を獲得することでアメリカを上回ろうとした。[538] 中国はまた、周辺国にドローンの性能をちらつかせた。日本は２００７年にドローンの配備を強化するようになった。[539] 中国は係争中の島々の上空で日本のドローンを追い回すことになるだろう。

Ｘ－47をベースにした〈利剣〉と呼ばれる紺青色の先進的な全翼機の動画がオンラインで公開されたが、その後削除された。視聴数は約25万回だった。また、２０１３年に中国のＵＡＶが日本領空付近を飛行し、日本は迎撃のためにジェット機をスクランブル発進させた。中国は、尖閣諸島上空でその能力を示すために、ドローンを使用していたのだ。[540] ２０１７年５月に島の上空飛行が増えると、航空機同士の衝突の危険性が増した。中国はまた、武装ドローンによる攻撃も始めていた。ミャンマーで麻薬密売組織の大物を監視し、ドローンで殺害することを検討していた。

その後、中国は内モンゴルで多国間軍事演習を主催し、ロシア、カザフスタン、キルギスタンが参加して空爆を実施した。中国は、２０１４年までに〈翼龍〉を使用して、少なくとも15回のミサイル攻撃を実施した。２０１１年には、中国が保有するＵＡＶは推定２８０機に過ぎなかったが、すぐに数千機になった。ワシントンは驚愕した。[541] 中国はアメリカから猛スピードで学び取り、〈リーパー〉の中国版であるＣＨ－４とＣＨ－５のほうが優れていると豪語するまでになったのだ。[542] 中国は飛行時間を例に挙げて、ＣＨ－５は60時間飛行できる、これは〈リーパー〉の２倍以上の長さだ、と主張した。[543]

ドローンは新しいテクノロジーであるため、中国が他国よりも有利なのは当然と言えた。軍艦、戦車、あるいはF-35のような高性能な航空機ではアメリカの独壇場だったが、ドローンでは、大量生産やさまざまなモデルで大規模な実験を行うことなど、中国の能力をフルに発揮できた。中国が予算や軍部間のライバル意識を気にしなかったことも、アメリカのドローン計画に衝撃を与えたようだ。中国は他国に見せつけたいがために新型兵器を渇望していた。また、中国の有人機パイロットは、空軍にドローン反対を働きかける術を持っていなかった。彼らはただ命令に従った。体制の維持を何よりも重視する中国では、ドローンに対するパイロットの不満など無いも同然だった。さらに、外国のドローンのコピーやリバースエンジニアリングを非難されても平気だった。最後に中国は、アメリカの技術者が〈グローバルホーク〉で行ったような、あらゆる機能を詰め込んでひとつの万能型ドローンを作るのではなく、用途を絞ったさまざまな種類のドローンを作ることを選択した。

ブレイクスルー

中国はドローン開発においてアメリカに大きく遅れをとっていると思われていたため、アメリカ政府は中国の動向に関心を払っていなかった。中国の支出ははるかに少なく、2015年の予算は依然として100億ドル程度と見積もられており、数十億ドルを投じたアメリカの計画の中国版はずっとコストが低かった。たとえば、ステルスドローンの〈利剣〉のコストはわずか100万ドルと言われている。そのような低コストのドローンが、アメリカ製ドローンに太刀打ちできるとも、アメリカ製ドローンに使われているすべての最先端技術を備えているとも考えられなかった。[544]

そのような状況の多くは２０１０年以降に変わり始め、２０１８年の劇的な公開に至った。「珠海航展２０１８」では、アメリカが放棄したデザインの一部を採用して作られたかのように見える新型ステルスドローンを公開する多くの中国企業に注目が集まった。評論家は、珠海航展は防衛産業大国としての中国の存在感と、習近平主席による中国の防衛技術の変革に対する総合的な取り組みを示すことができた、と語った。[545]

２０００年代初頭、貴州飛機工業公司は〈グローバルホーク〉によく似た航空機を製造した。[546] ２０１３年、中国航空工業集団は、武装ドローンのＧＪ－11〈利剣〉をテストしたあとで、複数の武装ＵＡＶを開発するという野心的な計画に乗り出した。[547] ＧＪ－11は、中国が武装ドローンまたはＵＣＡＶを秘密裏に製造できることを示した。ボーイングの〈ファントム・レイ〉やダッソーの〈ニューロン〉と同様に、ＧＪ－11は最大５００キロの爆弾を運ぶことができた。[548]

分岐点となったのは、ノースロップのＸ－47〈ペガサス〉をベースにしたＣＨ－７だった。２０１８年に珠海航展で発表されたＣＨ－７は、亜音速長距離ステルスドローンと考えられていた。[549] 22メートルの大きく広がった長い灰色の翼を持つＣＨ－７は、中国航天科技集団のネオンブルーに光る広告板の前で発表された。その姿は、斬新でハイテクで挑発的だった。[550] 虹を意味する「彩虹」（Caihong）にちなんで名付けられたＣＨ－７は、国営企業の中国航天科技集団によって製造された。同社はすでに〈プレデター〉に似たＣＨ－４を輸出していた。北京の中国航天空気動力技術研究院のチーフドローン設計者である石文(せきぶん)は、2015年に契約総額が世界トップレベルになったと語った。中国航天空気動力技術研究院は中国航天科技集団の一部だ。輸出先は10カ国、20の「ユーザー」とのことだった。[551]

アメリカでは、ドローンは複雑であることが常識であり、空軍はドローンの操縦を独占したいと思っていた。一方、中国は「誰でも使える」をキャッチフレーズにしていた。フライトシミュレーターを操縦できれば、ドローンを飛ばせるのだ。CHシリーズは、2014年までに200機売れた。すでにエジプト、パキスタン、ナイジェリア、UAE、南アジアの国々が顧客だった。同社のドローンは、10キロのスタンドオフ射程でミサイルを発射し、10時間連続で飛行することが可能だった。2015年までに、これらのドローンは月に100時間飛行していた。[552]

成都飛機工業公司はまた、アメリカ製とデザインが似ており、ステルス全翼機のような見た目のドローン航空隊を開発し、2018年の珠海航展で披露した。別の類似のデザインは、〈天鷹(てんよう)〉シリーズの一部として、中国航天科工集団によって発表された。[553] アメリカの〈リーパー〉や〈プレデター〉のような見た目の中国のCHシリーズは、すでに10カ国の軍隊に販売されていた。それらを製造した中国航天科技集団は、中国が輸出している最大の武装ドローンメーカーになった。[554] 2008年から2018年のあいだ、中国の大型軍用ドローンの輸出の約半分（53パーセント）が〈翼龍〉であり、34パーセントがCHモデルだった。ASNモデルはわずか10パーセントだった。[555]

2018年、成都飛機工業公司が製造したGJ-2〈翼龍Ⅱ〉が公開された。中国空軍のスポークスマンである中進科は、〈翼龍Ⅱ〉がすでに中国の「反テロリズム」の戦いに貢献していると述べた。[556] 中国が言う対テロ作戦とは、新疆ウイグル自治区の反乱勢力を鎮圧することだった可能性が高い。アフガニスタンにおけるアメリカのように、中国は国境を越えた軍事作戦の成功に基づいて、砂漠と山地での対テロ作戦をモデル化したようだ。新疆ウイグル自治区のカシュガル空軍基地に配備された〈翼龍〉は、軍事作戦に利用された。[557] 中国がしかけたドローン戦争は他国を驚かせた。アメリカ国防総省は、イスラエル、アメリカ、イギリスでドローン市場をほぼ独占していると思い込んでいたが、そこに中国が割って入ろうとしていた。[558] アメリカとイスラエルが市場を支配しているという前提は崩れつつあった。

アメリカ政府にとって、武装ドローンを輸出しないという決定は、自らに課した規制だった。アメリカは、500キログラムのペイロードを300キロメートル以上運べるミサイルまたはドローンの輸出に規制をかけることを目的とした「ミサイル技術管理レジーム」(MTCR)の35の調印国のひとつだった。[559] エジプトやヨルダンやUAEなどアメリカの顧客に、中国やその他の国がドローンを売ろうとしたため、アメリカはMTCRの規制を見直し始めた。しかし協定の調印国ではないイランや中国などにとって、MTCRなど関係なかった。[560] アメリカ国務省は、厳格な最終用途保証の遵守に努めることで、自国の軍需産業の活動を妨げていた。つまり、外交官たちはアメリカのドローンが同盟国の戦争犯罪で使用されることを望んでいなかったのだ。[561]

トランプ大統領就任後、アメリカのドローン輸出は変化し始めた。2018年4月ごろには、アメリカ政府はドローン輸出の最前線にいる中国に遅れずについていく必要があることを悟った。[562] しかし、それだけでは不十分だった。アメリカ当局は、2019年2月にペルシャ湾岸で開催された武器の見本市において、中国が「ドローンを売りまくっている」と不満を漏らした。[563]

2011年、珠海航展の参加者は、台湾に似た島の近くで「アメリカの空母のような」軍艦をターゲットにしている流線形のドローンの模型のまわりに「群がった（スウォームド）」。それが言わんとしていることは明らかだった。[564] だがこの時期、中国のドローンは準備万全というわけではなかった。伝えられるところによると、北京の沙河鎮（さがちん）飛行場から離陸した1機が、河北省邢台（けいだい）市の森に墜落したのだ。[565]

2015年5月、カリフォルニア州の共和党下院議員であるダンカン・ハンターは、中国がドローン販売について話し合うために代表団をヨルダンに派遣したことへの懸念をオバマ政権に表明した。彼はヨルダンに対して、アメリカの〈プレデター〉をリースするよう働きかけた。[566] 中国はすでにイラクにドローンを輸出しており、イラクはCH－4がISISに対する多数の空爆で使用されたと発表した。UAEは2013年に〈翼龍〉の購入を開始し、2018年には数百機の〈翼龍Ⅱ〉を購入しようとした。[567] 中国は、2019年までに、より大型の〈翼龍〉とCHシリーズをパキスタン、サウジアラビア、セルビアに輸出しようとしていた。

アメリカは中国が何年にもわたってドローン開発を行っていることを知っていた。2013年の報告によると、上海の防衛関連企業向けのハッキング作戦で、ドローン技術を探ろうとしていることが明らかになった。アメリカはまた、〈翼龍〉がレーザー誘導ミサイルと一緒に2011年に輸出されたことを把握していた。[568] 2013年の調査は、中国製ドローンは、アメリカ製ドローンほどの射程はないが、能力が向上すれば、DF－21D対艦ミサイルなどの長距離ミサイルを誘導するために使用されるだろうと結論づけている。[569] 国防総省に対するあるタスクフォースの2012年の報告書では、中国の役割は「懸念すべき動向」であると結論づけた。アメリカは他国よりも早く中国に対する調査量を増やしていた。中国は「民主主義国に見られる通常の政治プロセスに束縛されていない」とアメリカは不満をこぼした。中国は、宮古島と沖縄のあいだにドローンを飛ばし、日本船を調査していた。中国のドローン開発の規模とスピードは、「注意を促す出来事（ウェイクアップコール）」だった。

アメリカ政府の軍事専門家は、ドローン戦争が勃発することを懸念していた。アメリカ合衆国本土が攻撃されることは心配していなかったが、他の場所への攻撃を気にかけていた。アメリカは展開可能な防空手段を持っていたが、中国の新型ドローンは、旧ソ連時代のMiG－25〈フォックスバット〉以来の最大の脅威になる可能性があった。中国のような敵が、ドローンを使って空母を狙ってくることも考えられた。「何世代にもわたって空襲を心配する必要がなかった後方補給部隊やその他の戦闘支援資産にまで、危険が拡大する可能性がある」。この種の「インスタント空軍」は、消耗戦でアメリカ軍を倒す力を持っていたし、交換も容易だった。アメリカは、〈グローバルホーク〉のようなドローンを敵が使用して、アメリカの軍艦の動きを追跡することを予見していた。

悪夢のシナリオが明確になった。多数のUAVを保有する敵によって、アメリカの計画は非常に複雑になった。また、それらに対処するための専用の防衛力も不十分だった。「専用の防衛力」

とは、携帯式防空ミサイルシステム（MANPAD）やジェット戦闘機を使用してUAVを追跡することだ。「この状態は、アメリカ軍を奇襲や待ち伏せ攻撃にさらす可能性がある。敵が制空権を握っていないが、UAVに確かな攻撃能力がある場合、アメリカ軍は部隊単位の防空に依存せざるを得なくなる恐れがある」[570]

中国の急速なドローン開発によって、現場であるいは衛星写真上で観測者（スポッター）がドローンを発見するというニッチ産業が生まれた。〈翼龍〉は、大きくて見つけやすいので好まれた。[571]２０１８年、イギリスの独立報道機関のベリングキャットは、２０１１年に始めて発見された〈翼龍〉が吉林省の依順屯（いじゅんとん）空軍基地だけでなく、チベット自治区のシガツェと海南省の陵水（りょうすい）にも配備されたと報道した。[572]評論家は、２０１９年に飛行中の〈翼龍〉が確認された際に、そのデザインが大きく変化していることを指摘した。[573]この〈翼龍〉は、２０１９年7月に台湾海峡でアメリカ海軍のミサイル巡洋艦〈アンティータム〉につきまとったため、その時点で稼働していることは明らかだった。[574]堂々たる双胴双尾の巨大ドローンの〈神雕〉（しんちょう）（神の鷲）は、最初に２０１５年に、その後２０１８年5月に発見された。[575]中国当局は２０１９年秋に、新疆ウイグル自治区のマラン空軍基地のエプロンに駐機している多くのUAVを人々が見物しているのを把握していた。一種のふれあい動物園のように、これらの高高度の怪物ドローンは、小型UAVスウォームやUAVヘリコプター、〈天鷹〉、〈利剣〉、CH－7などのステルスドローンとともに見ることができた。ジェットエンジンの〈雲影〉も展示されていた。[576]

２０１９年10月、中国建国70周年を記念する式典で、中国はドローン兵器の開発に総力をあげることを表明した。中国は、双発大型爆撃機Ｈ－６などの、航空機から発射できる超音速ステルスＵＡＶを披露した。[577] それは、人民解放軍空軍第30航空連隊の偵察ＵＡＶであるＷＺ－８であり、江蘇省の六合馬鞍空軍基地から操作されることになっていた。[578]

動力源を液体推進剤にしてコストを抑えたため、このドローンは基地に戻って再利用されるだけでなく、使い捨て兵器にすることもできた。また、この記念式典のパレードでは、中天飛龍有限公司によって開発され、以前陝西省で飛行した〈飛龍１〉の姿があった。〈翼龍〉と〈鋭剣〉には新しいアンテナが取り付けられた。非常に多くの企業が新製品の売り込みに関与していたため、中国向けの新型ドローンが不足することはなかったようだ。南京模倣技術研究所は、偵察ＵＡＶを設計する一方で、中国航空工業集団が運営する北京維思韋爾航空電子技術有限公司は、ＡＷ－４〈鮫〉とＡＷ－１２Ａを製造している。アメリカをはじめとする西側の主要国は、中国の動向に不安を募らせていた。将来、中国やロシアと武力衝突が起こったら、ドローンの高度化を進めるこれらの国々と二正面戦争になる恐れがあった。[579]

中国の最高指導者である習近平は喜んだ。２０１２年に主席の座についた彼は、中国の国力を内外にアピールすることができた。中国は、他国よりも多くの種類のドローンを保有していただけでなく、軍用ドローンのトップの輸出国になる道を邁進していた。すでに民間ドローンの分野では主要な輸出国だった。イスラエルは１９８０年代から１９９０年代にかけてドローン輸出大国だったが、中国は２０１９年までに軍用ドローン輸出で世界的なリーダーになった。[580] ２００８年から２０１７年まで、中国は68機の大型戦闘ドローンを輸出した。一方、アメリカの輸出数は62機であり、イスラエルは56機だった。[581] ストックホルム国際平和研究所は、2014年から2018年のあいだに、中国が無人戦闘機の最大の輸出国になったと述べた。2014年から2018年にかけて、中国は13カ国に153機のUCAVを販売したのに対し、同時期のアメリカの販売数はたった5機だった。イランはシリアに数機を送り、UAEはアルジェリアに2機のUCAVを売った。『フォーリン・ポリシー』は、中国が2018年までにドローン戦争に「勝利」したと結論づけた。[582] あるメディアが2019年6月の記事で、ヨルダンが以前購入した中国製ドローンを売りたがっている理由について、あれこれと考察していたが、そうした憶測を呼ぶこと自体がドローン市場における中国の優位性を物語っていた。[583]

ドローンを採用した中国陸軍は、2019年の軍事パレードでそれらを披露したいと考えていた。潜在的な顧客は、2010年にドローンを用いた約60カ国から、2019年の95カ国へと急拡大していた。[584] アメリカ・バード大学のドローン研究センターは2019年に、中国は他国よりも多い11種類の次世代ドローンの開発計画に取り組んでいると結論づけている。[585] 中国のドローンは数年をかけてサウジアラビアに約70機、エジプトに60機、パキスタンに25機売られ、そのおかげで中国は2020年夏ごろには、世界で第二の武器輸出国になった。[586] 小型のドローン・スウォームからUAVに分類される超音速滑空体にいたるまで、中国は今や多くの点で最前線に位置していた。中国は1発も発射することなくこれを達成したのだ。一方、数千キロかなた、チベットの霧深い山脈を越え、中央アジアの砂漠の向こう側に位置するもうひとつの国も、西側諸国に対抗するためにドローン大国になろうとしていた。[587]

熊、ドローンに遭遇する

MiG-29のロシア人パイロットは、2008年4月20日に思いも寄らない命令を受けた。それは、ロシアに支援された分離主義者が支配するアブハジア(ジョージア(グルジア)に属する自治共和国。アジア南西部、黒海沿岸に位置する)というジョージアが使用している偵察ドローンを撃墜するというものだった。偵察ドローンは午前9時31分に1990年代の停戦ラインを通過した。ロシア人パイロットは午前9時48分まで移動中であり、グルジア人のドローンオペレーターは回避行動を取ろうとした。彼は急にドローンを南に向けた。アブハジアのガダウタ飛行場からやって来たMiG-29は、高度2800メートルでドローンを発見し、AA-11〈アーチャー〉ミサイルを発射した。ミサイルはターゲットからわずか15メートルの距離で爆発し、ターゲットを破壊した。[588]

パイロットがジョージアのドローンを撃墜したあと、ロシア外務省は、アブハジアの防空がイスラエルの〈ヘルメス450〉、シリアル番号553を撃墜したと発表した。3月、もう1機の〈ヘルメス450〉、シリアル番号551が撃墜された。5月には、さらに多くの〈ヘルメス〉が撃墜されることになった。[589] アブハジアを巡る戦いは、最終的に2008年8月のジョージア・ロシア間の本格的な戦争(南オセチア戦争)の原因となった。小国ジョージアは5日後に敗北した。

戦いはジョージアの敗北に終わったが、そのドローンが不可欠なものであることが証明された。ロシアのUAVは時代遅れで脆弱だった。ロシアはその弱点を認識し、すぐにイスラエルのIAIから12機のドローンを5300万ドルで購入した。購入したドローンには、〈サーチャー

Ⅱ〉や〈バードアイ〉などのモデルが含まれていた。〈サーチャー〉は、双尾翼で箱型胴体の〈スカウト〉をベースとした太めのドローンで、お世辞にも格好いいとは言えない。対照的に、〈バードアイ〉はブーメランに似たステルスタイプのドローンだ。カタパルトで発射される〈バードアイ〉は、数時間飛行して戦術的な監視活動を行うことができる。

　ロシアがイスラエルのドローンを必要としていたことは、歴史の巡り合わせによるものだった。ソ連はかつて多くの先進的な航空機を製造していた。そのなかには、ツポレフのTU－123やTU－141のような高速ロケット推進のドローンもあった。それらは基本的に、監視活動が行える槍型ボディの巨大なジェットエンジンだった。どのように機能したのかは不明だが、アメリカがヴェトナム上空で使用した兵器と似ていた。しかし、この初期のドローン計画は、アメリカのような発展を遂げることができなかった。それらの機種は、旧ソ連の広大な飛行場に錆びまみれで放置された。

　2008年の戦争のあと、プーチン政権下のロシアは、UAVに再び注目するようになった。程なくして、ロシアは数億ドル相当のドローンを購入するようになった。[590] ロシアの方針は思い通りに進んだ。イスラエルはジョージアとの防衛関係を縮小した。ロシアは2020年までに自国のUAV兵器を充実させるため、130億ドルもの投資を開始した。経済力で負けるジョージアは、イスラエル製のドローンを国産の安価な模造品に切り替えざるを得なかった。

　ロシアのドローン軍は断続的に発展した。ソコルとタンスザスの2社は、2011年に〈アルティウス〉と〈イナホーディエッツ〉（ワンダラー）という長距離高高度の大型ドローンと攻撃用小型ドローンを開発する契約で３３００万ドルを獲得した。ロシアのセルゲイ・ショイグ国防大臣は、２０１３年に〈アルティウス〉を視察するためロシア連邦西部のタタールスタンを訪れた。[591]２０１９年、ついにロシアは〈アルティウスＵ〉の飛行を公開し、このツインプロペラのドローンは24時間飛行可能だと主張した。ロシアはまた、Ｘ-47のようなステルスドローンを開発したが、これには〈スキャット〉（魚類のエイのこと）という冴えない名前が付けられた。

　ロシアのドローン戦争の戦略は２０１４年にウクライナで試された。ウクライナは親露派の大統領が民衆の抗議で打倒されたあと、内戦状態に陥っていた。東部は親露派の分離主義者が支配しており、灰色の小型航空機の〈オルラン-10〉をはじめとするロシア製のドローンが、ロシアがウクライナ軍を狙うのを支援するために配備されていた。[592]〈オルラン-10〉はイスラエルの〈スカイラーク〉に似ていた。カタパルト発射型の〈オルラン-10〉は、16時間、最大１４０キロ飛行可能な偵察用小型ドローンだった。ロシアはまた、イスラエルのＩＡＩ〈サーチャー・マークⅡ〉をモデルにした〈フォルポスト〉も使用した。このドローンはより強力だった。性能は航続距離２５０キロ、最大上昇高度６０００メートルで、運搬可能重量は１００キロだった。ロシアは、２０１４年8月にウクライナの第92機械化旅団に照準を合わせた。ドローンで砲兵隊を誘導し、ウクライナ軍に徹底攻撃を加えたのだ。

　ウクライナ軍はドローンの飛行音に警戒するようになった。同時に、ウクライナはドローン戦争の復讐を望んでおり、「ロシア熊」と戦うために多くの民間組織が小型ＵＡＶの資金提供を開始した。[593]彼らは、ドローンに一般のビデオリンクと赤外線カメラを搭載した。２０１８年10月、ウクライナの航空機メーカーのアントノフは、翼幅21メートル、最大上昇高度12キロのUAVを発表した。この戦争は、他の軍事衝突と同様に、新しいテクノロジーの実験場としての傾向が強まりつつあり、イノベーションを加速させた。[594] それが始まった時点のロシアの目標は、ジョージアで行ったように、ウクライナの攻撃を妨害し、ウクライナ東部の一部を新しい国家として独立させることだった。

私は、2018年8月にウクライナのドンバス前線を訪れた。キエフに飛んだ私は、若々しくて活気がある美しい都市に迎えられた。夏のキエフは快適で、夜は若者が街に集まり、酒を飲みながら楽しい時を過ごしていた。だが、第2次世界大戦中にナチス・ドイツとソ連赤軍とのあいだの大規模な戦車戦によって傷ついた東部の地では、激しい戦いが繰り広げられていた。かつてT－34が赤軍を無敵にしたように、新しいテクノロジーがドンバス前線を変えつつあった。長距離列車で東に向かい、ロシアの支援を受けた分離主義者から、ウクライナ軍が2014年から2015年にかけての戦闘で奪回した土地を通過した。前線の手前の駅で下車した私は、戦争中にウクライナ人のために捕虜交換交渉を行ったドライバーに会った。

ウクライナのこの地方は平坦で、旧ソ連時代の面影を残した小さいコテージやタウンハウスでいっぱいだった。ウクライナの国旗があちこちに見えた。ある店で、私たちは地元の加工肉やビールを買い込んだ。マリンカという町では、砲撃から窓を守るための土嚢が家々にあった。通りの小さな家々は碁盤目状に整然と並んでいたが、古い学校の校舎と行政の拠点は大きなレンガ造りの建物で一際目立った。前線は民間住宅の列に沿って延びていた。家々のあいだにある、

2018年、前線近くでライフルを手入れするウクライナ・ドンバス大隊の志願兵。他の多くの戦争と同様、ウクライナでもドローンは普及したが、前線の兵士の大部分はドローンに対する防御手段を持っておらず、ドローンを利用する立場にもなかった。（セス・J・フランツマン）

砲兵射撃から身を守るための塹壕やコンクリートのシェルターに身を隠したウクライナ人たちは、1キロ向こうの分離主義者たちを見張っていた。停戦中のはずだったが、小型兵器や迫撃砲そしてドローンの存在は合意の形骸化を物語っていた。夕暮れ時にはしばしばドローンの飛行音が聞こえた。ウクライナ人はドローンから身を守る術を持っていなかった。ドローンは分離主義者がこちらに向かって砲弾を浴びせるのを支援するために使われていた。唯一の防護物となるものは、平板と土嚢で覆われた掩蔽壕（バンカー）だった。

ウクライナの雰囲気はモスルに似ていた。私たちは無防備で脆弱だった。ドローンの音は聞こえたが、その姿は見えず、何もしてこなかった。ドローンは前線を横切って行き来しているようで、絶え間なく小さな飛行音が聞こえた。ふたりのウクライナ人――ひとりはふさふさした髪で背が高く、もうひとりはずんぐりして禿げていた――と一緒に、私たちは前線の保護された場所――一方は土で、もう一方は土嚢だった――に身を隠した。私は彼らとともにドローンの音が遠ざかるのを待った。

数百マイルの前線に沿って、ウクライナ人は毎日ロシア側からやってくるドローンを相手にしていた。2018年には、ロシア側からのドローン飛行は741回を数えた。[595] ウクライナ当局者は、ロシアに対する制裁がドローン軍にダメージを与えていなかったことに不満を漏らした。ロシアは、日本やスウェーデンなどから軍民両用カメラを、ドイツからエンジンを、中国やイスラエルからパーツを調達してドローンに組み込んでいた。ロシアは偵察だけでなくさまざまな用途にドローンを使用していた。兵士に自分の司令官を殺せと命じる嘘のテキストメッセージを流す目的でも使用された。ロシアにとってのゲームチェンジャーは、携帯電話ネットワークを無効にし、独自のメッセージを送信する能力を〈オルラン〉に与えた〈レール3〉RB-341Vというトラック型システムだった。ロシアは、2017年にウクライナにドローンを送る以前に、シリアでもドローンを使用していた。[596] エンタープライズ・コントロール・システムズのポール・テイラーは、ドローンに対しては電子的な手段が有効かもしれないと述べた。ウクライナは、ヘリコプターと小型兵器を用いてドローンを撃墜する新しい方法を導入した。[597]

ウクライナに対するロシアのドローン使用は、主として小型ドローンによる波状攻撃にシフトした。停戦の実施により、この空飛ぶビーストの戦略的な役目は終わろうとしていた。なお当時のモスクワでは、ドローン計画の技術開発は思うように進んでいなかった。高高度武装ドローン計画である〈アルティウス〉の製造者は2018年に当局により拘束された。その後、ドローン計画はウラルズとウラル民間航空プラント（ＵＺＧＡ）に移管された。ロシア国防省は新型ドローンの獲得に熱心だった。さらに、イスラエルの〈サーチャーⅡ〉をベースに〈アウトポスト〉を開発していた。だが、国防の親玉（ツァーリ）であるセルゲイ・ショイグは、２０２０年末までに最大４０００機のＵＡＶを保有することを含めて、さらなる軍備増強を望んでいた。

勝者と敗者

ドローンが戦争で急速に存在感を増していることと、軍用ドローン市場の拡大は、ドローン同盟という新たな枠組み作りにつながった。これは、多くの点で冷戦期にアメリカとソ連の軍事技術がそれぞれの同盟国に輸出されたことと似ていた。異なる点は、ドローン超大国の発展が、主として冷戦でアメリカが勝利したことの陰に隠れて起こったということだった。１９９０年代に唯一のグローバル覇権国となったアメリカは、新しい世界秩序を唱道した。そして、この世界秩序はアメリカのドローン戦争によって形作られた。アメリカは湾岸戦争でドローンを使用し、その後バルカン半島でも、さらにはテロとの戦いでも使った。しかし、この兵器に依存することで、アメリカの戦争方法は一変した。他国に兵士を派遣して犠牲者を出したくなかったアメリカにとって、ドローンはうってつけの兵器だった。その一方で、ターゲットを絞ったドローン攻撃と暗殺に対する議論も巻き起こり、それが、この殺傷能力のある新技術を輸出することにアメリカが慎重になる原因となった。アメリカは効率的な殺害方法を手にしたが、他国に同じことをさせたくなかったのである。

その結果、冷戦終結から30年が経過し、覇権国アメリカにドローンで挑戦する新興勢力が現れた。イスラエルはアメリカの同盟国だが、トルコはＮＡＴＯから急速に疎遠になり、ロシアとの防空協定に調印し、シリアでのアメリカの方針に楯突いた。トルコは自国のドローンを使って、シリア、イラク、カタール、リビアでの勢力圏を築こうとした。トルコのドローンは、カタールの孤立とリビアのハフタル支援に関与しているサウジアラビア・ＵＡＥ同盟に挑戦するための有力なツールだった。ドローンはまた２０１５年にトルコ・クルド労働者党（ＰＫＫ）の停戦が崩壊したあと、ＰＫＫを分断することに役立った。トルコ国内のＰＫＫに対してドローンを使用したあと、トルコはイラク北部の山岳地帯にあるＰＫＫの拠点に対しても有効にドローンを使用した。トルコはまた、２０１９年10月にシリア東部に侵攻して、アメリカに支援されたシリア民主軍を攻撃する際にもドローンを使用した。これは結局のところ、２０２０年2月の対アサド政権とリビアでの軍事行動を実行するためのリハーサルになった。

中国はまたアメリカの力の空白を埋めようとして、イラク、ヨルダン、サウジアラビア、ＵＡＥ、パキスタンといったアメリカが影響力を持っている国々にＣＨ－４Ｂと〈翼龍〉を輸出した。中国のドローンは今、アジアと中東にウイングを広げつつあった。その間アメリカは、オーストラリア、日本、韓国、ヨーロッパのＮＡＴＯ加盟国といった従来の同盟国のドローンパートナーであり続けた。対照的にイスラエルは、南アメリカ、アフリカ、ヨーロッパ、アジアなどいたるところでプラットフォームを販売していた。トルコとイランは、力を誇示する手段としてドローンを使用していた。

ドローンの輸出は、新しいドローン同盟を生み出し、さまざまな国の影響力を鮮明にした。国や集団の武力衝突で、さまざまなドローンシステムが戦場で初めて使用された。結果として、少なくとも11のリアルな「ドローン戦争」を確認できる。それらは、ドローンの進路だけではく、将来のビジョンをも形作ってきた。すでに起こったドローン戦争からは、ドローン使用のさまざまな成功例を見出すことができる。

イスラエルは、1980年代から2020年代にかけてのテロとの戦いでドローンを有効に使用した。ドローンはイスラエルの監視能力と精密攻撃能力のバックボーンとなった。イスラエルの国境地帯では、何層ものドローンが群(スウォーム)をなしており、兵士たちは無数の兵器を自在に操ることができる。イスラエルはまた、ドローンの脅威に対抗する防空システムのパイオニアでもあった。ラファエルのようなイスラエルの企業は、無人の地上兵器とともに自律的にドローンが作動するネットワークも開発している。兵士はテーブル型コンピューターをポイント・アンド・クリックすることで、ドローンを誘導できる。テロリストが占拠する建物をドローンとロボット犬がマッピングし、強襲を行う特殊部隊を支援するシーンを想像してほしい。新しいアルゴリズムとAIによって、ドローンが脅威を特定し、司令官に敵を攻撃するための最善の方法を提供できるようになるのだ。

同様に、テロリストに対するアメリカのドローン戦争は効果的だった。ペンタゴンは、現地に派遣する兵士を最小限に抑えつつ、遠く離れた場所にいる過激派を追い詰めるため、大陸を越えてドローンを運用する方法を編み出した。その一方で、この方法はアメリカが慢心する原因にもなり、アメリカのドローン・イノベーションは2010年以降停滞した。

イランとトルコは、アメリカがドローン開発の努力を怠っていた時期に、ドローンのイノベーターになった。こうして「インスタント空軍」を手にした両国は、係争空域にドローンを派遣して、本拠地から遠く離れた敵に脅威を与えられるようになった。小国はこの戦術を取り入れた。特にアゼルバイジャンは積極的で、カミカゼドローン（徘徊型UAV）を使用してアルメニアの陸軍部隊を打倒した。アゼルバイジャンがドローン兵器を短期間で充実させたことは、ドローン戦争に対して大きな影響があった。アゼルバイジャンはイスラエル製の徘徊型ドローンを大量に購入し、2020年秋にアルメニア防空に対して使用した。トルコはまたアゼルバイジャンに〈バイラクタル〉を供給した。〈バイラクタル〉はアルメニアの地上部隊に大打撃を与えた。アルメニアが和平を求め、ロシアが11月上旬に平和維持軍を派遣すると、ウクライナやイギリスなどの多くの国がアゼルバイジャンの戦い方をドローン使用の成功例と見なした。アフリカにおけるフランスの対テロ戦略やロシアの長年にわたるドローン開発の取り組みなど、他国も試行錯誤を重ねながらドローンを使用していた。中国はドローン超大国への階段を駆け上っていたが、実際の武力衝突ではまだ1度もドローンを展開したことがなかった。

教訓

ドローン戦争は、ドローンがゲームチェンジャーにも偽りの希望にもなり得ることを示してきた。ドローンは国にさまざまな選択肢を与えるものの、しばしば断片的に導入されるため、必ずしもドローンだけで戦争に勝てるわけではない。ドローンを中心にして軍事作戦全体が構築されることはめったになく、ドローンは戦時中の諜報能力を高めるためや敵を波状攻撃で悩ますため、あるいはターゲットを絞った攻撃を行うために使用される。ドローンは多くの武器を携行できないため、敵を殲滅することはできない。最初、敵はドローンの存在に狼狽し、姿の見えないロボット兵器が空で音を立てていることに恐怖を覚える。だが、次第にドローンに監視されていることを受け入れ、それを回避する方法を見つけようとする——ISISが地下トンネルを掘ったように。

兵士にとっての最も重要な問題は、ドローンが飛行可能なカメラや一種の巡航ミサイルのようなアドオン付きのプラットフォームにすぎないのか、それとも初期の戦車や航空機のような、戦場に破壊と混乱をもたらす「戦力増強兵器(フォース・マルチプライヤー)」であって、今後の軍事作戦はドローンの使用を前提として構築されるのか、ということだ。貧しい国、あるいは反乱者や過激派は、ドローンによって「インスタント空軍」を保有できる。一方大国は、ドローンを使うことで戦場に兵士を派遣せずに軍事作戦を遂行することができ、犠牲者を大幅に減らすことができる。この両極端のドローンの使い道のあいだには、ドローンを軍隊に組み込んでさまざまな場面で使用するという方法も存在する。軍隊が多くの戦術的ドローン、携行型ドローン、徘徊型ドローン、航空機のような働きをする大型ドローンを保有するにつれて、ドローンはその潜在力を発揮することになるだろう。ドローンスウォームやロイヤルウイングマンのような構想、あるいはドローンで物資を輸送することは、さまざまな国が10年以上実現に向けて取り組んできたが、いまだ先の話だ。ステルスドローンが登場すると、大国間の戦争で決定的な役割を果たすだろう。だが、現在のドローン戦争からわかるように、同等の戦力を持っている国同士がドローンで戦うことはほとんどない。

これは、ドローン戦争のビジョンが何であるかについての問題につながる。

アメリカ空軍協会主催の「空中戦シンポジウム2020」で、イーロン・マスクは「戦闘機の時代は過ぎ去った」と発言した。テスラとスペースXの創業者であるマスクは、いずれ無人フライトが実現するだろうと語った。シンポジウムの場でジョン・トンプソン空軍中将と対談したマスクは、F-35が自律性によって強化されたドローン戦闘機と対峙したら、F-35に勝てる見込みはないと断言した。ここでのキーワードは「自律性」だった。F-35の敵が人間が操縦するドローンである場合、人間対人間の構図に変わりない。現在のドローン戦闘機には、F-35と渡り合えるだけの能力はなく、独自の決定を下せるくらい「自律的」でもない。[598] しかし、マスクの予言は意外なことではなかった。彼は先代のドローン予言者たちと同じ未来を思い描いていたのだ。

多くの人が有人空軍の終焉を予言してきたが、アメリカや他国のドローン司令官は大抵の場合、有人飛行機と無人飛行機が一緒に飛行する未来を思い描いている。第2次世界大戦の戦車部隊のようなドローン部隊を編成する代わりに、現在の主要国で行われていることは、まさにこれだった。ドローンだけで敵を圧倒し、完全に空中を支配するような、いわゆる「ドローン電撃戦」の考えは存在しない。そのような例は、イランのサウジアラビアに対する攻撃とリビア内戦で見られるだけであった。アメリカの司令官は、ドローンが戦場を根本的に変革し、高精度、長時間滞空、精密監視を提供する兵器であり、パイロットの代わりに犠牲にできるものだと考えている。[599]

見る人がそれぞれ異なった捉え方をするという点で、ドローンは映画版の『羅生門』のようなものだと言える（芥川龍之介の同名の小説と『藪の中』をもとに黒澤明が映像化。ある殺人事件について、登場人物がそれぞれ違う証言をする）。ドローンを殺人ロボットのように考える人がいる一方で、パイロットを危険にさらすことなく、ドローンの監視・誘導によって正確な攻撃が行える点に注目して、戦争で余計な犠牲者を出さないユニークなプラットフォームであると考える人もいる。パイロットは自分の役目が奪われることに危機感を覚えるかもしれないが、地上兵はドローンのカメラが捉えるさまざまな光景をタブレットでライブ視聴したいと思っているかもしれない。

マスクはドローン戦争の現実味を語ったが、アメリカ空軍の専門家はもっと慎重だ。[600]２０１３年に『未来の空軍［*Tomorrow's Air Force*］』を出版したジェフリー・スミス――アラバマ州マクスウェル空軍基地にある航空宇宙学大学院の学校長兼学部長（当時）――は、その本の中で、これまでの航空機は戦闘機や爆撃機といった種類に分類されていたが、新しいタイプのミッションはこうした分類に基づかないだろうと述べ、さらに次のように書いている。「空軍の本質が、航空機を飛行させることに焦点を合わせることであり続けたため、この移行は一筋縄ではいかないだろう。しかし、歴史が証明してきたように、またテクノロジーが進歩したこともあって、アメリカ空軍の最大の関心事であった有人飛行の必要性と適切性は減少しつつある。この長期的な移行の展望により、アメリカ空軍は、国に多種多様な空軍力の選択肢を提供するという目的よりも、手段（航空機を飛行させること）が重要だと考える『白いスカーフ症候群』から脱却せざるを得なくなるだろう。残念なことだが、もしアメリカ空軍が決然とした軍事行動を行うと見せかけて自らの存在を正当化し続け、自らの独立を証明しようと絶えず努力し、空軍が飛ばす航空機という観点で自らの主要なミッションを考えるのであれば、空軍の将来的な重要性と妥当性は問題になる[601]」

イドリブ、ペルシャ湾、シリア、リビアの戦闘が示したように、その時は迫っていた。ドローンの自律性を強化し、ＡＩをドローンとドローンのターゲットシステムに組み込む競争が現在繰り広げられている。それがどのように起こったのかを理解するためには、昔のイスラエルに戻らなければならない。それは何十年もまえ、イスラエルの若い秀才たちが空軍でのキャリアを歩む覚悟を固めていた時期だった。

第10章

ドローンと人工知能

終末のシナリオ

イスラエルでは、政府機関が徴兵年齢に満たない若者の中で特に優秀な者を「プレ軍隊コース」の候補者として選抜する。彼らは、高度な軍事計画に参加するために物理学などの必要な学問を専攻して、徴兵前に学位を取得する。１９８０年代にドローン開発の先駆者となり、何十年にもわたって新型ＵＡＶの開発計画に携わってきたイスラエルのエンジニア、ヤイール・デュベスターは、高度なプロジェクトのために訓練されたこの若いエリートたちと話したことを話題にした。「彼らを自分のプロジェクトに参加するよう説得するプログラムマネージャーたちと一緒でした」と彼は言った。この話は、イスラエルが〈ラビ〉という独自の軍用機を製造しようとしていたころまでさかのぼる。

8月のある暑い日、ベン・グリオン国際空港から遠く離れていないイスラエルの中心地。18歳の一団が参加予定のさまざまなプロジェクトについて話を聞くために待機していた。デュベスターは〈ラビ〉の後ろでエンジニアたちが説明する姿を見るために早く到着した。「若者たちに気を引き締めてもらいたかったのです」。彼らは暑さで無気力になっていた。〈ラビ〉についての話を聞いたあとでは、ＵＡＶを使った任務の話はまったく退屈に思えただろう。「〈ラビ〉のパイロットが要らなくなったら、この航空機がどうなるかを一緒に考えてみよう」とデュベスターは言った。彼らの目の色が変わった。「航空機を設計する際の原則は、全体の重量が軽くなれば、巨大な翼も巨大なエンジンも要らなくなるということです」[602]。有人戦闘機からパイロットを取り除く、という発想が次世代の無人戦闘機を設計するうえでのベースとなっているのだ。

「次世代の無人攻撃機がＦ-35のような見た目になるのかはわかりませんし、Ｆ-35に無理に似せる必要もないでしょう。断言できるのは、その次世代機がステルス機であって、超音速飛行ができるだけでなく、あらゆるパフォーマンスが有人機よりも勝っているということです」と２０２０年のインタビューでデュベスターは語った。彼は、Ｆ-35は四半世紀続くだろうと予測した。「将来の攻撃機のために多くの技術が開発されるでしょうが、その攻撃機は無人機になると確信しています。Ｆ-35のような有人戦闘機を見れば、航空機が向かう先がわかります。Ｆ-35の能力を制限している唯一の存在はパイロットです。本来であれば、この航空機は人体が耐えられないような飛行を行うこともできるのです」。Ｆ-35は座席のエジェクターのようなパイロットのための設備を搭載しているが、無人機になれば、それらは一切不要になり、代わりにたくさんの電子機器、センサー、武器を詰め込むことができる。「今はもう、空中戦は行われていません。レーダーを使って２００キロ離れた場所からミサイルを発射するだけです。それなのになぜパイロットがいなければならないのでしょうか？」[603]。もっともな指摘だ。だが、パイロットを排除する前提として、いっそうインテリジェントなマシンが必要になる。

イスラエル・バル＝イラン大学の研究者たちは、２０２０年に神経科学と機械学習の関係性を研究した。研究チームを率いるイド・カンター教授は、最近のインタビューで、ＡＩに脳機能を模倣させたい、と語った。人間のような深層学習をコンピューターに教え込もうとするときの問題としては、人間が運転中に正しい判断を下す方法をいかにして学んでいるのかが十分に解明されていないことなどが挙げられる。人間の学習メカニズムとコンピューターの速度は組み合わせ可能なのだろうか、と理論家に聞かれたカンターは次のように答えた。「非常に高速なコンピューター上で、人間の脳内の遅い生物学的な深層学習メカニズムを実行できるとしたら、無限の可能性が手に入るでしょう[604]」

ＡＩはドローン戦争に影響を与える可能性があるさまざまな問題を孕んでいる。その根底にあるのは自律性であり、自律性を備えたドローンは、計画の最適化や、リソース配分、イメージ分析、オペレーターへの最善の選択肢の提供といった諸問題の解決を支援することによって、ミッションを遂行できる[605]。この問題を検討したタスクフォースによると、アメリカ国防総省は、自律性というものを、遠隔環境へ到達するためのコストや、ミッションを達成するためにその距離を使用するコストを軽減するために、無人システムに提供される一連の能力と見なしていた。しかし、ＡＩのポテンシャルにもかかわらず、人間とロボットの連携は実現していなかった。ロボットは今のところ戦争の計画を立てることも、使用するドローンを選択することもしていなかった。そのような構想はいまだ初期段階にあったが、新たな脅威の出現によって、アメリカは遅れを取り戻さなければならなかった。繰り返しになるが、アメリカのドローン計画の立案者は、中国が西側諸国に「追いつき、最終的に追い越すために猛烈な勢いでドローン開発を進めていること」を懸念していた。[606]

自律性の獲得とは、ドローン業界の各分野にとってそれぞれ違った意味があった。AIが無人機の世界にもたらす最高の見本は、〈ロイヤルウイングマン〉という、バットマンの相棒のロビンのような、有人航空機とともに飛行するドローンの構想で具体化したが、その中身は非常に複雑だった。というのは、有人機に衝突せずにその近くで飛行できるだけでなく、データを取得し、照準と偵察を支援し、有人機が通常抱えている負担の一部を肩代わりできる航空機を設計しなければならなかったからだ。このドローンは、戦闘で犠牲になる可能性もあったが、最も危険なミッションに派遣された場合に、有人機の「スタンドオフ」が容易になる可能性もあった。ボーイングは、2020年5月にオーストラリアで〈ロイヤルウイングマン〉を公開した。同社の自律航空担当シニアディレクターであるジェラッド・ヘイズは、AIをユニットに組み込むと語った。[607]この計画は、F-16の部品を取り外して無人標的機として再利用するという2013年の決定と比べれば、少なくとも革新的であると言えた。というのは、単なる航空機の使い回しに、空軍の本気は感じられなかったからだ。[608]

数千マイル離れたイスラエルでは、最新のコンピューターアルゴリズムに基づき、ドローンの脅威に立ち向かうための新手のプログラムが作成されていた。次第にドローン戦争は、空中で対峙する2機の有人機のうちのどちらが強いかだけでなく、どちらのコンピューターシステムが優秀であるかにも関心が向けられるようになった。将来のドローン戦争は、単にドローンを飛ばせればいいというものではなくなり、脅威を予測して迅速に対応できる優秀なアルゴリズムと能力が物を言うようになるだろう。

アルゴリズム——ヒューマン・オン・ザ・ループ

5月5日、私は〈メイア・B〉に電話をかけた。ラファエル・アドバンスド・ディフェンス・システムズにおける防空の専門家である彼の本名は、セキュリティの都合上明かすことはできない。イスラエル空軍の元大佐である彼は、2004年にヒズボラが最初の〈アバビル〉ドローンを配備したことを話題にした。「あれはゲームチェンジャーでした」と彼は言った。「我々は自分たちのシステムを適応させる必要があることを痛感したのです」。もはや脅威は、シリアや他の周辺国からやって来るソ連製のMiGだけではなかった。当時のレーダーはドローンを検知するよう調整されておらず、ドローンを誤警報として分類してしまった。

ラファエルは、小型ドローンの脅威に対処するために〈ドローンドーム〉というシステムを開発した。ハマスがドローンを使用して手榴弾を戦車に投下するなど、それらの脅威が急速に高まっていると〈メイア〉は指摘した。小型ドローンは、単体の脅威から拡散の脅威へと移行しつつあり、極めて深刻な問題だった。この拡散には、さまざまな航空ショーを陰で支えるスウォーム技術も当然含まれる。つまり、一歩間違えれば脅威になり得る技術がイベント用のドローンにも使われているのだ。ドローンが戦略目標を攻撃できることを考えれば、単なる戦術的要素ではなく、新しい戦略的脅威であると〈メイア〉は言った。この脅威に対処すべく、イスラエルは「多

急増するドローンの脅威に対抗するための防空システムを映し出すディスプレイ。さまざまなドローン対策の装置が存在する。（セス・J・フランツマン）

層防衛システム」を開発した。これは、異なる種類のレーダーをオーバーラップさせて使用するものであり、〈メイア〉は他国にも採用を持ちかけている。

このレーダーシステムは、ドローンの信号を検知して妨害したり、オプティクスでドローンを確認したりする目的で使用されている。ドローンを迅速に検知・分類・破壊できるようになるためには、センサーやエフェクターが欠かせない。これらはみなアルゴリズムで処理され、オペレーターに望ましい行動の選択肢として提示されなければならない。「ドローンは機密区域のような慎重を要する場所でゲームチェンジャーになれるでしょう。機密資産の周囲に防空エリアを構築できるユニークなツールは存在しません。敵は外部から、場合によっては内部から、目当ての機密資産を攻撃することができるのです」と

〈メイア〉は言った。

「リアルタイムのシナリオにおいて、すべての状況を把握して適切な判断を下すために、UAVの能力を処理することは不可能です。脅威を認識し、確実な識別を行い、ひとつのターゲットから次のターゲットへとすばやく移動し、防空システム間の適切なリソースを然るべきターゲットに割り当てるには、賢いアルゴリズムを使わなければなりません」と〈メイア〉は言った。これは、レーザーのようなより先進的なシステムを使用して、ドローンを炎上させ、撃墜させるということだ。イスラエルは数種類のレーザーを開発していた。だが、何十機ものドローンスウォームに対処しなければならない場合は、どうしたらいいのだろうか？

「たとえば、それらのドローンを妨害するとしましょう。今日の現実的な想定ポイントは20〜30機ですが、1度に100機を相手にすることも考えられます。妨害電波（ジャマー）を使用するなら、同一セクターの全ドローンを倒せるでしょう。レーザーなら1機ずつの破壊になります。高出力マイクロ波だったら、同時にすべてのドローンを相手にできるかもしれません。ですので、対策はあるのです」と〈メイア〉は言い、各国は急いでこの脅威の把握に努めなければならないと加えた。

一方、元アメリカ軍将校でドローンのパイロットだった人物は、遠隔操縦航空機――空軍はいまだにこの呼び名を好んでいた――は、すぐにでも能力向上が必要になるだろうと言った。イランのような場所で、防空だけでなく電波妨害に遭う可能性が増すことで、アメリカの戦略にどんな影響を及ぼすかは不透明だった。〈リーパー〉や〈スキャンイーグル〉といった彼らがすでに保有しているドローンの数は増えていた。「新しい予算案からは、どんな機種が調達されるのかわかりませんでした。我々はいまだ世界で優位な立場にいますが、（UAVの使用が適切な）グレーゾーンの戦いは今後も存在し続けるでしょう」とその元将校は言った。彼女が言いたいのは、アメリカが依然として「寛容な」環境に重点を置いているということだった。アメリカのドローン調達計画のレビューがそれを裏付けている。2019年、空軍は29機の新しい〈リーパー〉を欲していた。[609] 2020年時点で、アメリカはMQ－9とRQ－4を291機は保有しており、海軍はごく少数のUAVを調達しようとしていた。海軍は、無人タンカーMQ－25の「無人艦載偵察攻撃機計画」に6億8400万ドルを投資していた。[610]

その元将校は、アメリカ軍は装備を強化しなければならないと言い、AIは唯一の革命だと強調した。「軍事作戦で『バード』が必要だと言っているのは四つ星将軍（大将のこと）に限ったことではありません。戦術的な地位にある人はみなそう言っています。インテリジェンス能力が大幅に向上するからです[611]」

これが意味することとは、アメリカのような国々はドローンを飛ばすためにオペレーターが必要かもしれないが、カメラを使って「ドアノブや車の数を数える」ような残りの作業はコンピューターが行うということだ。アルゴリズムはデータを咀嚼（そしゃく）して、何が脅威なのか、あるいは何が変化したのかを私たちに教えてくれるのだ。「我々は、AIが超精密・高忠実度の機械視覚（マシンビジョン）で物事を捉えることを望んでいます。ですが、アルゴリズムは人間のために作られたものです」と彼女は言った。たとえば、フルモーションビデオを搭載したMQ－9は、センサー機能が向上するにつれて、多くの工数が省けるだろう。元将校は、それを「ヒューマン・オン・ザ・ループ」と表現した。それは、ロボットが何を探すべきかを学習し始める場合の可能な解決策となる。イスラエルではすでに、AIがさまざまな敵の動きや車両を見抜くために使用されていた。

この元将校にとって、イーロン・マスクの「この先、ドローンは増えていき、F－35は減っていく」という発言は真実味があった。「そういう時代に向かっています。〈スカイボーグ〉と〈ヴァルキリー〉には資金調達のラインがあり、4月にある試験が行われます。また、あの無人ジェット戦闘機がオープンアーキテクチャーの戦闘クラウドに接続（ループ）する予定です。これらは現実のプロジェクトです。遠く離れたところにいる人間を信用するには、いっそう技術を成熟させる必要がありますが、そんな日が来るのも遠い先のことではありません」。こうした取り組みが行われている理由は、西側諸国が将来の戦争で死者を出したくないと考えていることにあった。「ドローンを送ることができるのに、なぜ30人のパイロットの命を危険にさらさなければならないのでしょうか？」マスクが予言した未来は、私たちが思っているよりも近い。だがそのためには、大きな文化的変化が求められるだろう。

ドローン戦争を心配している人々は、ドローンにAIが搭載されることで、『ターミネーター』の〈スカイネット〉のような自ら思考して殺人を犯したり、戦争を遂行したりする兵器が誕生するのではないかと恐れていた。自律性は、人間が「イン・ザ・ループ」を制御することが困難になる段階へと進みつつあった。[612] 人間はすぐにでも、作業の大部分――離陸からターゲットの特定まで――をシステムに委ねるのだろうか？　すでにシステムは、独自のセンサーで電話線や木々を回避できるようになっていた。[613] さらに言えば、2020年はドローンの運用がますます外注頼みになりつつあった。これは、イスラエルのような国がドローンを製造してギリシャやドイツといった他国に販売し、さらに別の国の人間がドローンを操縦する可能性があるということを意味していた。[614]そしてこのことは、ドローンに関する責任の所在を曖昧にする原因となった。

UAVを使用した将来の戦争は、コンピューターゲームの様相を帯びてきた。戦場にいち早く到着し、できるだけ多くの情報を取得し、センサーを介してその情報をフィードバックし、次に何をすべきかの選択肢を提供することができれば、誰だって勝者になれるだろう。従来の戦争では一貫してインテリジェンスが勝利に貢献してきたが、現代の戦場は、最新のレーダーやオプティクスや信号傍受が取得した情報であふれていた。

ペトレイアスは、次のステップの問題が、より洗練された敵により洗練された対応で立ち向かうことであることを承知している。「一部の敵が、すでにリモートパイロットやGPSリンクを必要としない大量のドローンを発射できる能力を持っていることを心しておかねばなりません」攻撃方法も進化するだろう、と彼は言った。ドローンはかつて、重要なターゲットを拘束するのが困難だったときに、彼らを襲うために使用されていた。トラッキング能力はすでに満足いくレベルだったが、攻撃の正確性が日を追うごとに進化しつつあった。[615]一例を挙げると、アメリカは2019年のドローン攻撃でイエメンの民間人を殺したことはなかったと主張した。[616]

「将来の無人システムは、従来行われてきた戦争を構成する一部分になるでしょう。今後20年の戦争において、それ以上の見通しはわかりません」とハドソン研究所のアメリカ海軍センターのシニア・フェローであるセス・クロプシーは言った。ドローン価格の下落したこともあって、P－

8のような有人航空機を危険な場所から遠ざけつつ、ドローンが無人潜水艦と交信してミッションを遂行する、といった使い方も可能になった。これは、武力衝突において消耗品としての性格が増す小型のプラットフォームのおかげで、大型ユニットの安全を確保できるということだ。[617]『ロボット兵士の戦争』の著者であるピーター・シンガーも、自律性の波が到来しつつあるとの認識だった。「人間がジョイスティックを使ってあらゆる操作を行う段階から、ドローンが自ら特定の機能――離着陸やミッションの調整など――を行う段階へと移行しました。（中略）私が『*Wired for War*』を書いていたとき、関係者とともに2001年にアフガニスタンを訪れましたが、当時は無人の地上システムはなく、〈プレデター〉クラスの非武装航空システムがわずかにあるだけでした。最新のデータはわかりませんが、数年前の（無人システムの）数は2万2000です」

彼は現代を、陸軍が戦車や航空機を導入しようとしていた1920年代から1930年代と同等視している。「1939年になってもなお、騎兵隊の将校は、戦車のために馬を手放すつもりはないと言っていましたが、現代も似たようなものです。彼らは無人機の存在を認めつつも、『まだ求めるレベルに達していない。陸軍航空隊は有人ヘリコプターが足りないから、仕方なく機能を拡張した無人機を使用するのだ』と言うのです」

そこでAIの出番だ。AIは指揮統制を支援できる。シンガーは次のように言う。「私たちはアフガニスタンにおける攻撃命令の全データを持っています。AIはそのデータを学習し、より良い方法を提案します。これは素晴らしいことですし、データの上手な使い道であると言えます。ですが、その新しい方法はアフガニスタンに特化したものです。アフガニスタンの攻撃ミッションが学習のベースになっているからです。つまり、米ロや米中のシナリオとは異なるのです[618]」。これは古典的な軍事問題だ。私たちは、直前の戦争を訓練材料とすることで、将来の戦争の備えをする。だが、未来は単なる繰り返しではない。それは、間違った患者を使って医師を訓練するようなものだ、とシンガーは表現した。ＵＡＶを使って任務をきちんと行うということは、つまるところ「ＵＡＶに対してどんなビジョンと方針を持っているのか？」という重要な質問に対する答えを持っていることなのだ、と彼は結論づけた。

　任務をきちんと行うことは、２０３０年までの10年間の戦争について予想した、ランド研究所の２０２０年の報告書の著者たちが考えていることだった[619]。その報告書には、ＡＩがアメリカとニアピアの競争相手（ロシアや中国のこと）との武力衝突に関与し続けるだろうと書かれており、ＡＩは「破壊者(ディスラプター)のテクノロジー」であって、ＡＩを開発できる国々は、ＡＩのことを現在の世界体制を覆す手段と考えているのかもしれないと結論づけている[620]。国際戦略研究所で戦争の未来を論評しているフランツ＝ステファン・ガディは、この研究結果は驚くべきことではないと述べた[621]。

　確かに驚くべきことではないが、その一方で、ＡＩシステムが特にアメリカ軍を監視するドローンと組み合わされた場合にもたらし得る損害については、アメリカ陸軍大佐のスコット・ウッドワードが２０２０年5月にＳＮＳに投稿した動画で明らかになった。それは、第11機甲騎兵連隊の電子エミッション、つまり電子シグネチャーを紹介する内容で、演習の場所はカリフォルニア州フォート・アーウィンだった。彼の投稿は、部隊が暗闇に紛れて見えなかったとしても、電子戦を使用して部隊の電子シグネチャーを確認することがいかに簡単であるかを示すことが目的だった。後方の山腹に身を潜めている部隊を想像してほしい。防衛のために車両が半円状に並べられている。兵士たちは迷彩柄の防水シートをかけて寝ているが、電子機器が低い音を出し続けている。部隊が使用していた新型センサー、データリンク、ネットワークなども彼らの弱点になっていた。この種の訓練では、多量のドローンが使用される可能性がある。[622] 大佐は「我々はテクノロジーを信頼しすぎており、戦闘の人間的側面をあまり信頼していない」のではないかと思ったそうだ。[623] だが、明らかに彼は、電子戦を搭載した兵器システムが敵を見つけ出すのが容易であるかを示していた。[624] さらに、同様の電子シグネチャーを使用して、敵に実際よりも大きな部隊と対峙しているかのように思わせることができるのか、という問題もあった。

アメリカはすでにMQ-1C〈グレーイーグル〉に電子戦ポッドを備え付けており、IEDのような爆発装置への妨害を検討するための「統合簡易爆発物対策組織」(JIEDDO)というグループを創設していた。ロッキード・マーティンは、ドローンおよび無線諜報やサイバー戦争能力を向上させる目的で、〈サイレントクロー〉というポッドを開発していた。この「多機能電子戦エアラージ計画」は2020年4月に試験が行われていた。[625] 陸軍部隊のデジタル化が進んだために多量のデータが生み出されることは、頭の痛い問題だった。「AIによって強化された環境では、最初に行動する者が有利ですが、ふたつの相反するダイナミクスが存在します。ひとつは軍隊がクラウドに大量のデータを保存する場合です。これは、戦場の状況認識を高め、小隊のような下位の部隊に至るまでの能力を最大化させることが目的ですが、緊張関係が生じるようなら問題になります。もうひとつは、たとえば中国と戦争状態にある場合に、戦術データベースから中央データベースへのデータの流れが妨げられる恐れがあるということです。その場合、さまざまな懸念が生じます。ですから、(部隊は) マニュアル操縦に必要なデバイスを所有しているのです」と民主主義防衛財団 (FDD) のブラッド・ボウマンは言った。[626]

これらの技術すべてを展開する計画において、なかなか結論が出ずにアメリカを悩ませていたことは、既存の兵器システムのアップグレード方法だった。専門家は好んで無人船の「幽霊艦隊(ゴーストフリート)」や「自律型」プラットフォームなどを論じるが、それらが中国やロシアなどの脅威の高まりに立ち向かうための切り札であるとは言い難かった。[627]

クリスチャン・ブローズは、著書『キルチェーン――将来のアメリカの防衛 [*Kill Chain: Defending America in the Future*]』のなかで、アメリカはAIや未来的な戦争計画とともにどこに向かおうとしているのかという問題を投げかけた。[628] ブローズはX-47のような計画に言及しつつ、アメリカは将来の戦争計画の多くをゆりかごの段階で駄目にしてきたと指摘している。アメリカ軍は再設計が必要だ、と彼は書いている。アメリカは、高価な有人プラットフォームから「小型、低コスト、使い捨て可能で高度な自律性を備えた大量の無人機」に移行しなければならなかった。[629] 非公式だが、AIを搭載したインテリジェントな兵器の開発を提案する人もいた。[630]「自律型致死兵器システム」は、ドローンのような無人兵器をすでに大量に製造して存在感を増している中国に対して使用される可能性があった。彼は、ウクライナで明らかになったロシアの軍事ドローンの進歩にも言及している。

アメリカは、中国が2019年に発表した国防白書で「戦場での多次元、マルチドメインの無人戦闘兵器複合システム」を予見していることをすでに把握していた。[631] 中国のDR－8超音速ドローンやその他の兵器はペンタゴンを動揺させていた。インテリジェントなドローンスウォームは関係者をパニックにしたに違いない。アメリカはかつて、彼らが放棄した計画に中国が金を注ぎ込んだことを嘲笑していた。だが、中国が発表したGJ－11〈利剣〉は、アメリカが関心をあまり示さなかったX－47に似ていた。中国は真の戦略的課題である、と2020年にアメリカの計画立案者は結論づけた。中国は、雌伏の鄧小平時代から急速に進歩し、テクノロジーを駆使して諸外国との形勢を逆転できるまでに成長した。胡錦濤から習近平までのあいだに、中国はアメリカを追い落とそうとしていた。アメリカ政府は、パンデミックの最中の2020年5月に、中国に対しての軍事圧力を強めようと動いた。[632] トランプ大統領はアメリカの新型ミサイルの能力をわざわざ自慢し、マイク・ポンペオ国務長官は中国、ロシア、イランの全面的な挑戦を話し合うため、イスラエルに飛んだ。

アメリカ製ドローンの能力と成功を何十年もまえに見ていたリック・フランコーナは、2020年初頭に、アメリカはUCAVの開発と配備に関して敵にリードを許すことがないように用心しなければならないと述べた。「ロシアと中国が高性能な新型兵器——戦艦、戦車、航空機などあらゆる種類の兵器——を導入し続ける限り、私たちはペースを維持しなければなりません。最先端のUCAVの開発と配備を最優先事項にすべきです[633]」

最新のAI技術で強化されたドローンが、中国との新しい対決をいかに変え得るかは、いまだ立証されていなかったが、明らかなヒントはあった。6月11日、イスラエルのエルビットは、同社の小型ドローンの〈スカイラーク〉を〈シーガル〉という海軍の無人哨戒艦に搭載したと発表した。AIでシステムがシステムを支配するこの無人哨戒艦は、より遠くまでパトロールして敵を監視し、何機もの小型ドローンを展開できる。それによって、兵士たちが戦場に近づく必要はなくなる。武装ドローンの数と力で敵を制圧できる。スーパーコンピューターに制御された数百のドローン航空機を発射でき、あたかも1匹の凶悪な自律型生命体のように機能する中国のドローン海軍を想像してほしい。アメリカはいまだ、これらのシステムにどれだけのAIを搭載すべきかを理論化している最中だった。国防総省が設立した統合人工知能センターの戦略コミュニケーション長であるグレッグ・アレンはじめとする関係者は、この論点を整理するためにガイドブック作りに取り組んでいた。彼は、AIの学習の最終段階で、マシンは独自にデータを収集して、環境との試行錯誤の相互作用に基づいて、自らを改善できるようになるだろう、と書いている。[634]

ロッキード・マーティンでは、エンジニアとコンピューターの専門家が、数十年の経験を活かして、準備できている軍隊の自律性をさらに高めようとしていた。冷戦期にアメリカのステルス技術を開発した同社の一部門であるスカンクワークスは、カリフォルニア州パームデール、ジョージア州マリエッタ、テキサス州フォートワース出身の従業員を数千人抱えるまでに成長していた。チーフエンジニアのマイケル・スワンソンは、会社が配信するポッドキャストで、ドローンは危険な場所の長期ミッションに最適だと語った。ロッキードは人間をリスクから遠ざけるためのシステム設計を支援していた。[635]最新のカメラとレーダー、地形マッピング機器、昼夜兼用カメラなどを自社の航空機に搭載した。だが、自律性に関して言えば、まだAIポリシーが技術に追いつくのを待っていた。1990年代後半にX－44Aを開発した同社は、その後、UAVの新しいアーキテクチャーを開発しようとしていたスカンクワークスの少人数チームを使って、より大型の〈ポールキャット〉を開発した。無尾翼、ステルス、超機動性という特徴を持っていたX－44は時代を先取りしていた。[636]

彼らはまた、カメラを介して外部を確認する代わりに映像を表示できる仮想パイロットディスプレイを欲していた。これはつまり、可視性の欠如は問題ではなくなるということだった。

同社はまた、「ヒューマン・オン・ザ・ループ」を持ち、仮にシステムがオペレーターが同意しない決定を下そうとした場合に、オペレーターがそのプロセスに割り込んで決定を覆すことができるような、柔軟性の高い自律型システム」を検討していた。ここで問題となるのは、インプットとセンサーのどちらを選択すべきか判断することで自律的な決定を下せるよう、コンピューターが航空機に流れてくるデータを融合できるようにすることだ。「さまざまな状況で意思決定を行えるよう訓練された高度なAIの自律的な反応には、理に適っていますが、人間にとって違和感を覚えるものがあるかもしれません」とロッキードの専門家は2019年に語った。しかし、彼らはAIポリシーを待たなければならなかった。「人間はどこまでAIに戦いの主導権を渡すべきなのだろうか？」とポッドキャストの声が尋ねた。要するに、これはAIに対する信頼の問題なのだ。AIで代行できることはたくさんあるが、ディストピア映画に出てくる殺人マシンを連想させるため、人間がAIに一切の戦争行為を任せるということにはならないだろう。

スカンクワークスにおける情報・監視・偵察活動（ISR）と無人航空機システム（UAS）

のバイスプレジデントであるジョン・クラークは、彼らが研究で認識している大きな論点は、システムが特定の決定を下す理由をユーザーがわからない場合や、ユーザーがシステムへの信頼をやめる場合の問題である、と言った。「私たちは柔軟性の高い自律型システムを生み出した。そのユーザーがミッションに対する信頼を得るには時間がかかるかもしれない。長期的に見れば、AIと機械学習は導入途中であり、信頼を加速させるチャンスであると言える」[637]。ロッキードは現在、AIの開発と、ドローンが行う3D――退屈（dull）、汚い（dirty）、危険（dangerous）――のミッションに熱心に取り組んでいる。

これまでのところ、展開中のドローン戦争は思った以上に単調だった。ドローンはまだ自らの経験から学習していなかった。しかし、偵察用ドローンはパターン認識とオブジェクト認識に基づいて、より正確な情報をオペレーターに提供していた。ドローンは、地上の兵士が情報にアクセスしたり、データとセンサーに基づいて進路を決めたりするネットワークの一部になろうとしており、一種の「軍産有機体」の様相を呈していた。問題は、他国の管理下にある同様の存在との対決を余儀なくされたときに、この有機体がどのように耐え得るのかということだった。1941年に独ソ間で戦車戦が行われたように、それは、アメリカの武装ドローンの飛行隊が中国、ロシア、あるいはイランと対決する日を待たなければならないだろう。今のところ、敵のドローンを妨害または撃墜するために防空システムを強化することや、敵のレーダーやミサイルを回避できるドローンを開発することのほうが課題だった。

鐙とクロスボウ

2020年5月15日、アメリカの〈リーパー〉はイラクのハムリン山脈にあるISISの拠点を強襲した。これは、まだ昔ながらのドローン戦争だったが、中東およびアジア一帯の専門家たちは次のラウンドの準備を進めていた。

アメリカ政府では、パイロットを危険にさらすことなく敵を攻撃できる遠隔無人機を軸にした戦争の議論が続き、その結果として考慮すべき別の問題が浮上した。この問題が長引けば、アメリカは巻き返しに必死にならざるを得なくなるかもしれない、とFDDのブラッド・ボウマンは言った。[638]ドローンを敵の空域に送って、そのドローンを犠牲にすることは、新時代の戦争で不可欠な能力だった。「ドローンの撃墜は大したことでないというのが、戦争における新しい常識になりつつあります。昨年、イランはアメリカの〈グローバルホーク〉を撃墜しました。もしも撃墜されたのが有人機だったら、結果は違っていたでしょうが、これは、戦争行為とは何かとか、戦争を引き起こし得るものは何かといった議論に影響を与える1件でした。ですから、ドローンの進化の過程で目撃されるあらゆることが、アメリカ軍だけではなく、アメリカの同盟国や敵国にもさまざまな影響を与えるでしょう」とボウマンは2020年春に言った。

彼が見るところ、イラクやアフガニスタンのような土地で行われた20年にわたるテロとの戦いは、アメリカの優位性を損なう結果を招いた。予算に制約があるため、指揮官は最高の装備を持っている部隊を配備しようとし、兵器の現代化は先送りされた。アメリカにとってそれは悪いニュースだったが、AIと極超音速兵器の分野で優位に立つ可能性がある中国にとっては良いニュースだった。「中国の軍事アナリストが台湾海峡における軍事バランスが変化したと考えるなら、中国は台湾侵攻を行うかも知れません。私たちが回避しようとしている事態が起こる可能性があります」とボウマンは言った。[639]

イスラエルとの関係と同国の先進的な技術は、その点でカギとなる。「イスラエルは特異な立場にいます。世界的な強国ではありませんが、技術的な超大国と見られており、私もその意見に賛成です。私たちはイスラエルから学び、彼らの敏捷さや危機感からメリットを得られる立場にいます。彼らは、アメリカとペンタゴンが参考にできるあらゆる脅威にさらされています。アメリカとイスラエルは深くて広い関係にあるのです」[640]。〈アイアンドーム〉のような防空システムだけでなく、指向性エネルギー兵器、さらにはF－35との共同作業の継続など、両国はさまざまな分野で連携を強化していた。イランのドローンの脅威から学ぶことも、新たなドローン・スウォームの脅威への対策を講じるうえでのカギだった。

戦術面において、アメリカとイスラエルは、ドローンを最小の部隊にまで導入しようともしていた。イスラエルの戦争計画が２０２０年に軌道に乗ると、軍隊の正確性や破壊力や敏捷性を向上させ、小型化を促進させようとする動きや、利用可能なあらゆる技術を組み合わせようとする動きが活発になり、同年に配備した〈ファイアフライ〉のようなドローンが重宝されるようになった。言うまでもないことだが、多くのテクノロジーを小規模部隊に与えることの問題は、これらの部隊がロシアや中国などの電子戦攻撃によって孤立させられる可能性があるということだ。アメリカは〈ブラックホーク〉や〈アパッチ〉を使って、湾岸戦争でサダム・フセインが保有していた旧ソ連製のテクノロジーを破壊し、塹壕内のイラク部隊をその後のアメリカの攻撃に対して無力にした。現在のアメリカには同様の危機が迫っていると言えた。テクノロジーは１９９１年のアメリカの勝利に貢献したが、これは両刃の剣だった。テクノロジーへの過度な依存は、いわば「偽の予言者」であり、アメリカが新時代の戦争に対して脆弱になる原因を作ったからだ。ドローンはその過程における要の存在だった。

１９９０年代に、ＲＭＡと略称で呼ばれることがある「軍事における革命」を目撃した人の中には、テクノロジーがいかに戦争で勝利をもたらすのかについての間違った教訓をアメリカが得てしまったことを懸念する人がいた。その後、アメリカは9・11後の軍事作戦で再び間違った教訓を学んでしまったという指摘があった。ニアピアの競争国や大国の紛争に焦点を合わせるのではなく、対テロ戦争の深みにはまってしまったのだ。アメリカが再びロシアや中国に視点を移したのは、２０２０年以降のことだった。だが、科学技術に物を言わせたアメリカの兵器システムのすべてが中国に対して効果を発揮するわけではないとの声が出ており、この未来の戦争は見通しが定かではない。アメリカが空費した時間は莫大であり、ロシアやイランや中国が、アメリカのドローンやイスラエルのミサイルのような兵器を追い越そうとしのぎを削っていたときも、彼らに多くの情報を盗ませ、兵器のリバースエンジニアリングを許してきた。「我々はスリにあってきたのです、今からでも覚醒しなければなりません」とボウマンは言った。他国は、アメリカのサプライヤーからも情報を盗んでいた。

バード大学の専門家で、毎年ドローンに関する本を出しているダン・ゲッティンガーは、このテクノロジーを「破壊者」と見なしている人たちとは違い、ドローンをヘリコプターと同等のものと考えている、と2020年に言った。「(ドローンは) 戦術的作戦における大きな変化を象徴していますが、戦略上の変化ではありません。ドローンに対して航空機としてのイメージを持つことができますが、航空機が大きく変化したように、20年後のドローンは今とは違った見た目になっているかもしれません。私たちは現在その変化を目の当たりにしているのです」。ドローンはさらに小型で扱いやすくなり、産業が技術力に追いつくようになると、より破壊的な武器を搭載する可能性が出てくる。しかし、新しい大型無人航空機はどこに向かおうとしていたのだろうか? その向から先は、ヨーロッパ未来戦闘航空システムによって、あるいはオーストラリアで開発中の「ロイヤルウイングマン」計画だった。とはいえ、この扱いにくい「ウイングマン」が空軍のニーズを満たせるかどうかは不明だった。

中ロに対する戦争準備に比べれば、アメリカがイランに立ち向かうことは容易だった。新型「ステルス」ドローンと、対戦車ミサイル——イスラエルの〈スパイク〉ミサイルをコピーしたものだった——を投下するためにそのドローンを使用するというイランのプロパガンダは、彼らが実際に使おうとするまでは、単なる噂と片付けることができた。イランのドローン専門家であるアダム・ローンズリーは、ヒズボラとイスラエルのあいだで戦争が起こったら、実際に使われているところが見られるのではないかと言った。だが、イランのドローン計画は肝心な点が謎に包まれていた。制裁で孤立していたイラン政府が、ドローン投資を継続できたことだ。それは、2011年以降に重大な岐路を迎えた。イランのドローン計画の秘密主義は、彼らが情報漏洩を恐れていることの表れだった。[641] ２０１９年5月のほとんど気づかれずに行われた攻撃から、主要な施設に被害を与えたサウジアラビア・アブカイクの攻撃にいたるまで、２０１９年のイランのドローン使用は、次に起こり得ることを示唆していた。

ふたつのグループ——戦争の未来はどうなるか

戦争と国家安全保障の話題を論じるメディアの『ウォー・オン・ザ・ロックス』は、ＡＩが未来の戦争で果たす役割について考察した一連の記事を発表した。議論の中心となったのは、ＡＩがもたらす革命の度合いだった。「コンセンサスは高まっているようだ」と２０２０年5月に著者のピーター・ヒックマンは述べ、ＡＩとテクノロジーは「戦争の本質とまでは言わないにせよ、戦争の性質を変えつつある」と指摘している。[642] それにもかかわらず、その記事では、次の戦争で勝敗を左右するのはテクノロジーではなく人間の知性だろう、と主張している。彼らは、戦車や機関銃などの過去のイノベーションは戦争を変えることを期待されていたが、「テクノロジーに精通していない部隊は、戦術的イノベーションを通して、それらの威力を軽減させることに成功した」と主張している。技術を持たざる者が勝利を収めることができた。故に、ロボットが人間に取って代わることはないのだ。

多くの軍事計画者と同様に、ヒックマンは２０３５年の戦場に注目していた。２０００年代初頭に空軍に参加した彼は、劇的な変化ではなく、ゆっくりとした発展があったと書いている。「私が最初に訓練した１９６０年代のレーダーシステムは、今でも第一線で活躍する地上移動型レーダーだ」。実際、「シルクスカーフ空軍」という考え方は、なぜいまだにF-35のような兵器に多額の予算が使われているのかを説明するために、ドローン空軍の予言者たちが引き合いに出す主要な論点のひとつだった。

ヒックマンの主張の核心は、スティーヴン・ビッドルが２００６年に出した『ミリタリーパワー――現代の戦いにおける勝利と敗北［*Military Power: Explaining Victory and Defeat in Modern Battle*］』という本だ。この本は、１９５６年から１９９２年までに起こった16の戦争を分析し、技術的な優位性が勝敗を分けたのはそのうちの8つしかないと結論づけている。「戦術面のイノベーターは、最新の戦争技術を持っている者と同じくらいの頻度で勝利を収める」。テクノロジーの破壊力が克服可能であれば、その圧倒的な優位性は、必要不可欠な条件ではなくなる。つまり、機関銃の弾丸を避けることができれば、機関銃は怖くないということだ。

この議論は、アメリカが現段階で訓練が必要な戦争について考察する複数のグループを中心に展開している。アメリカには数十年にわたる対テロ戦略に対する不満が存在し、中ロに備える必要があったときに、中東で無駄な時間を過ごしてしまったという見方がある。[643] アメリカは、トランプ政権中に中東から撤退し、「永遠の戦争」に終止符を打とうとしていた。ニューメキシコ州カートランド空軍基地のような場所での訓練は、バーチャル空間での戦闘管理プラットフォームに移されようとしていた。この点でＡＩは、将来の同盟国や敵国のあり方を分析するのに役立つだろう。

これらのふたつのグループ――イーロン・マスクのような無人戦争の予言者たちと、人間をマシンにとって欠かせない存在と考える人々——は、未来に対する矛盾するイメージを提起しているように思える。だが真の問題は、マシンが人間にどの程度の情報を提供するのかということだ。人間はそれらの情報を消化し、利用可能なすべての技術と統合し、有効に活用することができるだろうか？

エピローグ

軍用ドローンを初めて見たのは、2014年のパレスチナ・ガザ地区の国境地帯だった。戦場の男たちは、巨大な航空機のように見えるものを持っていた。私は自分が見ているものに気づいた。イスラエル軍の緑色の作業服を着た彼らは、ガザに向けてドローンを発射しようとしていた。果たして、空中に発射されたドローンはすぐに飛んでいってしまい、国境地帯の監視を開始した。私はイスラエル軍の戦車が集まった土地に座っていた。かつてメロン畑だった地面は、戦車に踏みつけられて埃まみれの根覆い(マルチ)と化していた。戦争が間近に迫っていた。私たちは兵士たちが攻撃を開始するのを待っていた。

イスラエルが関わる戦争でドローンは少しずつ現れた。私は、小さな厚紙の正方形が陸軍と空軍を表す、旧アバロンヒル社(アメリカの玩具メーカー)の戦略ボードゲームで遊んだときのことを思い出す。1973年の第4次中東戦争や昔の他の戦争がテーマなら、ドローンのピースは取るに足りない存在だ。しかし、現代の戦場では大きなウェイトを占めている。もはや、人間や航空機を無駄にする必要はない。ドローンを送り込めばいい。少し考えれば、この考えが魅力的であることがわかるだろう。２０２０年の夏、この発展途上の分野を理解するために、私はイスラエルのドローンメーカーを訪ねた。私はエアロノーティクスに行き、そこで小型ドローンを見た。その後ＩＡＩにも行って、イスラエル製ドローンのパイオニアたちに会った。

　エアロノーティクスは、イスラエルが長いことドローン部隊を飛ばしてきたパルマヒム空軍基地周辺の海に注ぐ砂丘に面している。私は工場を見学させてもらった。複合材翼がラックに積み重ねられており、さまざまなドローンが修理されるのを待っていた。そのうちの１機は、コックピットが取り除かれて、代わりにセンサーが詰め込まれた〈ドミネーター〉という民間の双発プロペラ機だった。エアロノーティクスは、中型および小型ドローンの戦術部門を象徴している。彼らは１機の徘徊型兵器を作っているが、その弾頭がどのようなものになるのかは不明だった。

　ＩＡＩにいるイスラエルのドローンファーザーたちは〈スカウト〉のオリジナルを空調管理された格納庫の梁（はり）から吊り下げて展示した。内部には、イスラエル製ドローンの草分け的存在である〈ヘロン〉をはじめとする他のドローンもあり、イスラエル原産の鳥だけを集めた動物園のようだった。小型のものから大型のものまで、海洋監視ドローンからドイツ向けの〈ヘロン〉まで、さらにはアフリカ西部のマリで過激派掃討作戦に使われているドローンもあった。２０２０年の夏、ヨーロッパ諸国はいまだイスラエル製ドローンを購入していたが、独自の高高度・長時間滞空ドローンの開発に本腰を入れて取り組んでいた。ヨーロッパのドローン計画である「ユーロメイル」は、２０２４年に実現され、２０２８年までにドイツで運用される見通しだ。

　その先はどうなる、と私は思った。ニュースは日々、新型ドローンのイノベーションの話題を報じていた。フランスは新型ドローンヘリコプターの開発に取り組んでいた。イランは2020年の夏に新しいドローンとレーダー技術を発表した。UAEとイスラエルは国交正常化に合意した。これは、技術協力への道を開く可能性がある。2021年2月、イスラエルの防衛大手各社はIDEX――UAEの首都アブダビで開催される中東最大規模の防衛展示会――に参加した。IDEXはドローンと対ドローン技術をメインの呼び物にしている。ドローンのスウォーミング技術とカミカゼドローン（徘徊型UAV）は、どちらも2021年の春の展示会で大きな注目を集め、中国からアメリカまでのあらゆる国の軍関係者が、これらの新兵器を自国の保有兵器に加えることについて関心を示していた。2021年の春の展示会では、イランや中国などの国々のドローンの出展も増える一方で、タブレット型コンピューターのスクリーンをポイント・アンド・クリックしてドローンの行き先を指定するなどユーザーインターフェースの進化も見られ、一般の兵士にとってドローンの操作がますます簡単になりつつある。また、2020年12月下旬に、ラファエルがイスラエルの海岸沿いのひなびた建物で、自律能力が強化されターゲットの自動認識が可能になったドローンを公開した。

イスラエルのドローンメーカーのスピアUAVは、戦車やグレネードランチャーから発射できる新しいキャニスター発射型のドローンを開発中だった。VTOLや高度な戦術的ドローンは、多くの問題に対する回答のように思われた。ロイヤルウイングマン計画や超極秘ステルスドローンのような機密扱いのシステムも取り沙汰されている。F-35が最後の有人システムになるだろう、とある専門家は言った。これは、F-35に代わるドローンソリューションの提供にすぐにでも取り掛かったほうがいいということだ。しかし、ドローンが担う任務の多くは、刺激とは無縁だった。かつてイスラエルは、敵船や密輸船を探すために、海上を監視できる有人航空機を必要としたが、現在の〈ヘロン〉は連続50時間の飛行が可能だ。ドローンは多種多様なタスクを実行できる。しかし、全体的に見ると、プラットフォームに大きな変化はなかった。多くのオプティクスやレーダー、その他のデータやセンサーが組み込まれているだけだ。誰もドローンの外見を変えようとは思っていない。今のままで問題ないのに、なぜ外見を変える必要があるのだろう？たとえば、F－16やF－15はアップデートを繰り返したが、デザインが根本的に変わることはなかった。また、初飛行から65年経た今でも現役のU－2も、かつての面影を残している。テクノロジーは急速に進歩したが、航空機の機体はその変化に歩調を合わせていない。その理由のひとつは、機体を変える意義が見出せないからだ。とはいえ、自力で離陸でき、人間の手を借りずに大半の任務をこなせるという点で、ドローンはよりスマートになりつつある。

市販のドローンで遊んでみると、ドローンが提供する選択肢がすぐにわかる。私は息子に〈Ｔｅｌｌｏ〉という小型ドローンを買ってやり、一緒に外でいじくり回した。ブドウ園の写真を撮ったり、ハイキングに持っていったりした。あらゆる歩兵隊もこのようなドローンを持っており、専用のオペレーターが何十機も操っているのだろう。ＵＡＶはどんな問題も解決できる。この「インスタント望遠レンズ」を手にしたユーザーは、茂みの周囲を観察したり、作戦地域を見渡したり、戦場を上空から把握したりすることができる。さらに、少量のペイロードを運ぶこともでき、場合によっては消耗品として使い捨てることもできる。ドローンに関する問題は、テクノロジーがなかったことではない。人間にドローンを受け入れる用意ができていなかったことだった。それまでのテロリストや軍隊は、ドローンをいかに効果的に使うかを思いつかなかった。ドローンは、送電線や機密区域に大挙して突っ込んで、大混乱を引き起こすことができる。ドローンにできることに制限はない。制限があるとしたら、それはオペレーターだ。だからAIが、ドローンが行う飛行の大部分や、人間が行うミッションの大部分をAIが支援しようとしているのだ。大部分とはたとえば、他のドローンの自動検知は行うが、それらに飛び込んでいくことまではしないということだ。ドローンは自動で離着陸するが、行き先やミッションを決めるのはユーザーなのだ。

イスラエルのドローンメーカー各社は、はっきりと口には出さないものの、「パイロット」にドローンを飛行させるという考えを軽視していた。コックピットでペダルとスティックを操るパイロットは必要ない。「オペレーター」がいれば問題なかった。悪天候や信号消失に遭遇したドローンは基地に戻ってくる。自爆も可能だ。乗員がいないので、都市部で墜落しない限り、人命を危険にさらす心配はない。その一方で、一部の大型ドローンは非常に高価で数千万ドルにもなるため、多くの国は少数を購入するかリースするしかない。

そのようなドローンには、巨大なリソースがつぎ込まれた。たとえば、2020年の夏、イギリスは依然として〈ペイヴウェイⅣ〉爆弾と〈ブリムストーン〉ミサイルを搭載した武装MQ-9の〈スカイガーディアン〉、通称〈プロテクター〉の開発に取り組んでいた。〈プロテクター〉計画は、5億ドルのコストでわずか16機のドローンを製造することを想定していた。[644] イギリス空軍の訓練生は、アメリカ・ネヴァダ州で6週間を過ごし、第39および第54リーパー飛行隊の機体を使ってドローンの飛行を学ぶことになっていた[645]。ドローンの保有数が少なければ、それらを失うわけにはいかない。その結果、各国はしばしば間違った場所にリソースを投入し、有人航空機の代わりに替えがきかないドローンに投資を行っている。過去の戦争で大量の有人航空機が失われたことを考えると、ドローンは飛行する巨大な絶滅危惧種のように、はるかに扱いが難しい兵器のように思える。だが、戦略ということになると、これでは役に立たない。あらゆる軍事システムと同様に、対立する両陣営がこれらのプラットフォームを使うと、その問題がはっきりするだろう。

アメリカの武装ドローン計画の限界は、9・11後に始まった新しい時代の20年後に顕在化した。ミッション〈リーパー〉は、S－300や防空システムが待ち構えている空域を飛行できなかった。ミッションに乗り出すまえのパイロットと乗組員は、敵の防空が存在するエリアの周囲に円が描かれた地図を見せられ、近づくなと警告された。ごくまれに、ドローンを失う覚悟で敵の視界に踏み込むこともあったが、一部のドローンは高価すぎて犠牲にできなかった。他の〈センティネル〉のような極秘スパイドローンは、敵のレーダーやミサイル設備の上空を飛行できたが、そのようなドローンは多くなく、重装備でもなかった。

それでも、ドローンを研究してきた人々は、ドローンを革命的な兵器であると考えている。長時間ターゲットの上空に留まり、頃合いを見て攻撃することができるドローンは、新しい戦争手段だ。武装ドローンを初期から使用してきたクリーチ空軍基地の司令官のジョーンズ大佐は、ドローンに匹敵する耐久性があり、詳細な監視ができるプラットフォームは他になく、ドローンと同程度の予見を提供してくれるプラットフォームもほとんど存在しないと考えている。ということは、将来の戦争ではドローンによる精密攻撃だけになるのだろうか？　いや、それは大規模な戦闘が時代遅れだという意味ではない。ドローンは敵を倒すためにスウォームにまとめられるだろう。質と量のどちらを優先するかという問題では、西側諸国は質を優先し、その他の国々は量と人員削減を優先するだろう。ＡＩに投資し、ＡＩを搭載したドローン軍に戦場を任せられる最初の国が最終的な勝者になる可能性がある。それはひょっとしたら中国かもしれない。

ＡＩの軍拡競争とは、人間をどの程度ループに介入させるべきかを追求することに他ならない。一般市民はマシンが自らミサイルを発射するタイミングを決めることを望んでいないが、軍関係者は、多量のデータを背負い込む代わりに、データを分類し、ターゲットを特定し、適切な武器を選択し、オペレーターに選択肢を与えるために、ＡＩを活用しようとしている。ＡＩ革命の予言者たちは、２０２０年代にそのようなシステムが運用可能になると考えている。それは、航空機に離着陸の方法や、衝突を回避する方法を教え込むことではない。データを処理・学習・調整し、それまでパイロットなどがやらなければならなかった任務の大半を実行する方法を教え込むことである。マシンが生命体に近くなり、人間が戦争でそれらの力を当てにできることが、根本的に悩ましい考えであることは言うまでもない。というのは、マシンが人間を追い詰める暗黒の未来を描いたＳＦホラー映画を思い起こさせるからだ。もちろん、人間にそのような未来しか用意されていないわけではない。それはさておき、いずれＡＩが制御するふたつのシステムが戦い合うことになるのだろうか？　もしそうなら、片方が勝てないことを悟って、身を引く選択をする可能性はあるのだろうか？　どちらも可能性は低い。

未来の戦争を予測することの問題は、レオナルド・ダ・ヴィンチの時代以来変わっていない。人々は将来の戦争がどうなるかについての予想図を描き続けてきたが、それらのほぼすべてが間違いだった。クリーンな戦争は存在しないし、戦争を正しく行う方法も存在しない。戦いの現実とは、最高の戦争システムと思えるものでさえも負ける可能性があるということだ。ドローンは、トルコにおけるロシアの防空システムや、サウジアラビアの防空システムに屈辱を与えることで、私たちにその現実を教えてくれた。アメリカは〈センティネル〉が撃墜されたときにその教訓を得た。一方、ドローンはＩＳＩＳやフーシ派、ヒズボラなどの組織を確実に勝利に導いたわけではなかったが、勝利に貢献するよりも、嫌がらせの手段として役立つようになった。〈リーパー〉でさえも勝利に貢献することはできなかった。〈リーパー〉は、裕福な西側諸国が、自国の国会議員に多くの疑問を抱かせずに、遠く離れた場所で戦争をしかけることを可能にしたが、テロ組織に地球上の広大な土地の支配を許してしまうというデメリットがあった。唯一の勲章は、テロリストたちが四六時中ドローンの存在を気にしなければならなくなったことだろう。武装ドローンの登場以来、サヘルからフィリピンにいたるテロ組織の活動地域において、武装ドローンが治安維持に上手く使われたという証拠はない。それを実現するにはドローンが不足している。ドローンが求めているのは臨機目標や重要なターゲットであって、ＡＫ‐47を所持し不規則な行動をする兵士ではない。だからジハード主義者は、自分がＡＫを持ってひとりでいても、ドローンが何もしてこないことを知っているのだ。

　多くの場合、軍事作戦におけるドローンの特別扱いは続いており、歩兵や戦車への近接航空支援は行われていない。このことから、ドローンの使用に関していくつかの道が考えられる。有人航空機とドローンを組み合わせることがひとつ目の道だ。他の兵器から独立した「ドローン軍」と組織することは別の可能性だ。多層的ドローンは第3のアプローチであり、軍隊のあらゆる部門の作戦にドローンを統合する。敵に対する優位性を確保するため、大規模なスウォームを使い捨て可能な武器システムとして使用することは第4の発想だ。

　1998年、マーサズ・ビニヤード（マサチューセッツ州南東部、コッド岬の南方沖にある島）に夏の旅行に行ったとき、港町のビニヤード・ヘイブンにあるバンチ・オブ・グレープス書店で、『戦場の未来——兵器は戦争をいかに制するか』（著者はジョージ・フリードマンとメレディス・フリードマン）という新刊本を見つけたのを思い出す。その本は、すでに成果を挙げていた初期のUAVについて次のように書いていた。「UAVは向こう20年にわたって大きな期待が見込める。UAVは比較的安価なため、失ったとしても大惨事にはならない。小型で邪魔にならず、ポジション変更も可能だ。やがて、多くのセンサーや武器まで備えたものが登場するだろう」[646]。当時私は十代だったが、すでにこの空飛ぶマシンは世界を変革するための下地を作っていたのだ。私たちは、この予言がどの程度的中したのかを知っている。センサーと武器の革命は実際に起こった。だが、ドローン革命全体が揺りかごの中の巨人のような状態であることに変わりはない。それは、アメリカが世界から「生まれた」ことを表現した、サルバドール・ダリの1943年の絵画『新人類の誕生を見つめる地政学の子供』のようなものだ。この奇妙な絵は、アメリカによる世界支配を予言している。ただし、今日のドローン戦争は、私たちに何か別のことを伝えている。

イスラエルが開発し、その後アメリカで根本的な変化を遂げたドローンは、今は世界各地で急速に普及している。武装ドローンの使用を阻止しようとしていた活動家たちは、もはや時代遅れだ。イラン・イスラム革命防衛隊ゴドス部隊のカセム・ソレイマニ司令官に対する攻撃のように、殺害目的で武装ドローンが使用されることに対して、国連がどんなに懸念を表明しようとも、武装ドローンが廃れることはないだろう。本当の興味は、軍隊は何機のドローンを保有するのか、それらにどの程度のＡＩが搭載されるのか、それらはハイエンドかつ高価なドローンであって、捨て駒扱いしてはいけないものなのか、あるいは、それらはドローン・スウォームを構成して、小型爆弾や巡航ミサイルに近い使い方をされるのか、ということだ。

こうした興味の先には、米中やリビアにおけるトルコとロシアの対立のようなドローン戦争の最前線が存在する。世界は、ソ連が崩壊した１９９０年に敷かれた国際的な世界秩序から、アメリカのリーダーシップが弱まり、他国が軍事介入に乗り出すという世界的な混沌の時代へと急速に移行しつつある。この種の国際的なルールに基づいた世界秩序の変化にともない、ドローンは、その名を知らしめることになった退屈で、汚く、危険な仕事をさらに任されるようになるだろう。ドローンは、どんな場所でも攻撃することができ、人命を危険にさらすことなく消えることができる能力を持っているから、そのユーザーに「もっともらしい否認」を与える。ほどなくして、今以上に多くのステルスドローンが使用され、戦場に変革がもたらされるだろう。その一方で、ドローンが航空機に取って代わる見通しについては慎重であるべきだ。より現実味のあるシナリオは、ドローンによって各国が「インスタント空軍」を保有し、多くの高価な航空機に投資する必要がなくなる、というものだ。

ドローンをあらゆる作戦やサービスに完全に垂直統合した最初の国は、優位に立つことができるだろう。また、イランのようなドローン攻撃を試みる国々は、強国に対して本物の脅威をもたらし得るだろう。それは、防衛が十分でない国家インフラや機密区域に対して、あらゆる場所から攻撃をしかけることができるという脅威である。装甲艦、戦車、さらには船を沈めた最初の航空機のように、ドローンはこの破壊的な軍事技術を軍隊に提供する。しかし、ダリのあの絵画のように、私たちはいまだドローン革命の産みの苦しみの最中にあり、それが完全に具体化するのを待っているところだ。それが実現するとき、ドローンスウォームやＡＩや完全な垂直統合の準備ができていない国々は、自分たちが新世界秩序の負け組にいることに気づくかもしれない。

謝辞

このプロジェクトをサポートしてくれたデイヴィッド・ハゾニー、ポスト・ヒル・プレスのアダム・ベロー、デイヴィッド・バーンスタイン、ヘザー・キング、そして原稿を編集してくれたモニク・ハッピーに感謝する。ジョン・リグスビー、スカーレット・トルヒーヨ、リア・ガートン、スティーヴン・ジョーンズなどアメリカ空軍、クリーチ空軍基地、アメリカ中央軍の関係者。エリカ・ティアニーなどロッキード・マーティンの関係者。ピーター・シンガー、マイク・ジリオ、ショーン・ダーンズ、リチャード・ケンプ、アダム・ローンズリー、ダン・ゲッティンガー、ドローン研究センター、セス・クロプシー、ブラッド・ボウマン、ジョナサン・シャンツァー、ベーナム・ベン・タレブー、民主主義防衛財団、ラファエル社のデイヴィッド・イーシャイ、ヤエル・ザフリル＝レビ、国際戦略研究所、デイヴィッド・ペトレイアス、ケヴィン・マクドナルド、ダグラス・フェイス、ヤイール・デュベスター、エルビット・システムズ、ダン・ビッチマン、イスラエル・エアロスペース・インダストリーズ、ラファエル・アドバンスド・ディフェンス・システムズ、Uビジョン、アダム・ティフェン、リック・フランコーナ、匿名の情報筋、その他本書の製作に欠かせない支援をしてくれた多くの方々。そして何よりも私の家族、特に妻のケイシー・ダモザのサポートに感謝したい。

627 David B. Larter, "A Classified Pentagon Maritime Drone Program is About to Get Its Moment in the Sun," Defense News, March 14, 2019, https://www.defensenews.com/naval/2019/03/14/a-classified-pentagon-maritime-drone-program-is-about-to-get-its-moment-in-the-sun/.
628 Christian Brose, *The Kill Chain: Defending America in the Future*, May 2020.
629 同上、p. xxix.
630 同上、p. 121.
631 同上、p. 98.
632 Barbara Starr and Ryan Browne, "US Increases Military Pressure on China as Tensions Rise Over Pandemic," CNN Politics, May 15, 2020, https://edition.cnn.com/2020/05/14/politics/us-china-military-pressure/index.html.
633 2020年5月20日、リック・フランコーナと著者の会話。
634 Greg Allen, "Understanding AI Technology," JAIC, April 2020, https://www.ai.mil/docs/Understanding%20AI%20Technology.pdf.
635 Lockheed Martin, Inside Skunk Works Podcast, "Dull, Dirty, Dangerous," Produced by Claire Whitfield and Theresa Hoey, July 2019, Accessed May 17, 2020, https://podcasts.apple.com/us/podcast/dull-dirty-dangerous/id1350627500?i=1000445596240.
636 Caleb Larson, "The X-44 MANTA Was a Futuristic Version of Lockheed's F-22 Fighter," *National Interest*, June 9, 2020, Accessed June 15, 2020, https://nationalinterest.org/blog/buzz/x-44-manta-was-futuristic-version-lockheed%E2%80%99s-f-22-fighter-161911.
637 ロッキード・マーティン社内の一部門スカンク・ワークスのポッドキャスト、"Dull, Dirty, Dangerous," Produced by Claire Whitfield and Theresa Hoey, July 2019, Accessed May 17, 2020, https://podcasts.apple.com/us/podcast/dull-dirty-dangerous/id1350627500?i=1000445596240.
638 2020年3月、ブラッド・ボウマンへのインタビュー。
639 同上。
640 同上。Bradley Bowman, "Securing Technological Superiority Requires a Joint US-Israel effort," Defense News, May 22, 2020, https:// www.defensenews.com/opinion/commentary/2020/05/22/securing-technological-superiority-requires-a-joint-us-israel-effort/ も参照。
641 2020年3月1日、ベーナム・ベン・タレブーへのインタビュー。
642 Peter L. Hickman, "The Future of Warfare Will Continue to be Human," War on the Rocks, May 12, 2020, Accessed May 17, 2020, https://warontherocks.com/2020/05/the-future-of-warfare-will-continue-to-be-human/.
643 Elbridge Colby, "Testimony before Senate Armed Services Committee," January 29, 2019.
644 Andrew Chuter, "British Defense Ministry Reveals Why a Drone Program Now Costs $427M Extra," Defense News, January 24, 2020, Accessed July 7, 2020, https://www.defensenews.com/unmanned/2020/01/24/british-defence-ministry-reveals-why-a-drone-program-now-costs-245m-extra/.
645 "New Training Pathway Paves Way for Protector," Royal Air Force News, July 1, 2020, Accessed July 7, 2020, https://www.raf.mod.uk/news/articles/new-training-pathway-paves-way-for-protector/.
646 George and Meredith Friedman, *The Future of War*, St. Martins: 1998, p. 150.（ジョージ・フリードマン，メレディス・フリードマン『戦場の未来――兵器は戦争をいかに制するか』、関根一彦訳、徳間書店、1997年）。

605 "The Role of Autonomy in DoD Systems," Department of Defense: Defense Science Board, Office of the Under Secretary of Defense for Acquisition, Technology and Logistics, July 2012, https://fas.org/irp/agency/dod/dsb/autonomy.pdf.

606 同上、p. 71.

607 Valerie Insinna, "Boeing Rolls Out Australia's First 'Loyal Wingman' Combat Drone," Defense News, May 4, 2020, https://www.defensenews.com/air/2020/05/04/boeing-rolls-out-australias-first-loyal-wingman-combat-drone/?fbclid=IwAR0KlCrhH2m9PfwJbpLktcFrZ8gcljgwnAX44_5uuSRQvonxIcDtaB7WlkI.

608 John Keller, "Boeing To Convert 18 Retired F-16 Jet Fighters Into Unmanned Target Drones for Advanced Pilot Training," Military & Aerospace Electronics, March 23, 2017, https://www.militaryaerospace.com/unmanned/article/16725836/boeing-to-convert-18-retired-f16-jet-fighters-into-unmanned-target-drones-for-advanced-pilot-training; Colin Dunjohn, "Boeing Converts F-16 Fighter Jet Into an Unmanned Drone," New Atlas, Sept 27, 2013, https://newatlas.com/boeing-f16-jet-unmanned-drone/29203/ も参照。

609 Mark Cancian, *US Military Forces in FY 2019*, Center for Strategic and International Studies, Rowman and Littlefield, p. 31.

610 同上、p. 40.

611 2月28日にワシントンDCで行われた匿名の元ドローンパイロットへのインタビュー。

612 *Unmanned Ambitions: Security Implications of Growing Proliferation of Emerging Military Drone Markets*, Pax for Peace, July 2018.

613 ラファエル社のガル・パピアに対して行われた〈ファイヤーフライ〉に関するインタビュー。Seth J. Frantzman, "Israel Acquires FireFly Loitering Munition for Close Combat," C4ISRNet, May 5, 2020, https://www.c4isrnet.com/unmanned/2020/05/05/israel-acquires-firefly-loitering-munition-for-close-combat/.

614 Seth J. Frantzman, "Greece And Israel Deal Spotlight Leasing Model for Military UAVs," Defense News, May 8, 2020, https://www.defensenews.com/global/europe/2020/05/08/greece-and-israel-deal-spotlight-leasing-model-for-military-uavs/#:~:text=JERUSALEM%20%E2%80%94%20Greece's%20Hellenic%20Ministry%20of,pricey%20acquisitions%20amid%20budgetary%20constraints.&text=Greece%20will%20have%20an%20option,term%20ends%20in%20three%20years.

615 2020年3月14日、ペトレイアスと著者の会話。

616 武装ドローンに関する欧州フォーラムの2020年5月23日のツイートAccessed May 23, 2020: https://twitter.com/EFADrones/status/1262765402846724096.

617 2020年3月19日、セス・クロプシーと著者の会話。

618 2020年3月23日、ピーター・シンガーと著者の会話。

619 Raphael S. Cohen, Nathan Chandler, *et. al.*, *The Future of Warfare in 2030: Project Overview and Conclusions*, RAND Corporation, May 2020, Accessed may 15, 2020, https://www.rand.org/pubs/research_reports/RR2849z1.html.

620 同上、p. 21.

621 フランツ=ステファン・ガディ（@HoanSolo）の2020年5月12日のツイートAccessed May 15, 2020, https://twitter.com/HoansSolo/status/1260300283785158665 を参照。

622 @LTCKilgoreが2019年5月9日にツイッターに投稿した動画 https://twitter.com/LTCKilgoreJr/status/[illegible] を参照。

623 @theRealBH6の2020年4月16日のツイートAccessed May 15, 2020: https://twitter.com/theRealBH6/status/1250561981154603008 を参照。

624 @TheRealBH6の2020年5月15日のツイート https://twitter.com/theRealBH6/status/1258556133037363200 を参照。

625 Lockheed Martin Press Release, "Dominate the Electromagnetic Spectrum: Lockheed Martin Cyber/Electronic Warfare System Moves Into Next Phase of Development," Lockheed Martin, April 29, 2020, https://news.lockheedmartin.com/dominate-electromagnetic-spectrum-lockheed-martin-cyber-electronic-warfare-systems-moves-into-next-phase-development.

626 2020年3月、ブラッド・ボウマンへのインタビュー。

2020, https://asiatimes.com/2019/12/china-targets-world-uav-market/; David Axe, "One Nation Is Selling Off It's Chinese Combat Drones," *National Interest*, June 5, 2019, Accessed May 1, 2020, https://nationalinterest.org/blog/buzz/one-nation-selling-its-chinese-combat-drones-61092.

584 Center for the Study of the Drone, 2019, page ix.

585 Center for the Study of the Drone, 2019, page xv.

586 Catherine Philp, "China's Drones Help It Become Second Biggest Arms Exporter," *The Times*, June 9, 2020, https://www.thetimes.co.uk/article/china-s-drones-help-it-become-second-biggest-arms-exporter-c9h9h0cn8.

587 Patrick Tucker, "New Drones, Weapons Get Spotlight In China's Military Parade," Defense One, October 1, 2019, Accessed July 8, 2020, https://www.defenseone.com/technology/2019/10/new-drones-weapons-get-spotlight-chinas-military-parade/160291/.

588 2020年4月20日の事件に関するUNOMIGの報告 https://www.securitycouncilreport.org/atf/cf/%7B65BFCF9B-6D27-4E9C-8CD3-CF6E4FF96FF9%7D/Georgia%20UNOMIG%20Report%20on%20Drone.pdf.

589 "Georgian Rebels Say Shot Down Georgian Spy Drone-Ifax,", Reuters, May 8, 2008, https://www.reuters.com/article/idUSL08767080?edition-redirect=in.

590 Nicholas Clayton, "How Russia and Georgia's 'Little War' Started a Drone Arms Race," PRI, October 23, 2012, https://www.pri.org/stories/2012-10-23/how-russia-and-georgias-little-war-started-drone-arms-race.

591 Ryan Gallagher, "Russia Tries to Remove Images of New Drone from the Internet," *Wired*, February 20, 2013, https://slate.com/technology/2013/02/russia-tries-to-remove-images-of-altius-drone-from-the-internet.html.

592 "The Czar of Battle: Russian artillery in Ukraine," Janes, 2014, https://www.janes.com/images/assets/111/80111/The_Czar_of_battle_Russian_artillery_use_in_Ukraine_portends_advances.pdf.

593 Dan Peleschuk, "Ukraine is Fighting a Drone War, Too," PRI, https://www.pri.org/stories/ukraine-fighting-drone-war-too.

594 Robert Farley, "Meet the 5 Weapons of War Ukraine Should Fear," *National Interest*, November 26, 2018, https://nationalinterest.org/blog/buzz/meet-5-russian-weapons-war-ukraine-should-fear-37112.

595 Joseph Hammond, "Ukraine Drones Show Sanctions Don't Clip Russia's Wings," The Defense Post, October 4, 2019, https://www.thedefensepost.com/2019/10/04/ukraine-russia-drones-sanctions/.

596 "Russia's New Drone-Based Electronic Warfare System," UAS Vision, 公表日不明, Accessed July 8, 2020, https://www.uasvision.com/2017/04/04/russias-new-drone-based-electronic-warfare-system/.

597 Dylan Malyasov, "Ukrainian Forces Shoot Down Russian Drone in Donetsk Region," Defence Blog, April 6, 2020, Accessed July 8, 2020, https://defence-blog.com/news/ukrainian-forces-shoot-down-russian-drone-in-donetsk-region.html.

598 Alex Hollings, "Here's Why Elon Musk is Wrong About Fighter Jets (But Right About Drones)," Sandboxx, March 6, 2020, Accessed May 1, 2020, https://www.sandboxx.us/blog/heres-why-elon-musk-is-wrong-about-fighter-jets-but-right-about-drones/; イーロン・マスクの2020年2月28日のツイート Accessed May 1, 2020, https://twitter.com/elonmusk/status/1233478599170195457 を参照。

599 2020年6月28日、アメリカ空軍スティーブン・ジョーンズへのインタビュー。

600 Tom Hobbins, "Transforming Joint Air Power," *JAPCC Journal Edition 3*, 2006, p. 6, http://www.japcc.org/wp-content/uploads/japcc_journal_Edition_3.pdf.

601 Jeffrey J. Smith, *Tomorrow's Air Force: Tracing the Past, Shaping the Future,* Indiana University press, p. 221.

602 2020年2月、デュベスターへのインタビュー。

603 2020年2月、デュベスターへのインタビュー。

604 Rossella Tercatin, "Israeli Scientists Study Secrets of Human Brain to Bring AI to Next Level," *The Jerusalem Post*, April 23, 2020, Accessed May 1, 2020, https://www.jpost.com/health-science/israeli-scientists-study-secrets-of-human-brain-to-bring-ai-to-next-level-625693.

は以下より確認できる。Accessed July 12, 2020, http://www.airshow.com.cn/Category_1216/Index.aspx.

568 Edward Wong, "Hacking U.S. Secrets, China Pushes for Drones," *The New York Times*, September 20, 2013, https://www.nytimes.com/2013/09/21/world/asia/hacking-us-secrets-china-pushes-for-drones.html#:~:text=BEIJING%20%E2%80%94%20For%20almost%20almost%20two%20years,at%20least%2020%20in%20all.

569 Rob O' Gorman and Chris Abbott, *Remote Control War*, Open Briefing, September 20, 2013, https://www.files.ethz.ch/isn/170021/Remote-Control-War.pdf.

570 "The Role of Autonomy in DoD Systems," Department of Defense: Defense Science Board, Office of the Under Secretary of Defense for Acquisition, Technology and Logistics, July 2012, https://fas.org/irp/agency/dod/dsb/autonomy.pdf.

571 Greg Waldron, "PICTURE: China's Global Hawk Counterpart Breaks Cover," FlightGlobal, June 30, 2011, https://www.flightglobal.com/picture-chinas-global-hawk-counterpart-breaks-cover/100992.article.

572 "Soar Dragon UAVs Deployed to Yishuntun Airbase," Bellingcat, March 23, 2018, https://www.bellingcat.com/news/rest-of-world/2018/03/23/soar-dragon-uavs-deploy-yishuntun-airbase/.

573 @Rupprechtdeino の 2019 年 6 月 23 日 の ツイート https://twitter.com/RupprechtDeino/status/1142820724945686528 を参照。

574 David Axe, "China's Enormous Spy Drone Has Its Eyes Set On The U.S. Navy," *National Interest*, September 8, 2019, https://nationalinterest.org/blog/buzz/chinas-enormous-spy-drone-has-its-eyes-set-us-navy-78546.

575 @RupperechtDeino の 2018 年 5 月 29 日 の ツイート https://twitter.com/RupprechtDeino/status/1001460311948517378 を参照。

576 Tyler Rogoway, "Highly Impressive Lineup of Chinese Air Combat Drone Types Caught by Satellite," The Drive, December 8, 2019, https://www.thedrive.com/the-war-zone/31378/highly-impressive-lineup-of-chinese-air-combat-drone-types-caught-by-satellite; Joseph Trevithick and Tyler Rogoway, "China's Biggest Airshow Offers More Evidence of Beijing's Stealth Drone Focus," The Drive, November 2, 2018, https://www.thedrive.com/the-war-zone/24645/chinas-biggest-airshow-offers-more-evidence-of-beijings-stealth-drone-focus も参照。

577 @nktpnd の 2019 年 10 月 1 日 の ツイート https://twitter.com/nktpnd/status/1179096634707320833 を参照。

578 Andreas Rupprecht, "Images Suggest WZ-8 UAV in Service With China's Eastern Theatre Command," Janes, October 4, 2019, https://www.janes.com/defence-news/news-detail/images-suggest-wz-8-uav-in-service-with-chinas-eastern-theatre-command.

579 Jon Harper, "More Drones Needed to Fight Two-Front War," *National Defense*, March 10, 2020, https://www.nationaldefensemagazine.org/articles/2020/3/10/more-drones-needed-to-fight-two-front-war.

580 Zhenhua Lu, "China Sells Arms to More Countries and iss World's Biggest Exporter of Armed Drones, Says Swedish Think Tank SIPRI," *Southern China Morning Post*, March 12, 2019, https://www.scmp.com/news/china/military/article/2189604/china-sells-weapons-more-countries- and-biggest-exporter-armed.

581 Jakob Reimann, "China is Flooding the Middle East With Cheap Drones," Foreign Policy in Focus, February 18, 2019, https://fpif.org/china-is-flooding-the-middle-east-with-cheap-drones/.

582 Sharon Weinberger, "China Has Already Won the Drone Wars," Foreign Policy, May 20, 2018, Accessed May 1, 2020, https://foreignpolicy.com/2018/05/10/china-trump-middle-east-drone-wars/; Michael Peck, "A Really Big Deal: China is a Drone Superpower," National Interest, March 16, 2019, https://nationalinterest.org/blog/buzz/really-big-deal-china-drone-superpower-47692.

583 Greg Waldon, "China Finds its UAV Export Sweet Spot," FlightGlobal, June 14, 2019, https://www.flightglobal.com/military-uavs/china-finds-its-uav-export-sweet-spot/132557.article; "China Takes Lead In Military Drone Market," *Asia Times*, December 31, 2019, Accessed May 1,

growing-high-end-military-drone-force/.
549 Kyle Mizokami, "All the New Tech from China's Big Air Show," *Popular Mechanics*, November 6, 2018, https://www.popularmechanics.com/military/aviation/a24680684/all-the-new-tech-from-chinas-big-airshow/.
550 "Air Show China 2018: CH-7 Stealth Drone Makes First Public Appearance," Army Recognition, November 8, 2018, https://www.armyrecognition.com/airshow_china_2018_zhuhai_news_show_daily_coverage/air_show_china_2018_ch-7_stealth_drone_makes_first_public_appearance.html.
551 グローバルセキュリティーのウェブサイト https://www.globalsecurity.org/military/world/china/ch.htm を参照。
552 同上。
553 Joseph Trevithick and Tyler Rogoway, "China's Biggest Airshow Offers More Evidence of Beijing's Stealth Drone Focus," The Drive, November 2, 2018, https://www.thedrive.com/the-war-zone/24645/chinas-biggest-airshow-offers-more-evidence-of-beijings-stealth-drone-focus.
554 "Air Show China 2018: CH-7 Stealth Drone Makes First Public Appearance," Army Recognition, November 8, 2018, https://www.armyrecognition.com/airshow_china_2018_zhuhai_news_show_daily_coverage/air_show_china_2018_ch-7_stealth_drone_makes_first_public_appearance.html.
555 CSIS, China Power Project, SIPRI data.
556 "China to Unveil GJ-2 Drone at Air Show," XinhuaNet, November 2, 2018, http://www.xinhuanet.com/english/2018-11/02/c_137577268.htm.
557 *The Drone Handbook*, Center for the Study of the Drone. p. xiii.
558 Rasmussen, p. 3.
559 Seth J. Frantzman, "The U.S. Risks Losing the Drone-War Arms Race," *National Review*, May 4, 2020, https://www.nationalreview.com/2020/05/drone-war-arms-race-united-states-risks-losing/.
560 "UAV Export Controls and Regulatory Challenges," Working Group Report, Stimson, 2015, https://www.stimson.org/wp-content/files/file-attachments/ECRC%20Working%20Group%20Report.pdf.
561 Andrea Shalal, Emily Stephenson, "U.S. Establishes Policy for Exports of Armed Drones," Reuters, February 17, 2015, https://www.reuters.com/article/us-usa-drones-exports/u-s-establishes-policy-for-exports-of-armed-drones-idUSKBN0LL21720150218.
562 Jeff Abramson, "New Policies Promote Arms, Drones Exports," Arms Control Association, May 2018, Accessed May, 1, 2020, https://www.armscontrol.org/act/2018-05/news/new-policies-promote-arms-drone-exports; Arron Mehta, "Trump Admin Roles Out New Rules for Weapon, Drone Sales Abroad," Defense News, April 19, 2018, Accessed May 1, 2020, https://www.defensenews.com/news/pentagon-congress/2018/04/19/trump-admin-rolls-out-new-rules-for-weapon-drone-sales-abroad/ も参照。
563 Natasha Turak, "Pentagon is Scrambling as China 'Sells the Hell Out of' Armed Drones to US Allies," CNBC, Feb. 21, 2019, Accessed May 1, 2020, https://www.cnbc.com/2019/02/21/pentagon-is-scrambling-as-china-sells-the-hell-out-of-armed-drones-to-americas-allies.html.
564 Wikileaks, "[OS] US/CHINA/MIL – Global Race on to Match U.S. Drone Capabilities," *The Global Intelligance Files*, July 5, 2011, https://wikileaks.org/gifiles/docs/30/3005214_-os-us-china-mil-global-race-on-to-match-u-s-drone.html.
565 Wikileaks, "CHINA/HONG KONG – Chinese Military's Unmanned Aerial Vehicle Crashes – Hong Kong Paper," *The Global Intelligence Files*, August 26, 2011, https://wikileaks.org/gifiles/docs/69/693866_china-hong-kong-chinese-military-s-unmanned-aerial-vehicle.html.
566 Wikileaks, "Situation Report: More on Bombers to Australia; Chinese Drones to Jordan; and European Forces to Libya," May 15, 2015, https://wikileaks.org/berats-box/emailid/41807.
567 "Is China at the Forefront of Drone Technology?" CSIS, China Power, 2019, https://chinapower.csis.org/china-drones-unmanned-technology/; COVID-19 のパンデミックは、2020 年に中国が航空ショーを開催する能力に疑問を投げかけた。中国国際航空ショー 2020 のウェブサイト

com/2008/06/history-development-of-chinese-uavs.html を参照。

527 Brian Wang, "China Building 42000 Military Drones Over Next Eight Years and Many are Copies of US Designs," Next Big Future, June 13, 2015, https://www.nextbigfuture.com/2015/06/china-building-42000-military-drones.html.

528 初期の解説 "Chinese UAV Unmanned Aerial Vehicle Global Hawk Could Be in Service in the Chinese Air Force 0407113," Army Recognition, July 4, 2011, https://www.armyrecognition.com/july_2011_news_defense_army_military_industry_uk/chinese_uav_unmanned_aerial_vehicle_global_hawk_could_be_in_service_in_the_chinese_air_force_0407113.html を参照。

529 Dennis Blasko, *The Chinese Army Today*, 2006, p. 139.

530 FAS のリンク https://fas.org/irp/world/china/sys/an-206.htm を参照。

531 Blasko, *The Chinese Army Today*, 2013, p. 166.

532 https://www.wautom.com/2013/04/harbin-bzk-005-uav/ を参照。

533 ドローン関連のブログ https://dragondron.wordpress.com/drones/ を参照。

534 "BZK-005 Giant Eagle is Operational," Defense Studies, October 14, 2009, http://defense-studies.blogspot.com/2009/10/bzk-005-giant-eagle-is-operational.html.

535 航空専門家の 2018 年 4 月のツイート https://twitter.com/aircraftspots/status/986713289101996032?lang=he を参照。

536 Zhao Lei, "Expert: Drone to Soar on Market," ChinaDaily.com, April 5, 2017, https://www.chinadaily.com.cn/china/2017-04/05/content_28793243.htm.

537 "Beijing University Promoted Firm Developing Missile-Carrying Drones," DefenseWorld.net, April 7, 2017, https://www.defenseworld.net/news/18941/Beijing_University_Promoted_Firm_Develops_Missile_carrying_Drone.

538 Brian Wang, "China Building 42000 Military Drones Over Next Eight Years and Many are Copies of US Designs," Next Big Future, June 13, 2015, https://www.nextbigfuture.com/2015/06/china-building-42000-military-drones.html; Rick Joe, "China's Growing High-End Military Drone Force," *The Diplomat*, November 27, 2019, https://thediplomat.com/2019/11/chinas-growing-high-end-military-drone-force/.

539 Wikileaks, "Japanese Morning Press Highlights," Public Library of US Diplomacy, August 20, 2007, https://wikileaks.org/plusd/cables/07TOKYO3820_a.html.

540 Ivan Willis Rasmussen, "Everyone Loves Drones, Especially China," November 9, 2014, Working paper, http://web.isanet.org/Web/Conferences/ISSS%20Austin%202014/Archive/b429b86f-27b8-4341-9372-a28ca52ee6df.pdf.

541 Mark McDonald, "The Pentagon is 'Alarmed' by China's Big Move Into Drones," *Business Insider*, November 28, 2012, https://www.businessinsider.com/us-china-drones-2012-11.

542 Ivan Willis Rasmussen, "Everyone Loves Drones, Especially China," November 9, 2014, Working paper, http://web.isanet.org/Web/Conferences/ISSS%20Austin%202014/Archive/b429b86f-27b8-4341-9372-a28ca52ee6df.pdf.

543 "Is China at the Forefront of Drone Technology?" CSIS Drone report, 2019, https://chinapower.csis.org/china-drones-unmanned-technology/.

544 Ivan Willis Rasmussen, "Everyone Loves Drones, Especially China," November 9, 2014, Working paper, http://web.isanet.org/Web/Conferences/ISSS%20Austin%202014/Archive/b429b86f-27b8-4341-9372-a28ca52ee6df.pdf.

545 Shahryar Pasandideh, "The Zhuhai Airshow Confirms China's Emergence as a Defense Industrial Power," *World Politics Review*, December 7, 2019, https://www.worldpoliticsreview.com/articles/26935/the-zhuhai-airshow-confirms-china-s-emergence-as-a-defense-industrial-power.

546 P. Chow, *The One China Dilemma*, 2008, p. 225.

547 "Who Has What: Countries That Have Conducted Drone Strikes," New America, Accessed June 30, 2020, https://www.newamerica.org/international-security/reports/world-drones/who-has-what-countries-that-have-conducted-drone-strikes/.

548 Rick Joe, "China's Growing High-End Military Drone Force," *The Diplomat*, November 27, 2019, https://thediplomat.com/2019/11/chinas-

507 Walid Abdullah, "Libya: UN-Recognized Government Downs UAE Drone," Anadolu, April 19, 2020, https://www.aa.com.tr/en/middle-east/libya-un-recognized-government-downs-uae-drone/1810336.

508 ツイート https://twitter.com/aatilow/status/1310554418530725888 を参照。

509 @Oded121351 が 2020 年 6 月 9 日にツイッターで公開した動画 https://twitter.com/ddsgf9876/status/1270265825950343168 を参照。

510 イメージサット・インターナショナルの 2020 年 5 月 18 日のツイート https://twitter.com/ImageSatIntl/status/1262371291195211780; "Al-Watyah base," accessed May 19, 2020: https://twitter.com/emad_badi/status/1270107380739641344.

511 Khaled Mahmoud, "Libyan National Army Prepares for Air Battle by Destroying 7 Turkish Drones," Asharq al-Awsat, May 23, 2020, https://english.aawsat.com/home/article/2298086/libyan-national-army-prepares-air-battle-downing-7-turkish-drones.

512 2020 年 5 月 20 日、リック・フランコーナへのメールインタビュー。

513 Dee Ann Davis, "Military UAV Market to Top $83B," Inside Unmanned Systems, April 25, 2018, https://insideunmannedsystems.com/military-uav-market-to-top-83b/.

514 同上。

515 Joe Harper, "$98 Billion Expected for Military Drone Market," Real Clear Defense, January 7, 2020, https://www.realcleardefense.com/2020/01/07/98_billion_expected_for_military_drone_market_311539.html.

516 NATO 基準の分類は少々わかりづらい。アメリカ国防総省が 5 段階からなる異なる基準を用いていたからだ。国防総省の基準では、グループ 1 は 20 ポンド（9 キロ）未満、グループ 2 は 55 ポンド（24 キロ）未満で区別されている。グループ 3 は 55 〜 1320 ポンド（598 キロ）でクラスⅡを含んでいる。グループ 4 と 5 は NATO のクラスⅢを含んでいる。「データブックによると、現役 UAV の 171 種類が該当する」と著者らは指摘している。Dan Gettinger, *Drone Data Book*, Center for the Study of the Drone at Bard College, 2020.

517 Dan Sabbagh, "Killer Drones: How Many Are There And Who Do They Target?" *The Guardian*, November 18, 2019, https://www.theguardian.com/news/2019/nov/18/killer-drones-how-many-uav-predator-reaper.

518 Drone Wars のウェブサイト Accessed June 30, 2020, https://dronewars.net/uk-drone-strike-list-2/ を参照。

519 "Who Has What: Countries That Have Conducted Drone Strikes," New America, Accessed June 30, 2020, https://www.newamerica.org/international-security/reports/world-drones/who-has-what-countries-that-have-conducted-drone-strikes/.

520 Seth J. Frantzman, "Greece And Israel Deal Spotlight Leasing Model for Military UAVs," Defense News, May 8, 2020, https://www.defensenews.com/global/europe/2020/05/08/greece-and-israel-deal-spotlight-leasing-model-for-military-uavs/#:~:text=JERUSALEM%20%E2%80%94%20Greece's%20Hellenic%20Ministry%20of,pricey%20acquisitions%20amid%20budgetary%20constraints.&text=Greece%20will%20have%20an%20option,term%20ends%20in%20three%20years.

521 Gorman and Abbott, *Remote Control War*, p. 2.

522 IISS の 2019 年年次報告書 https://www.iiss.org/publications/the-military-balance/military-balance-2020-book/comparative-defence-statistics.

523 Seth J. Frantzman "Israel's Elbit Sells Over 1,000 Mini-Drones to Southeast Asian Country," Defense News, October 9, 2018, https://www.defensenews.com/unmanned/2019/10/09/israels-elbit-sells-over-1000-mini-drones-to-southeast-asian-country/.

524 Wikileaks, "Shaykh Mohamed Bin Zayed Rejects Unarmed Predator Proposal," Public Library of US Diplomacy, June 27, 2004, https://wikileaks.org/plusd/cables/04ABUDHABI2113_a.html.

525 Roxana Tiron, "China is Pursuing Unmanned Tactical Aircraft," *National Defense*, May 1, 2004, https://www.nationaldefensemagazine.org/articles/2004/5/1/2004may-china-is-pursuing-unmanned-tactical-aircraft.

526 中国の UAV に関するリボーン・テクノロジーの投稿 http://reborn-technology.blogspot.

ジンを搭載し、最大飛行時間15時間、航続距離150キロとのことだった。

487 価格は「数千万ドル」だった。

488 2020年6月18日、エルビットを訪問しインタビューを実施。

489 2020年6月3日、エアロノーティクスを訪問しインタビューを実施。

490 IAIのウェブサイト https://www.iai.co.il/p/green-dragon を参照。

491 ロッキードのウェブサイト https://www.lockheedmartin.com/en-us/products/stalker.html.

492 Richard Whittle, "The Man Who Invented the Predator," *Air & Space Magazine*, April 2013, https://www.airspacemag.com/flight-today/the-man-who-invented-the-predator-3970502/?page=4 を参照。"Mr. Abe Karem, Aeronautics Innovator and Pioneer, is Navigator Award Winner, Potomac Institute for Policy Studies, March 20, 2012, https://www.prnewswire.com/news-releases/mr-abe-karem-aeronautics-innovator-and-pioneer-is-navigator-award-winner-143494356.html も参照。

493 2020年4月7日、ヤイール・デュベスターへのUビジョンに関するインタビュー。

494 2020年5月の話し合いによると、IAIはVTOL計画にも関与していた。VTOL計画は、滑走路やカタパルトを使用したくない海洋部隊や戦術部隊にとって最適なソリューションになるだろう（2020年6月10日、IAIのダン・ビッチマンとのインタビューより）。

495 Andrew White, "Lockheed Martin Unveils Condor UAS," Jane's 360, May 27, 2019, https://www.crows.org/news/453240/Lockheed-Martin-unveils-Condor-UAS.htm.

496 Ali Bakeer, "The Fight For Syria's Skies: Turkey Challenges Russia With New Drone Doctrine," MEI@75, March 26, 2020, https://www.mei.edu/publications/fight-syrias-skies-turkey-challenges-russia-new-drone-doctrine.

497 "Syrian Army Shoots Down Turkish Drone in Idlib, 10th in 3 Days," Al-Masdar News, March 4, 2020, https://www.almasdarnews.com/article/syrian-army-shoots-down-turkish-drone-in-idlib-10th-in-3-days-photo/.

498 Merve, Aydogan, "Turkey Neutralizes 3,000+ Regime Elements in Idlib, Syria," Anadolu, April 3, 2020, https://www.aa.com.tr/en/middle-east/turkey-neutralizes-3-000-regime-elements-in-idlib-syria/1754130.

499 Alex Gatopoulos, "Battle for Idlib: Turkey's Drones and a New Way of War," Al Jazeera, March 3, 2020, https://www.aljazeera.com/news/2020/3/3/battle-for-idlib-turkeys-drones-and-a-new-way-of-war.

500 Gordon Lubold, "Italy Quietly Agrees to Armed U.S. Drone Missions Over Libya," *The Wall Street Journal*, February 22, 2016, https://www.wsj.com/articles/italy-quietly-agrees-to-armed-u-s-drone-missions-over-libya-1456163730; Adam Entous and Gordon Lubold, "U.S. Wants Drones in North Africa to Combat Islamic State in Libya," *The Wall Street Journal*, August 11, 2015, https://www.wsj.com/articles/u-s-wants-drones-in-north-africa-to-combat-islamic-state-in-libya-1436742554.

501 Anna Ahronheim, "Is an Israeli Air Defense System Shooting Down Israeli Drones in Libya?" *The Jerusalem Post*, April 12, 2020, https://www.jpost.com/middle-east/is-an-israeli-air-defense-system-shooting-down-israeli-drones-in-libya-624413.

502 Umar Farooq, "The Second Drone Age," *The Intercept*, May 14, 2019, https://theintercept.com/2019/05/14/turkey-second-drone-age/.

503 セルチューク・バイラクタルが2020年5月23日ツイッターで公開した動画 Tweet, accessed May 23, 2020: https://twitter.com/Selcuk/status/1263537819261251584 を参照。

504 2020年4月22日、UAEでハフタルの軍事行動に詳しい匿名の情報筋にインタビュー。

505 Samer Al-Atrush and Mohammed Abdusamee, "Beseiged Airbase Shows Turkey Turning Tide in Libya's War," Bloomberg, April 17, 2020, https://www.bloomberg.com/news/articles/2020-04-17/besieged-airbase-shows-turkey-turning-the-tide-in-libya-s-war; @LAN2019M の2020年4月18日のツイート https://twitter.com/LNA2019M/status/1251311464251625472 を参照。

506 Al-Ain, "A Turkish 'March' Was shot Down Before the Bombing of Trucks in Western Libya," Al Ain News, April 22, 2020, https://al-ain.com/article/1587502834.

Dimed Its Way Into Losing a Drone," Defense One, June 20, 2019, https://www.defenseone.com/technology/2019/06/how-pentagon-nickel-and-dimed-its-way-losing-drone/157901/. 2016年の UAV タンカーの要件を記載した海軍のウェブサイト https://www.navysbir.com/n16_1/N161-003.htm を参照。
468 "US Air Force Unmanned Aircraft Systems Flight Plan 2009-2047," FAS, May 18, 2009, https://fas.org/irp/program/collect/uas_2009.pdfを参照。
469 Harry Lye, "DARPA Looks to AI, Algorithms to De-Conflict Airspace," Airforce Technology, April 9, 2020, https://www.airforce-technology.com/features/darpa-looks-to-ai-algorithms-to-de-conflict-airspace/.
470 Amanda Harvey, "UAV ISR Payloads Demand Lighter Weight, Faster Processing," Military Embedded Systems, April 24, 2014, http://mil-embedded.com/articles/uav-weight-faster-processing/.
471 "RQ-170 Sentinel Origins Part II: The Grandson of 'Tacit Blue,'" Aviation Intel, January 12, 2012, http://aviationintel.com/rq-170-origins-part-ii-the-grandson-of-tacit-blue/ を参照。@mmissiles2 の 2020 年 6 月 29 日のツイート accessed June 30, 2020, https://twitter.com/MMissiles2/status/1277691975391641602 も参照。
472 War is Boring, "Yes, America Has Another Secret Spy Drone—We Pretty Much Knew That Already," *Medium*, December 6, 2013, https://medium.com/war-is-boring/yes-america-has-another-secret-spy-drone-we-pretty-much-knew-that-already-41df448d1700.
473 Joseph Trevithick and Tyler Rogoway, "Pocket Force of Stealthy Avenger Drones May Have Made Returning F-117s to Service Unnecessary," The Drive, March 5, 2019, https://www.thedrive.com/the-war-zone/26791/pocket-force-of-stealthy-avenger-drones-may-have-made-returning-f-117s-to-service-unnecessary.
474 David Axe, "It's a Safe Bet the US Air Force is Buying Stealth Spy Drones, *National Interest*, February 28, 2020, https://nationalinterest.org/blog/buzz/it%E2%80%99s-safe-bet-us-air-force-buying-stealth-spy-drones-127767.
475 以下のブログ記事、Mark Collins, "RQ-180: Stealthy New USAF/CIA Black Drone," Mark Collins 3Ds Blog, December 6, 2013, https://mark3ds.wordpress.com/2013/12/06/mark-collins-rq-180-stealthynew-usafcia-black-drone/ を参照。
476 Richelson, US Intelligence, p. 140.
477 2020 年 6 月 28 日、アメリカ空軍第 432 航空団 スティーブン・ジョーンズ司令官へのインタビュー。
478 同上、ジョーンズへのインタビュー。
479 Agnes Helou, "Meet Garmousha: A New Rotary-Wing Drone Made in the UAE," Defense News, February 25, 2020, https://www.defensenews.com/unmanned/2020/02/25/meet-garmousha-a-new-rotary-wing-drone-made-in-the-uae/.
480 Michael Rubin, "Iran Unveils Night Vision Drone," AEI, July 1, 2014, https://www.aei.org/articles/iran-unveils-night-vision-drone/; "Iran Unveils Kamikaze Drones," AEI, April 3, 2013, https://www.aei.org/articles/iran-unveils-kamikaze-drones/ を参照。
481 クラシックな双尾翼デザインの第 2 世代〈ハマセ〉のことだったのかもしれない。HESA が開発した〈ハマセ〉が初めて現れたのは 2013 年だった。FAS document on Hezbollah: Milton Hoenig, "Hezbollah and the Use of Drones as a Weapon of Terrorism," *Hezbollah's Drones*, https://fas.org/wp-content/uploads/2014/06/Hezbollah-Drones-Spring-2014.pdf.
482 "Iran Unveils 'Indigenous' Drone with 2,000km Range," BBC News, September 26, 2012, https://www.bbc.com/news/world-middle-east-19725990.
483 Kyle Mizokami, "U.S. F-15 Shoots Down Yet Another Iran-Made Drone," *Popular Mechanics*, June 20, 2017, https://www.popularmechanics.com/military/aviation/a27001/syria-iran-drone-shaheed-129/.
484 "U.S. Downs Pro-Syrian Drone that Fired at Coalition Forces," Reuters, June 8, 2017, https://www.reuters.com/article/us-mideast-crisis-usa-syria/u-s-downs-pro-syrian-drone-that-fired-at-coalition-forces-spokesman-idUSKBN18Z2CP.
485 James Hasik, *Arms and Innovation: Entrepreneurship and Innovation in the 21st Century.*
486 2020 年 6 月 11 日に IAI で行われたインタビューによると、〈バードアイ〉は電気またはガスエン

unmanned-force/.

451 同上。

452 Rachel S. Cohen, "Congress Looks to Bolster USAF Dront Development in 2020," *Air Force Magazine*, January 3, 2020, https://www.airforcemag.com/congress-looks-to-bolster-usaf-drone-development-in-2020/.

453 "FLIR Systems Awarded $39.6 Million Contract for Black Hornet Personal Reconnaissance Systems for US Army Soldier Borne Sensor Program," FLIR, January 24, 2019, https://www.flir.com/news-center/press-releases/flir-systems-awarded-$39.6-million-contract-for-black-hornet-personal-reconnaissance-systems-for-us-army-soldier-borne-sensor-program/.

454 Jay Peters, "Watch DARPA Test Out a Swarm of Drones," The Verge, August 9, 2019, https://www.theverge.com/2019/8/9/20799148/darpa-drones-robots-swarm-military-test.

455 重さ 32 グラム。Vidi Nene, "US Army Testing FLIR Infrared Drones In Afghanistan," DroneBelow.com, July 2, 2019, https://dronebelow.com/2019/07/02/us-army-testing-flir-infrared-drones-in-afghanistan/.

456 国立アメリカ空軍博物館 https://www.nationalmuseum.af.mil/ を参照。

457 Dan Sabbagh, "Killer Drones: How Many Are There And Who Do They Target?" *The Guardian*, November 10, 2019, https://www.theguardian.com/news/2019/nov/18/killer-drones-how-many-uav-predator-reaper.

458 "USMC Makes First Operational Flight in the Middle East with an MQ-9A," ABG Strategic Consulting, April 17, 2020, https://www.abg-scportal.com/2020/04/17/17-4-2020-usmc-makes-first-operational-flight-in-the-middle-east-with-an-mq-9a/.

459 Gina Harkins, "In First, Marine Corps Crew Flies MQ-9 Reaper Drone in the Middle East," Military.com, April 22, 2020, https://www.military.com/daily-news/2020/04/22/first-marine-corps-crew-flies-mq-9-reaper-drone-middle-east.html.

460 アメリカ海兵隊のウェブサイト "Modernization and Technology," Accessed May 23, 2020, https://www.candp.marines.mil/Programs/Focus-Area-4-Modernization-Technology/Part-5-Aviation/UAS/ を参照。

461 アメリカ海兵隊の無人アセット https://www.monch.com/mpg/news/unmanned/4214-usmcuas.html; Ben Werner, "Marine Corps wants Mux to Fly by 2026," USNI News, May 7, 2019, https://news.usni.org/2019/05/07/marine-corps-wants-mux-to-fly-in-2026; 海兵隊の構想の実物大デザイン "USMC Wants Ship-Based Unmanned AEW, EW, ISR Platform," Alert 5 Military Aviation News, March 13, 2018, accessed May 23, 2020, https://alert5.com/2018/03/13/usmc- wants-ship-based-unmanned-aew-ew-isr-platform/ も参照。

462 2015 年にオンラインに投稿されたスライドショー、accessed May 23, 2020, https://www.slideshare.net/tomlindblad/usmc-uas-familyofsystems を参照。

463 Wikileaks, "Military Aviation: Issues and Options for Combating Terrorism and Counterinsurgency," FAS Document, CRS Report for Congress, January 7, 2006, https://file.wikileaks.org/file/crs/RL32737.txt.

464 アークトゥルスは Jump-20 を、L3 ハリスは FVR-90 を積極的に売り込んだ。これらのドローンは、2019 年にユタ州ダグウェイ実験場で検討された。Jen Judson, "First Candidate for US Army's Future Tactical Drone Gets First Soldier-Operated Flight," Defense News, April 10, 2020, https://www.defensenews.com/land/2020/04/09/first-candidate-for-armys-future-tactical-unmanned-aircraft-gets-first-soldier-operated-flight/.

465 Valerie Insinna, "Unmanned Aircraft Could Provide Low-Ccost Boost for Air Force's Future Aircraft Inventory, New Study Says," Defense News, October 29, 2019, https://www.defensenews.com/air/2019/10/29/unmanned-aircraft-could-provide-low-cost-boost-for-air-forces-future-aircraft-inventory-new-study-says/.

466 RQ-11B〈レイヴン〉は、10 年以上アメリカが使用したあとでウクライナに輸出された。Joseph Trevithick, "America is Still Training Ukrainian Troops to Fly a Drone They Hate," The Drive, April 4, 2017, https://www.thedrive.com/the-war-zone/8921/america-is-still-training-ukrainian-troops-to-fly-a-drone-they-hate.

467 Patrick Tucker, "How the Pentagon Nickel-and-

popularmechanics.com/military/aviation/a24311/air-force-new-drone/.
433 Mike Ball, "DARPA Successfully Tests UAV Swarming Technologies," Unmanned Systems News, March 25, 2019, https://www.unmannedsystemstechnology.com/2019/03/darpa-successfully-tests-uav-swarming-technologies/.
434 Shawn Snow, "The Corps Just Slapped a Counter-Drone System on an MRZR All-Terrain Vehicle," *Marine Corps Times,* September 19, 2018, https://www.marinecorpstimes.com/news/2018/09/19/the-corps-just-slapped-a-counter-drone-system-on-an-mrzr-all-terrain-vehicle/.
435 Andrew Liptak, "A US Navy Ship Used a New Drone-Defense System to Take Down an Iranian Drone," The Verge, July 21, 2019, https://www.theverge.com/2019/7/21/20700670/us-marines-mrzr-lmadis-iran-drone-shoot-down-energy-weapon-uss-boxer.
436 イスラエルの戦術THORドローンと混同しないこと。Andrew Liptak, "The Air Force Has a New Weapon Called THOR That Can Take Out Swarms of Drones," The Verge, June 21, 2019, https://www.theverge.com/2019/6/21/18701267/us-air-force-thor-new-weapon-drone-swarms.
437 Russell Brandom, "The Army is Buying Microwave Cannons to Take Down Drones in Mid Flight," The Verge, August 7, 2018, https://www.theverge.com/2018/8/7/17660414/microwave-anti-drone-army-weapon-lockheed-martin.
438 たとえば以下の書籍を参照。*Swarm Troopers* by David Hambling.
439 2020年3月14日、ペトレイアスと著者の会話。
440 同上。
441 Drdrone.caのウェブサイト、accessed April 11, 2020: https://www.drdrone.ca/blogs/drone-news-drone-help-blog/timeline-of-dji-drones.
442 Wang Ying, "Drone Maker DJI to Develop More Industry Applications," China Daily, January 27, 2018, https://www.chinadaily.com.cn/a/201801/27/WS5a6bd252a3106e7dcc1371b0.html.
443 Ben Watson, "The US Army Just Ordered Soldiers to Stop Using Drones from China's DJI," Defense One, August 4, 2017, https://www.defenseone.com/technology/2017/08/us-army-just-ordered-soldiers-stop-using-drones-chinas-dji/139999/.
444 Taylor Hatmaker, "US Air Force Drone Documents Found for Sale on the Dark Web for $200," Tech Crunch. July 11, 2018, https://techcrunch.com/2018/07/11/reaper-drone-dark-web-air-force-hack/.
445 2017年、MDA局長のジェイムズ・シリングはこの構想に熱心だった。Patrick Tucker, "Drones Armed With High-Energy Lasers May Arrive In 2017," Defense One, September 23, 2015, https://www.defenseone.com/technology/2015/09/drones-armed-high-energy-lasers-may-arrive-2017/121583/.
446 2013から2014年にかけて、いくつかの変種の研究が行われたが、それらは失敗に終わったようだ。ボーイングの〈ファントム・アイ〉に関するウェブサイトhttps://www.boeing.com/defense/phantom-eye/を参照。
447 以前の機種は、アフガニスタンで約18000戦闘時間を飛行した。オペレーターの数は少なく、事故率は低かった。空軍はこの計画を「迅速イノベーションセンター」に導入した。88the Air Base, "AFRL Successfully Completes Two and a Half-Day Flight of Ultra Long Endurance Unmanned Air Platform (LEAP)," Wright-Patterson AFB, December 12, 2019, https://www.wpafb.af.mil/News/Article-Display/Article/2038921/afrl-successfully-completes-two-and-a-half-day-flight-of-ultra-long-endurance-u/.
448 Kyle Rempfer, "Air Force Offers Glimpse of New, Stealthy Combat Drone During First Flight," Air Force Times, March 8, 2019, https://www.airforcetimes.com/news/your-air-force/2019/03/08/air-force-offers-glimpse-of-new-stealthy-combat-drone-during-first-flight/.
449 88th Air Base, "AFRL XQ-58A UAV Completes Second Successful Flight," U.S. Air Force, June 17, 2019, https://www.af.mil/News/Article-Display/Article/1877980/afrl-xq-58a-uav-completes-second-successful-flight/.
450 Rachel S. Cohen, "Meet the Future Unmanned Force," *Air Force Magazine*, April 4, 2019, https://www.airforcemag.com/meet-the-future-

Fleet, May 22, 2020, Accessed May 23, 2020, https://www.cpf.navy.mil/news.aspx/130628.

413 Kris Osborn, アメリカ陸軍ウェブサイト、"Army Lasers Will Soon Destroy Enemy Mortars, Artillery Drones and Cruise Missiles," USA ASC, June 9, 2016, https://asc.army.mil/web/news-army-lasers-will-soon-destroy-enemy-mortars-artillery-drones-and-cruise-missiles/#:~:text=No%20menu%20assigned-,Army%20Lasers%20Will%20Soon%20Destroy%20Enemy,Artillery%2C%20Drones%20and%20Cruise%20Missiles&text=Laser%20Weapons%20Will%20Protect%20Forward,as%20missiles%2C%20mortars%20and%20artillery.

414 ロッキード・マーティンとのインタビュー。2020年7月1日。

415 ダグ・グラハムとのインタビュー。2020年7月2日。

416 Nick Waters, "Has Iran Been Hacking U.S. Drones?" Bellingcat, October 1, 2019, https://www.bellingcat.com/news/2019/10/01/has-iran-been- hacking-u-s-drones/.

417 Brett Velicovich, *Drone Warrior*, p. 104（ブレット・ヴェリコヴィッチ ,クリストファー・S・スチュワート『ドローン情報戦：アメリカ特殊部隊の無人機戦略最前線』、北川蒼訳、原書房、2018年）。

418 David Axe, "The Secret History of Boeing's Killer drone," *Wired*, June 6, 2011, https://www.wired.com/2011/06/killer-drone-secret-history/.

419 以下のリンクの動画を参照：https://twitter.com/PressTV/status/1252532401873522689.

420 Valerie Insinna, "US Air Force's Next Drone to be Driven by Data," Defense News, September 6, 2017, https://www.defensenews.com/smr/defense-news-conference/2017/09/06/air-forces-next-uav-to-be-driven-by-data/.

421 Joseph Trevithick and Tyler Rogoway, "Pocket Force of Stealthy Avenger Drones May Have Made Returning F-117s to Service Unnecessary," The Drive, March 5, 2019, https://www.thedrive.com/the-war-zone/26791/pocket-force-of-stealthy-avenger-drones-may-have-made-returning-f-117s-to-service-unnecessary.

422 Singer, *Wired for War*, p. 140.（P・W・シンガー『ロボット兵士の戦争』、小林由香利訳、日本放送出版協会、2010年）

423 "US Air Force Unmanned Aircraft Systems Flight Plan 2009-2047," FAS, May 18, 2009, https://fas.org/irp/program/collect/uas_2009.pdfを参照。

424 パーディックス・スウォーム・デモンストレーションの動画：https://www.youtube.com/watch?v=DjUdVxJH6yI&feature=youtu.be.

425 Thomas McMullan, "How Swarming Drones Will Change Warfare," BBC News, March 16, 2019, https://www.bbc.com/news/technology-47555588.

426 Kyle Mizokami, "Gremlin Drone's First Flight Turns C-130 Into a Flying Aircraft Carrier," *Popular Mechanics*, January 21, 2020, https://www.popularmechanics.com/military/aviation/a30612943/gremlin-drone-first-flight/.

427 "Watch the Navy's LOCUST Launcher Fire a Swarm of Drones," Business Insider, YouTube, April 20, 2017: https://www.youtube.com/watch?v=qW77hVqux10&feature=youtu.be.

428 "Mind of the Swarm," Raytheon Missiles & Defense, https://www.raytheonmissilesanddefense.com/news/feature/mind-swarm.

429 Anam Tahir, et. al. "Swarms of Unmanned Aerial Vehicles?A Survey," *Journal of Industrial Information Integration*, Volume 16, December 2019, https://www.sciencedirect.com/science/article/pii/S2452414X18300086.

430 今後はジャミング、GPS否定環境、そして新しい5Gテクノロジーの使用にかかわる問題も出てくるだろう。Mitch Campion, Prakash Ranganathan, and Saleh Faruque, *A Review and Future Directions of UAV Swarm Communication Architectures,* 2018, https://und.edu/research/rias/_files/docs/swarm_ieee.pdf.

431 "NASC TigerShark-XP UAV Receives FAA Experimental Certification," UAV News, Space Daily, April 29, 2019, https://www.spacewar.com/reports/NASC_TigerShark_XP_UAV_Receives_FAA_Experimental_Certification_999.html; さらに詳しい情報はNASCのウェブサイトを参照：https://www.nasc.com/pages/defense/uas/tigershark.html.

432 David Hambling, "The Predator's Stealthy Successor Is Coming" *Popular Mechanics*, December 15, 2016, https://www.

2012, https://news.northropgrumman.com/news/releases/u-s-army-awards-northrop-grumman-122-million-counter-rocket-artillery-and-mortar-c-ram-contract.
395 Warrior Scout, "How the Army Plans to Counter Massive Drone Attacks," We Are the Mighty, February 5, 2020, https://www.wearethemighty.com/tech/how-the-army-plans-to-counter-massive-drone-attacks/.
396 Kris Osborne, "Army C-Ram Adds Drones to List of Threats to Kill," Real Clear Defense, July 26, 2017, https://www.realcleardefense.com/2017/07/26/army039s_c-ram_adds_drones_to_list_of_threats_to_kill_295255.html.
397 C-RAM、ミサイル防衛擁護同盟、C-RAMのページ：https://missiledefenseadvocacy.org/defense-systems/counter-rocket-artillery-mortar-c-ram/.
398 Kris Osborn, "Army C-RAM Base Defense Will Destroy Drones," Warrior Maven, November 28, 2017, https://defensemaven.io/warriormaven/land/army-c-ram-base-defense-will-destroy-drones-iERxJDqgmkuuz67ZO4y4ZA.
399 "Special Report: 'Time To Take Out Our Swords' - Inside Iran's Plot To Attack Saudi Arabia," Reuters, November 25, 2019, https://www.reuters.com/article/us-saudi-aramco-attacks-iran-special-rep/special-reporttime-to-take-out-our-swords-inside-irans-plot-to-attack-saudi-arabia-idUSKBN1XZ16H.
400 Humeyra Pamuk, "Exclusive: US Probe of Saudi Oil Attack Shows It Came from North," Reuters, December 19, 2019, https://www.reuters.com/article/us-saudi-aramco-attacks-iran/exclusive-u-s-probe-of-saudi-oil-attack-shows-it-came-from-north-report-idUSKBN1YN299.
401 ピニ・ユンマンとセス・J・フランツマンのインタビュー。2019年9月18日。以下も参照。Seth J. Frantzman, "Are Air Defense Systems Ready to Confront Drone Swarms?" Defense News, September 26, 2019, https://www.defensenews.com/global/mideast-africa/2019/09/26/are-air-defense-systems-ready-to-confront-drone-swarms/.
402 ケネス・マッケンジーと中東研究所代表のCENTCOMに関するディスカッション（2020年6月10日）。ディスカッション全体はYouTubeの動画で見ることができる。とくに57分を参照：https://www.youtube.com/watch?v=fsXcWLDNTcE&feature=youtu.be.
403 "Ben-Gurion U Team Unveils Laser Drone Kill System," Globes, March 5, 2020, https://en.globes.co.il/en/article-ben-gurion-u-team-unveils-laser-drone-defense-system-1001320876.
404 Yoav Zitun, "The Next Generation of Reconnaissance Drones," Ynet, June 12, 2019, https://www.ynetnews.com/business/article/Sy11m5jbar.
405 "RAFAEL's Drone Dome Intercepts Multiple Maneuvering Targets with LASER Technology," RAFAEL, February 16, 2020, https://www.rafael.co.il/press/rafaels-drone-dome-intercepts-multiple-maneuvering-targets-with-laser-technology/.
406 "Could the Iron Dome Protect You One Day?" IDF, May 22, 2015, https://www.idf.il/en/articles/military-cooperation/could-the-iron-dome-protect-you-one-day/.
407 Seth J. Frantzman, "Countering UAVs, An Inside Look at IAI's Elta Drone Guard," Defense News, January 28, 2019, https://www.defensenews.com/unmanned/2019/01/28/countering-uavs-an-inside-look-at-iai-eltas-drone-guard/.
408 Sebastien Roblin, "Why U.S. Patriot Missiles Failed to Stop Drones and Cruise Missiles Attacking Saudi Oil Sites," NBC News, September 23, 2019, https://www.nbcnews.com/think/opinion/trump-sending-troops-saudi-arabia-shows-short-range-air-defenses-ncna1057461.
409 Yoav Zitun, "Israel's New Answer to Drone Threats: Laser Beams," Ynet, February 12, 2020, https://www.ynetnews.com/business/article/SyEfY00bmU.
410 Seth J. Frantzman, "Israel is Developing Lasers to Kill Drones and Rockets," Defense News, January 9, 2020, https://www.defensenews.com/industry/techwatch/2020/01/09/israel-is-developing-lasers-to-kill-drones-and-rockets/.
411 MDAAウェブサイト：https://missiledefenseadvocacy.org/defense-systems/iron-beam/.
412 "USS Portland Conducts Laser Weapon System Demonstrator Test," Commander, U.S. Pacific

unveils-its-weapons-of-the-future/.

380 Barbara Opall-Rome, "Pentagon Eyes US Iron Dome to Defend Forward-Based Forces," Defense News, August 26, 2016, https://www.defensenews.com/smr/space-missile-defense/2016/08/08/pentagon-eyes-us-iron-dome-to-defend-forward-based-forces/.

381 Shawn Snow, "The Marine Corps Has Been Looking at Israel's Iron Dome to Boost Air Defense," *Marine Corps Times*, May 7, 2019, https://www.marinecorpstimes.com/news/your-marine-corps/2019/05/07/the-marine-corps-has-been-looking-at-israels-iron-dome-air-defense-system/.

382 Jason Sherman, "US Army Scraps $1B. Iron Dome Project, After Israel Refuses to Provide Key Codes," *The Times of Israel*, March 7, 2020, https://www.timesofisrael.com/us-army-scraps-1b-iron-dome-project-after-israel-refuses-to-provide-key-codes/.

383 Adam Chandler, "Israel Shoots Down Hamas' First Combat Drone With $1M Missile," *The Atlantic*, July 14, 2014, https://www.theatlantic.com/international/archive/2014/07/israel-shoots-down-hamas-first-combat-drone-with-1m-missile/374368/.

384 Judah Ari Gross, "IDF: Patriot Missile Fired at Incoming UAV from Syria, Which Retreats," *The Times of Israel*, June 24, 2018, https://www.timesofisrael.com/patriot-interceptor-reportedly-fired-in-northern-israel-circumstances-unclear/; Judah Ari Gross, "IDF Intercepts Syrian Drone That Penetrated 10 Kilometers Into Israel," *The Tims of Israel*, July 11, 2018, https://www.timesofisrael.com/idf-patriot-missile-fired-toward-incoming-drone-from-syria/.

385 Anna Ahronheim, "Patriot Missile Intercepts Drone on Israel's Border with Syria," *The Jerusalem Post*, November 11, 2017, https://www.jpost.com/arab-israeli-conflict/patriot-missile-intercepts-drone-on-israels-border-with-syria-513968.

386 Yaakov Lappin, "Israeli Fighters Jet, Patriots, Miss Suspicious Drone That Intruded From Syria," *The Jerusalem Post*, July 17, 2016, https://www.jpost.com/Arab-Israeli-Conflict/Rocket-alert-sirens-sounded-in-Golan-Heights-460643.

387 David Hambling, "How did Hezbollah's Drone Evade a Patriot Missile?" *Popular Mechanics*, July 29, 2016, https://www.popularmechanics.com/flight/drones/a22114/hezbollah-drone-israel-patriot-missile/.

388 Chris Baraniuk, "Small Drone 'Shot with Patriot Missile,'" BBC News, March 15, 2017, https://www.bbc.com/news/technology-39277940; Kyle Mizokami, "A Patriot Missile Shot Down a Quadcopter in an Impressive But Wildly Expensive Shot," *Popular Mechanics*, March 15, 2017, https://www.popularmechanics.com/military/weapons/news/a25694/patriot-shot-down-quad-expensive/.

389 改良が施されたPAC-2は1990年に配備され、PAC-3は2003年以降に導入された。was rolled out after 2003: http://www.military-today.com/missiles/patriot_pac2.htm.

390 Zachary Keck, "Why America Is Ramping Up Its Production of Patriot Missiles," *National Interest*, December 14, 2019, https://nationalinterest.org/blog/buzz/why-america-ramping-its-production-patriot-missiles-103952.

391 Russ Read, "'They Can't Be Everywhere at Once': Why Patriot Missile Interceptors Were Not Used During Iran Missile Strike," *Washington Examiner*, January 8, 2020, https://www.washingtonexaminer.com/policy/defense-national-security/they-cant-be-everywhere-at-once-why-patriot-missile-interceptors-were-not-used-during-iran-missile-strike.

392 Seth J. Frantzman, "Why the US Can't Move Patriot Missiles to Iraq," *The Jerusalem Post*, February 6, 2020, https://www.jpost.com/middle-east/why-the-us-cant-move-patriot-missiles-to-iraq-616674.

393 Gary Sheftick, "Patriot Force Halfway Thru Major Modernization," U.S. Army, August 22, 2019, https://www.army.mil/article/225044/patriot_force_halfway_thru_major_modernization.

394 C-RAMはノースラップ・グラマン社のシステムである。ノースラップは2012年、イラクとアフガニスタンの前線作戦基地にシステムを供給する1億2200億ドルの契約を締結した。"U.S. Army Awards Northrop Grumman $122 Million Counter-Rocket Artillery and Mortar (C-RAM) Contract," Northrop Grumman, January 30,

364 Ahmad Majidyar, "Iranian Drone Allegedly Spotted Flying Over Western Afghanistan," MEI@75, August 29, 2017, https://mei.edu/publications/iranian-drone-allegedly-spotted-flying-over-western-afghanistan.

365 それ以前にもイラン海軍は「Veleyat 94」と呼ばれる大規模演習を行っている。Seth J. Frantzman, "50 Iranian Drones Conduct Massive 'Way to Jerusalem' Exercise - Report," *The Jerusalem Post*, March 14, 2019, https://www.jpost.com/Middle-East/50-Iranian-drones-conduct-massive-way-to-Jerusalem-exercise-report-583387.

366 Ron Ben-Yishai, "The Race is On To Retrieve the U.S. Spy Drone Brought Down By Iran," Ynet, June 20, 2019, https://www.ynetnews.com/articles/0,7340,L-5529508,00.html.

367 Bill Chappell and Tom Bowman, "USS Boxer Used Electronic Jamming to Take Down Iranian Drone, Pentagon Sources Say," NPR, July 19, 2019, https://www.npr.org/2019/07/19/743444053/u-s-official-says-government-has-evidence-iran-drone-was-destroyed.

368 Patrick Tucker, "How the Pentagon Nickel-and-Dimed Its Way Into Losing a Drone," Defense One, June 20, 2019, https://www.defenseone.com/technology/2019/06/how-pentagon-nickel-and-dimed-its-way-losing-drone/157901/.

369 "Photo Release - Northrop Grumman Conducts First Fligth of Modernized, Multi-Mission Hunter UAV," Northrop Grumman, August 9, 2005, https://news.northropgrumman.com/news/releases/photo-release-northrop-grumman-conducts-first-flight-of-modernized-multi-mission-hunter-uav.

370 James Hasik, *Arms and Innovation: Entrepreneurship and Innovation in the 21st Century.*

371 David Axe, "The Secret History of Boeing's Killer drone," Wired, June 6, 2011, https://www.wired.com/2011/06/killer-drone-secret-history/.

372 同上。

373 "Russia's Latest Attack Drone Performs 1st Joint Flight with Su-57 Fifth-Generation Plane," TASS, September 27, 2019, https://tass.com/defense/1080201#:~:text=Russia's%20latest%20Okhotnik%20(Hunter)%20heavy,Defense%20Ministry%20announced%20on%20Friday.&text=%=%22The%20Okhotnik%20unmanned%20aerial%20vehicle,plane%2C%22%20the%20ministry%20said.

374 "Army Takes Another Step in Warrior UAV Development," Military & Aerospace Electronics, March 9, 2006, https://www.militaryaerospace.com/unmanned/article/16722199/army-takes-another-step-in-warrior-uav-development.

375 Nathan Hodge, "Army's Killer Drone Takes First Shots in Combat," *Wired*, March 5, 2009, https://www.wired.com/2009/03/armys-new-drone/.

376 "Sky Warrior ERMP UAV System," Defense Update, December 5, 2008, https://defense-update.com/20081205_warrioruav.html.

377 2019、2020年にもイスラエルはF-15を緊急発進させてガザから飛んでくるドローンを撃墜した。ガザ地区を飛び立ったドローンはイスラエルにより地中海沿岸で撃ち落とされる。"IDF Shoots Down Gaza Drone Off the Enclave's Coast," i24 News, February 27, 2020, https://www.i24news.tv/en/news/israel/diplomacy-defense/1582795868-idf-shoots-down-gaza-drone-over-coastal-enclave; Yaniv Kubovich and Almog Ben Zikri, "Israel Intercepts High Flying UAV Over Gaza," *Haaretz*, October 29, 2019, https://www.haaretz.com/israel-news/.premium-israeli-army-intercepts-drone-flying-at-an-unusual-height-over-the-gaza-1.8055230.

378 Kyle Mizokami, "A Reaper Drone Shot Down Another Drone in First Unmanned Air-to-Air Kill," *Popular Mechanics*, September 19, 2018, Accessed May 25, 2020, https://www.popularmechanics.com/military/aviation/a23320374/reaper-drone-first-unmanned-air-to-air-kill/. 攻撃したのはクリーチ空軍基地の第四三二航空遠征航空団。使用されたのは赤外線誘導空対空ミサイルだった。

379 Judah Ari Gross, "Unmanned Subs, Sniper Drones, Gun That Won't Miss: Israel Unveils Future Weapons," *The Times of Israel*, September 5, 2017, https://www.timesofisrael.com/unmanned-subs-and-sniper-drones-israel-

341 Wim Zwijnenburg, "Sentinels, Saeqehs and Simorghs: An Open Source Survey of Iran's New Drone in Syria," Bellingcat, February 13, 2018, https://www.bellingcat.com/news/mena/2018/02/13/sentinels-saeqehs-simorghs-open-source-information-irans-new-drone-syria/.

342 Wam/Ridyadh, "Saudi Foils Houthi Drone Attack Bid on Abha Airport," *Khaleej Times*, May 27, 2018, https://www.khaleejtimes.com/region/saudi-arabia/Saudi-foils-drone-attack-bid-on-Abha-airport-.

343 "How Did the Supreme Leader's Strategic Recommendation to the IRGC/Iran Airspace Become the Owner of the Largest Fleet of Combat Drones in the Region?" FARS, Accessed June 7, 2020, https://www.farsnews.ir/news/13981011001126/.

344 それはドイツのV-1に似ていた。

345 Dan Gettinger, "Drone Activity in Iran," Offizier.ch, June 4, 2016, https://www.offiziere.ch/?p=27907; ゲッティンガーは毎週発行されるニュースレター「Drone Bulletin」に記事を執筆している。https://dronebulletin.substack.com/.

346 シーカー2000の航続距離は200km、時速120km。Forecast International: https://www.forecastinternational.com/fic/loginform.cfm.

347 "Seeker II UAV Shot Down in Yemen," defenceWeb, July 8, 2015, https://www.defenceweb.co.za/aerospace/aerospace-aerospace/seeker-ii-uav-shot-down-in-yemen/; デネル・ダイナミクスはシーカー400に兵器を搭載したスナイパーも製造した。"Weaponised Seeker 400 Debuts at IDEX," defenceWeb, February 24, 2015, https://www.defenceweb.co.za/aerospace/aerospace-aerospace/weaponised-seeker-400-debuts-at-idex/.

348 Cal Pringle, "5 Times in History Enemies Shot Down a US Drone," C4ISRNET, August 22, 2019, https://www.c4isrnet.com/unmanned/2019/08/23/5-times-in-history-enemies-shot-down-a-us-drone/.

349 同上。Benjamin Minick, "ScanEagle Drone Shot Down by Yemeni Rebels, But Do The Saudis Fly Them?" *International Business Times*, November 1, 2019, https://www.ibtimes.com/scaneagle-drone-shot-down-yemeni-rebels-do-saudis-fly-them-2858390.

350 IAIのスカウトの設計図は以下を参照。https://www.the-blueprints.com/blueprints/modernplanes/modern-i/81182/view/iai_scout/.

351 エアロノーティクスのウェブサイトを参照。https://aeronautics-sys.com/home-page/page-systems/page-systems-aerostar-tuas/.

352 ガレン・ライトのブログArkenstoneにおけるMohajer（モハジャー）の記述を参照。http://thearkenstone.blogspot.com/2011/02/ababil-uav.html.

353 同上。

354 Wright, 同上。

355 イラン軍は2019年10月にも殺人ロボットの存在を明らかにしている。Kelsey D. Atherton, "Beetle-Like Iranian Robots Can Roll Under Tanks," C4ISRNet, October 8, 2019, https://www.c4isrnet.com/unmanned/2019/10/08/beetle-like-iranian-robots-roll-under-tanks/.

356 "Iran's Defense Ministry Makes Mass Delivery of New Drones to Army," PressTV, April 18, 2020, https://www.presstv.com/Detail/2020/04/18/623293/US-militants-defect-Syria-Tanf-base.

357 以下のリンクにある動画を参照。https://twitter.com/BabakTaghvaee/status/1251599587774775296.

358 John Drennan, *Iranian unmanned systems,* International Institute for Strategic Studies, 2019, p.31

359 アダム・ラウンズレーのインタビュー。2020年2月28日。

360 Thomas Donnelly, "Drones: Old, New, Borrowed, Blue," AEI, February 6, 2014, https://www.aei.org/articles/drones-old-new-borrowed-blue/.

361 David Hambling, "The Predator's Stealthy Successor is Coming," *Popular Mechanics*, December 15, 2016, https://www.popularmechanics.com/military/aviation/a24311/air-force-new-drone/.

362 地図は以下を参照。Dan Gettinger, "Drone Activity in Iran," Offizier.ch, June 4, 2016, https://www.offiziere.ch/?p=27907.

363 Barbara Starr, "Iranian Surveillance Drone Flies Over U.S. Aircraft Carrier in Persian Gulf," CNN Politics, January 29, 2016, https://edition.cnn.com/2016/01/29/politics/iran-drone-uss-harry-truman/index.html.

322 "Video: Iran Shows Off Captured U.S. Drone, Swears It's No Fake," *Wired*, December 8, 2011, https://www.wired.com/2011/12/iran-drone-video/.

323 WikiLeaks, "AP Sources: Drone Crashed In Iran on CIA Mission (AP)," Huma Abedin to Hillary Clinton, December 6, 2011, https://wikileaks.org/clinton-emails/emailid/12828.

324 AP, "Iran Says Downed US Drone Was Deep In Its Airspace," *Egypt Independent*, December 7, 2011, https://www.egyptindependent.com/iran-says-downed-us-drone-was-deep-its-airspace/.

325 Andrew Tarantola, "Why Did Lockheed Blow Up Its Own Prototype UAV Bomber?" Gizmodo, March 20, 2014, https://gizmodo.com/why-did-lockheed-blow-up-its-own-prototype-uav-bomber-1532210554.

326 WikiLeaks, "Pilot Error May Have Caused Iran Drone Crash (Reuters)," Huma Abedin to Hillary Clinton, December 16, 2011, https://wikileaks.org/clinton-emails/emailid/12818.

327 Adam Rawnsley, *Wired*, December 8, 2011; ドローン墜落に関するウィキリークスの要約の一部：WikiLeaks, "[OS] Iran/US/MIL/CT/TECH - Tech Websites' Coverage of the Iranian RQ-170 Footage," *The Global Intelligence Files*, December 9, 2011, https://wikileaks.org/gifiles/docs/60/60475_-os-iran-us-mil-ct-tech-tech-websites-coverage-of-the.html.

328 Zachary Wilson, "Airmen Demonstrate Unmanned Aircraft Systems Not Merely 'Drones,'" DVIDS, March 25, 2009, https://www.dvidshub.net/news/31579/airmen-demonstrate-unmanned-aircraft-systems-not-merely-drones.

329 WikiLeaks, "Analysis for Edit - 3 - Iran/MIL - UAV Rumors - Short - ASAP," Stratfor emails, *The Global Intelligence Files*, December 5, 2011, https://wikileaks.org/gifiles/docs/18/1850711_analysis-for-edit-3-iran-mil-uav-rumors-short-asap-.html.

330 Justin Fishel, "Panetta Says Drone Campaign Over Iran Will Continue," *Fox News*, December 13, 2011, https://www.foxnews.com/politics/panetta-says-drone-campaign-over-iran-will-continue.

331 ロッキード社は2006年12月、自動フェールセーフ・モードを用いてポールキャットを墜落させた。"Iran Warns Afghanistan About U.S. Drones," *The Daily Beast*, December 15, 2011, https://www.thedailybeast.com/cheats/2011/12/15/iran-warns-afghanistan-about-u-s-drones.

332 Heather Maher, "Iran Shows Footage Of Captured U.S. Drone," RFERL, December 8, 2011, https://www.rferl.org/a/iran_airs_footage_of_us_drone/24416107.html.

333 Adam Stone, "How Full-Motion Video is Changing ISR," C4ISR, March 23, 2016, https://www.c4isrnet.com/intel-geoint/isr/2016/03/23/how-full-motion-video-is-changing-isr/. 詳細は以下を参照。"What Is Full Motion Video (FMV)?" GISGeography.com, https://gisgeography.com/full-motion-video-fmv/.

334 *The Future of Air Force Motion Imagery Exploitation*. February 23, 2013, Rand.

335 David Donald, "Israel Shoots Down Hezbollah's Iranian UAV," AIN Online, October 12, 2012, https://www.ainonline.com/aviation-news/defense/2012-10-12/israel-shoots-down-hezbollahs-iranian-uav.「撃墜された無人機はスキャンイーグル級のようだ」

336 "Did Iran Release a Video of Hacked American UAVs in Syria and Iraq?" SOFREP, February 26, 2019, https://sofrep.com/fightersweep/did-iran-release-a-video-of-hacked-american-uavs-in-syria-and-iraq/.

337 Ariel Ben Solomon, "Did Iran Stage 'Dowing' of Israeli Drone?" *The Jerusalem Post*, September 1, 2014, https://www.jpost.com/middle-east/did-iran-stage-downing-of-israeli-drone-373045.

338 S. Tsach, *et. al.*,"History of UAV Development in IAI & Road Ahead," 24th ICAS 2004, http://www.icas.org/ICAS_ARCHIVE/ICAS2004/PAPERS/519.PDF.

339 "The First UAV Squadron," Israeli Air Force, Accessed May 10, 2020, https://www.iaf.org.il/4968-33518-en/IAF.aspx.

340 Reuters, "Iranian Revolutionary Guard Unveils New Attack Drones," *The Jerusalem Post*, October 1, 2016, https://www.jpost.com/israel-news/iranian-revolutionary-guard-unveils-new-attack-drones-469235.

www.thenationalnews.com/world/mena/the-houthis-have-built-their-own-drone-industry-in-yemen-1.1032847.

307 Jamie Prentis, "Houthi Drone Power Increasing with Iranian Help: The Key Takeaways," *The National*, February 19, 2020, https://www.thenationalnews.com/world/mena/houthi-drone-power-increasing-with-iranian-help-the-key-takeaways-1.981603.

308 "Suicide Drones…Houthi Strategic Weapon," Abaad Studies & Research Center, https://abaadstudies.org/print.php?id=59795.

309 "Yemeni Army Unveils New Indigenous Combat, Reconnaissance Drones," Press TV, February 26, 2017, https://www.presstv.com/Detail/2017/02/26/512188/Yemeni-army-combat-reconnaissance-drone-Qasef-Hudhud-Borkan-ballistic-missile.

310 Aaron Stein, "Low-Tech, High-Reward: The Houthi Drone Attack," Foreign Policy Research Institute, January 11, 2019, https://www.fpri.org/article/2019/01/low-tech-high-reward-the-houthi-drone-attack/.

311 "Report: Yemen's Houthis Developing Deadlier, More Accurate Drones," Middle East Monitor, February 19, 2020, https://www.middleeastmonitor.com/20200219-report-yemens-houthis-developing-deadlier-more-accurate-drones/.

312 Howard Altman, "Tale of Two Drones: ISIS Wreaked Havoc Cheaply, Tampa Meeting Showcases State of the Art," *Tampa Bay Times*, May 17, 2017, https://www.tampabay.com/news/military/tale-of-two-drones-isis-wreaked-havoc-cheaply-tampa-meeting-showcases/2324138/.

313 Gary Sheftick, "Innovative Agencies Partner to Counter Drone Threat," Army News Service, November 18, 2015, https://www.army.mil/article/158748/innovative_agencies_partner_to_counter_drone_threat; John Kester, "Darpa Wants Mobile Technologies to Combat Small Drones," Foreign Policy, October 5, 2017, https://foreignpolicy.com/2017/10/05/darpa-wants-mobile-technologies-to-combat-small-drones/#:~:text=By%20John%20Kester&text=U.S.%20military%20convoys%20in%20dangerous,about%20three%20to%20four%20years.

314 James Lewis, "The Battle of Marawi: Small Team Lessons Learned for the Close Fight," The Cove, November 26, 2018, Accessed May 27, 2020, https://cove.army.gov.au/article/the-battle-marawi-small-team-lessons-learned-the-close-fight.

315 Oriana Pawlyk, "New Pentagon Team Will Develop Ways to Fight Enemy Drones," *Defense News*, January 15, 2020, https://www.military.com/daily-news/2020/01/15/new-pentagon-team-will-develop-ways-fight-enemy-drones.html.

316 Kyle Rempfer, "Did US Drones Swarm a Russian Base? Probably Not, but That Capability Isn't Far Off," Military Times, October 29, 2018, https://www.militarytimes.com/news/2018/10/29/did-us-drones-swarm-a-russian-base-probably-not-but-that-capability-isnt-far-off/.

317 Kelsey D. Atheron, "If This Rocket is So 'Dumb,' How Does it Ram Enemy Drones Out of the Sky?" C4ISRNET, April 23, 2019, https://www.c4isrnet.com/unmanned/2019/04/23/russian-robot-will-ram-drones-out-of-the-sky/.

318 "Russia Repels Drone Attack on Base in Syria's Latakia," Tasnim News Agency, January 20, 2020, https://www.tasnimnews.com/en/news/2020/ 01/20/2185986/russia-repels-drone-attack-on-base-in-syria-s-latakia.

319 Clay Dillow, "The 'Beast of Kandahar' Stealth Aircraft Quietly Resurfaces in New Pics," *Popular Science*, January 25, 2011, https://www.popsci.com/technology/article/2011-01/beast-kandahar-quietly-resurfaces-new-pics/.

320 Bill Yenne, *Area 51-Black Jets: A History of the Aircraft Developed at Groom Lake*; See also Joseph Trevithick and Tyler Rogoway, "Details Emerge About the Secretive RQ-170 Stealth Drone's First Trip to Korea," January 28, 2020, https://www.thedrive.com/the-war-zone/31992/exclusive-details-on-the-secretive-rq-170-stealth-drones-first-trip-to-korea.

321 WikiLeaks, "Iran Military Shoots Down U.S. Drone-State TV," Huma Abedin to Hillary Clinton, December 4, 2011, https://wikileaks.org/clinton-emails/emailid/24991.

Down Hamas Drone," Ynet, September 20, 2016, https://www.ynetnews.com/articles/0,7340,L-4857327,00.html.

290 Reuters Staff, "Israel Shoots Down Hamas Drone from Gaza Strip: Military," Reuters, February 23, 2017, https://www.reuters.com/article/us-israel-palestinians-uav/israel-shoots-down-hamas-drone-from-gaza-strip-military-idUSKBN1621TL.

291 "Egyptian Military Shoots Down 'Hamas Drone' from Gaza," The New Arab, September 25, 2019, https://english.alaraby.co.uk/english/news/2019/9/25/egypt-shoots-down-hamas-drone-from-gaza.

292 "US Navy Seizes Illegal Weapons in Arabian Sea," U.S. Central Command, February 13, 2019, https://www.centcom.mil/MEDIA/PRESS-RELEASES/Press-Release-View/Article/2083824/us-navy-seizes-illegal-weapons-in-arabian-sea/#.XkWiDE6gzoo.twitter.

293 Lisa Barrington and Aziz El Yaakoubi, "Yemen Houthi Drones, Missiles Defy Years of Saudi Air Strikes," Reuters, September 17, 2019, https://www.reuters.com/article/us-saudi-aramco-houthis/yemen-houthi-drones-missiles-defy-years-of-saudi-air-strikes-idUSKBN1W22F4.

294 "Drone Attack by Yemen Rebels Sparks Fire in Saudi Oil Field," Al Jazeera, August 17, 2019, https://www.aljazeera.com/economy/2019/8/17/drone-attack-by-yemen-rebels-sparks-fire-in-saudi-oil-field.

295 2019年5月、フーシ派はサウジアラビアの石油ポンプ場を攻撃したと主張した。その後、それらのドローンはイランの支援を受けるカタイブ・ヒズボラによってイラクから飛ばされた可能性が浮上した。Laurie Mylroie, "US Says Drones from Iraq Were Fired at Saudi Pipeline, As Military Build Up Continues," Kurdistan 24, June 29, 2019, https://www.kurdistan24.net/en/news/416f57dc-f3a5-454b-aa14-8e6eea71f4fa.

296 Dhia Muhsin, "Houthi Use of Drones Delivers Potent Message in Yemen War," IISS, August 27, 2019, https://www.iiss.org/blogs/analysis/2019/08/houthi-uav-strategy-in-yemen.

297 以下に写真が掲載されている：https://cdn.almasdarnews.com/wp-content/uploads/2017/02/1-25.jpg.

298 Jon Gambrell, *The Associated Press*, "How Yemen's Rebels Increasingly Deploy Drones," Defense News, May 21, 2019, https://www.defensenews.com/unmanned/2019/05/21/how-yemens-rebels-increasingly-deploy-drones/.

299 Jon Gambrell, *Associated Press*, "Devices Found in Missiles, Yemen Drones Link Iran to Attacks," ABC News, February 19, 2020, https://abcnews.go.com/International/wireStory/devices-found-missiles-yemen- drones-link-iran-attacks-69064032.

300 シャヘド－123の画像は以下を参照。https://twitter.com/jeremybinnie/status/1110933643499921412; ヘルメス450の詳細は以下を参照。Bill Yenne's Drone Strike!; ヘルメス450墜落の詳細は、Drone Warsが2019年に発表した、*Accidents Will Happen*, p. 19, https://dronewars.net/wp-content/uploads/2019/06/DW-Accidents-WEB.pdfを参照。

301 "Evolution of UAVs Employed by Houthi Forces in Yemen," Conflict Armament Research, February 19, 2020, https://storymaps.arcgis.com/stories/46283842630243379f0504ece90a821f.

302 同上、p. 21.

303 *Iran's Networks of Influence in the Middle East*, International Institute for Strategic Studies, p. 170.

304 James Reinl, "Middle East Drone Wars Heat Up in Yemen," The New Arab, April 30, 2019, https://english.alaraby.co.uk/english/indepth/2019/4/30/middle-east-drone-wars-heat-up-in-yemen.

305 "Evolution of UAVs Employed by Houthi Forces in Yemen," Conflict Armament Research, February 19, 2020, https://storymaps.arcgis.com/stories/46283842630243379f0504ece90a821f.

306 "Timeline of Houthis' Drone and Missile Attacks on Saudi Targets," Al Jazeera, September 14, 2019, https://www.aljazeera.com/news/2019/9/14/timeline-houthis-drone-and-missile-attacks-on-saudi-targets; 詳細は以下を参照。Thomas Harding, "The Houthis Have Built Their Own Drone Industry in Yemen," The National, June 13, 2020, https://

relationship-tracker/iran-lebanese-hezbollah-relationship-tracker-2010#_edn96b5b263bbf1e4493514627b8fb9e5bf51 を参照。

271 Yaakov Katz, "IDF Encrypting Drones after Hezbollah Accessed Footage," *The Jerusalem Post*, October 27, 2010, https://www.jpost.com/israel/idf-encrypting-drones-after-hizbullah-accessed-footage.

272 WikiLeaks, "Re: S3/G3 - Israel/Lebanon/Syriamil - Hizbullah Has Drones, Israeli Officer Warns: We Will Strike Syria if it Continues Its Support," *The Global Intelligence Files*, August 25, 2013, https://wikileaks.org/gifiles/docs/11/1194067_re-s3-g3-israel-lebanon-syriamil-hizbullah-has-drones.html.

273 Adam Rawnsley, "Iran's Drones Are Back in Iraq," *War is Boring*, January 24, 2015, Accessed June 15, 2020, https://medium.com/war-is-boring/irans-drones-are-back-in-iraq-ed60bb33501d.

274 David Donald, "Israel Shoots Down Hezbollah's Iranian UAV," AIN Online, October 12, 2012, https://www.ainonline.com/aviation-news/defense/2012-10-12/israel-shoots-down-hezbollahs-iranian-uav.

275 Mariam Karouny, "Hezbollah Confirms it Sent Drone Downed Over Israel," Reuters, October 11, 2012, https://www.reuters.com/article/us-lebanon-israel-drone/hezbollah-confirms-it-sent-drone-downed-over-israel-idUSBRE89A19J20121011.

276 Belen Fernandez, "Meet Ayoub: The Muslim Drone," Al Jazeera, October 18, 2012, https://www.aljazeera.com/opinions/2012/10/18/meet-ayoub-the-muslim-drone.

277 Avery Plaw and Elizabeth Santoro, "Hezbollah's Drone Program Sets Precedents for Non-State Actors," Jamestown Foundation, November 10, 2017, https://www.refworld.org/docid/5a0d7eb94.html.

278 "Hezbollah Drone Airstrip in Lebanon Revealed," Ynet, April 25, 2015, https://www.ynetnews.com/articles/0,7340,L-4650361,00.html.

279 Rosana Bou Mouncef, "Hezbollah Drone Another Example of Iran Exerting Regional Influence," Al-Monitor, October 16, 2012, https://www.al-monitor.com/pulse/security/01/10/hezbollah-drone-shows-irans-regional-influence-undimmed.html.

280 *The Associated Press*, "Israel Uses Patriot Missile to Shoot Down Drone," Defense News, November 13, 2017, https://www.defensenews.com/land/2017/11/13/israel-uses-patriot-missile-to-shoot-down-drone/.

281 Amos Harel, "Air Force: Hezbollah Drone Flew Over Israel for Five Minutes," *Haaretz*, August 11, 2004, https://www.haaretz.com/1.4752200.

282 David Kenner, "Why Israel Fears Iran's Presence in Syria," *The Atlantic*, July 22, 2018, https://www.theatlantic.com/international/archive/2018/07/hezbollah-iran-new-weapons-israel/565796/.

283 Roi Kais, "Hezbollah Has Fleet of 200 Iranian-Made UAVs," Ynet, November 25, 2013, https://www.ynetnews.com/articles/0,7340,L-4457653,00.html.

284 David M. Halbfinger, "Israel Says It Struck Iranian 'Killer Drones,'" *The New York Times*, August 24, 2019, https://www.nytimes.com/2019/08/24/world/middleeast/israel-says-it-struck-iranian-killer-drones-in-syria.html.

285 Ronen Bergman, "Hezbollah Stockpiling Drones in Anticipation of Israeli Strike," Al-Monitor, February 15, 2013, https://www.al-monitor.com/pulse/security/01/05/the-drone-threat.html.

286 Agencies, "Lebanese Man Pleads Guilty in US to Buying Drone Parts for Hezbollah," *The Times of Israel*, March 11, 2020, https://www.timesofisrael.com/lebanese-man-pleads-guilty-in-us-to-buying-drone-parts-for-hezbollah/.

287 Arthur Holland Michel, Dan Gettinger, "A Brief History of Hamas and Hezbollah's Drones," Need to Know, July 14, 2014, https://dronecenter.bard.edu/hezbollah-hamas-drones/.

288 David Cenciotti, "Hamas Flying an Iranian-Made Armed Drone Over Gaza," *The Aviationist*, July 14, 2014, https://theaviationist.com/2014/07/14/ababil-over-israel/; 以下も参照。Steven Stalinsky and R. Sosnow, "A Decade of Jihadi Organizations' Use of Drones," MEMRI, February 21, 2017, Accessed June 27, 2020, https://www.memri.org/reports/decade-jihadi-organizations-use-drones-%E2%80%93-early-experiments-hizbullah-hamas-and-al-qaeda.

289 Yoav Zitun, "Watch: Israeli Air Force Shoots

Technology," *The Intercept*, October 15, 2015, https://theintercept.com/drone-papers/firing-blind/ も参照。

252 Gen. John P. Abizaid (US Army, Ret.) and Rosa Brooks, "Recommendations and Report of The Task Force on US Drone Policy," Stimson, April 2015, https://www.stimson.org/wp-content/files/file-attachments/recommendations_and_report_of_the_task_force_on_us_drone_policy_second_edition.pdf.

253 Christopher J. Fuller, "The Origins of the Drone Program," Lawfare, February 18, 2018, https://www.lawfareblog.com/origins-drone-program.

254 ウィム・スウェイナンバーグとのインタビュー。2020年3月3日。

255 James Hasik, *Arms and Innovation: Entrepreneurship and Innovation in the 21st Century.*

256 Valerie Insinna, "US Air Force Relaunches Effort to Replace MQ-9 Reaper Drone," *Defense News*, June 4, 2020, https://www.defensenews.com/air/2020/06/04/the-air-force-is-looking-for-a-next-gen-replacement-to-the-mq-9-reaper-drone/.

257 Gordon Lubold and Warren P. Strobel, "Secret U.S. Missile Aims to Kill Only Terrorists, Not Nearby Civillians," *The Wall Street Journal*, May 9, 2019, https://www.wsj.com/articles/secret-u-s-missile-aims-to-kill-only-terrorists-not-nearby-civilians-11557403411.

258 Thomas Barnett, *The Pentagon's New Map*, New York: Putnam, 2004（トマス・バーネット『戦争はなぜ必要か』、新崎京助訳、講談社インターナショナル、2004年）。

259 のちにラジオプレーンはノースラップ・グラマンに買収された。

260 主なテロ組織のリストは以下を参照。"Non-State Actors with Drone Capabilities," New America, https://www.newamerica.org/international-security/reports/world-drones/non-state-actors-with-drone-capabilities/.

261 Terrorists develop UAVs, December 6, 2005; http://www.armscontrol.ru/UAV/mirsad1.htm.

262 アメリカの外交公電によると、シリアの諜報機関がヒズボラのドローン侵入を手助けした ; WikiLeaks, "MGLE01: Syrian Intelligence May Have Worked with Hizballah on UAV Launchings," Public Library of US Diplomacy, April 25, 2005, https://wikileaks.org/plusd/cables/05BEIRUT1322_a.html.

263 アメリカとイスラエルの協議、WikiLeaks, "U.S./IS Dialogue on Lebanon: Support Moderates, But Disagreement Over How," Public Library of US Diplomacy, September 29, 2008, https://wikileaks.org/plusd/cables/08TELAVIV2247_a.html.

264 イランに関する議会調査 : Kenneth Katzman, "Congressional Research Service Report RL32048, Iran: U.S. Concerns and Policy Responses," WikiLeaks Document Release, December 31, 2008, Released February 2, 2009, https://file.wikileaks.org/file/crs/RL32048.pdf.

265 Milton Hoenig, "Hezbollah and the Use of Drones as a Weapon of Terrorism," *Public Interest Report* (67) no. 2, Spring 2014, https://fas.org/wp-content/uploads/2014/06/Hezbollah-Drones-Spring-2014.pdf; Arthur Holland Michel, Dan Gettinger, "A Brief History of Hamas and Hezbollah's Drones," Need to Know, July 14, 2014, https://dronecenter.bard.edu/hezbollah-hamas-drones/.

266 "Iranian-Made Ababil-T Hezbollah UAV Shot Down by Israeli Fighter in Lebanon Crisis," FlightGlobal, August 15, 2006, https://www.flightglobal.com/iranian-made-ababil-t-hezbollah-uav-shot-down-by-israeli-fighter-in-lebanon-crisis/68992.article.

267 WikiLeaks, "U.S./IS Dialogue on Lebanon: Support Moderates, but Disagreement Over How," Public Library of US Diplomacy, September 29, 2008, https://wikileaks.org/plusd/cables/08TELAVIV2247_a.html.

268 ストラトフォーの E メール : https://wikileaks.org/gifiles/docs/66/66411_-insight-insight-lebanon-hez-preparations-me1-.html.

269 イランに関する議会調査 : Kenneth Katzman, "Congressional Research Service Report RL32048, Iran: U.S. Concerns and Policy Responses," WikiLeaks Document Release, December 31, 2008, Released February 2, 2009, https://file.wikileaks.org/file/crs/RL32048.pdf.

270 Critical Threats Iran Tracker: Michael Adkins, "Iran-Lebanese Hezbollah Relationship Tracker," Critical Threats, March 19, 2010, https://www.criticalthreats.org/briefs/iran-lebanese-hezbollah-

news.un.org/en/story/2013/10/453832-un-rights-experts-call-transparency-use-armed-drones-citing-risks-illegal-use.

236 Dana Hughes, "US Drone Strikes in Pakistan Are Illegal, Says UN Terrorism Official," ABC News, March 16, 2013, https://abcnews.go.com/blogs/politics/2013/03/us-drone-strikes-in-pakistan-are-illegal-says-un-terrorism-official/.

237 同上。

238 Don McCarthy, *The Sword of David*, p. 125.

239 たとえば以下を参照。"Armed Drones in the Middle East," RUSI, accessed June 27, 2020, https://drones.rusi.org/countries/israel/; Michael R. Stolley, *Unmanned Vanguard: Leveraging the Israeli Unmanned Aircraft System Program*, April 2012, p. 5, https://apps.dtic.mil/dtic/tr/fulltext/u2/1022968.pdf; Joao Ferreira, "Parliamentary Questions: EU Agencies' Relationships with Companies Violating Human Rights," European Parliament, April 12, 2020, accessed June 27, 2020, https://www.europarl.europa.eu/doceo/document/E-9-2020-002217_EN.html; 以下のウェブサイトも参照。https://whoprofits.org/company/elbit-systems/.

240 *Israel's Drone Wars: An Update*, Drone Wars UK, p. 5-6, November, 2019.

241 Aurora Intel, @AuroraIntel, "#IDF Hermes 450 UAV captured on video over #Lebanon earlier today. #Israel," May 19, 2020. Tweet accessed May 19, 2020, https://twitter.com/AuroraIntel/status/1262684924177534976.

242 "UAV Crash in Lebanon Reveals Secret Israeli Weapon," South Front, April 1, 2018, Accessed May 19, 2020, https://southfront.org/uav-crash-in-lebanon-reveals-secret-israeli-weapon/.

243 "European Parliament Resolution of 27 February 2014 on the Use of Armed Drones," European Parliament, February 27, 2014, Strasbourg, https://www.europarl.europa.eu/doceo/document/TA-7-2014-0172_EN.html?redirect.

244 同上。

245 たとえば以下を参照。WikiLeaks, "(Enemy Action) Direct Fire RPT (RPG, Small Arms) TF Red Currahee (Reaper 7)," July 27, 2008, https://wikileaks.org/afg/event/2008/07/AFG20080727n1367.html; "Counting Drone Strike Deaths," Human Rights Clinic at Columbia Law School, October 2012, https://web.law.columbia.edu/sites/default/files/microsites/human-rights-institute/files/COLUMBIACountingDronesFinal.pdf; The Center for the Study of the Drone at Bard College, https://dronecenter.bard.edu/; *The Intercept's* "The Drone Papers," https://theintercept.com/drone-papers/; "Pakistan: Reported US Strikes 2010," The Bureau of Investigative Journalism, https://www.thebureauinvestigates.com/drone-war/data/obama-2010-pakistan-strikes; Peter Bergen, Melissa Salyk-Virk, and David Sterman, "World of Drones," July 30, 2020, New America, https://www.newamerica.org/international-security/reports/world-drones/.

246 Gen. John P. Abizaid (US Army, Ret.) and Rosa Brooks, "Recommendations and Report of The Task Force on US Drone Policy,"Stimson, April 2015, https://www.stimson.org/wp-content/files/file-attachments/recommendations_and_report_of_the_task_force_on_us_drone_policy_second_edition.pdf.

247 同上。

248 同上。

249 Aspen Instituteの特殊作戦軍（SOCOM）に関する動画を参照。Benjamin Wittes, "More Videos from the Aspen Security Forum: A Look Into SOCOM," July 27, 2015, https://www.lawfareblog.com/more-videos-aspen-security-forum.

250 Jeremy Scahill, "Find, Fix Finish: For the Pentagon, Creating an Architecture of Assasination Meant Navigating a Turf War with the CIA," *The Intercept,* October 15, 2015, https://theintercept.com/drone-papers/find-fix-finish/.

251 "Statement of General Raymond A. Thomas, III, U.S. Army Commander, United States Special Operations Command Before the House Armed Services Committee Subcommittee on Emerging Threats and Capabilities," February 15, 2018, https://docs.house.gov/meetings/AS/AS26/20180215/106851/HHRG-115-AS26-Wstate-ThomasR-20180215.pdf; Cora Currier and Peter Maass, "Firing Blind: Flawed Intelligence and the Limits of Drone

215 See screenshot of testimony. Mark Thompson, "Why the U.S. Military Can't Kill the Benghazi Attackers With a Drone Strike," TIME, February 2, 2014, https://time.com/3316/why-the-u-s-military-cant-kill-the-benghazi-attackers-with-a-drone-strike/.

216 Christopher J. Fuller, "The Origins of the Drone Program," Lawfare, February 18, 2018, https://www.lawfareblog.com/origins-drone-program.

217 救出作戦の内情については、以下を参照。David Axe, "8,000 Miles, 96 Hours, 3 Dead Pirates: Inside a Navy Seal Rescue, *Wired*, October 17, 2012, https://www.wired.com/2012/10/navy-seals-pirates/.

218 Tanya Somanader, "The President Addresses the Nation on a U.S. Counterterrorism Operation in January," The White House: President Barack Obama, April 23, 2015, https://obamawhitehouse.archives.gov/blog/2015/04/23/president-addresses-nation-us-counterterrorism-operation-january.

219 Alice Ross, Chris Woods, and Sarah Leo, "The Reaper Presidency: Obama's 300th Drone Strike in Pakistan," The Bureau of Investigative Journalism, December 3, 2012, https://www.newamerica.org/international-security/reports/americas-counterterrorism-wars/the-drone-war-in-pakistan/; For Pakistan, see "The Drone War in Pakistan," New America Foundation, https://www.newamerica.org/international-security/reports/americas-counterterrorism-wars/the-drone-war-in-pakistan/.

220 Gen. John P. Abizaid (US Army, Ret.) and Rosa Brooks, "Recommendations and Report of The Task Force on US Drone Policy," Stimson, April 2015, https://www.stimson.org/wp-content/files/file-attachments/recommendations_and_report_of_the_task_force_on_us_drone_policy_second_edition.pdf.

221 Christopher J. Fuller, "The Origins of the Drone Program," Lawfare, February 18, 2018, https://www.lawfareblog.com/origins-drone-program.

222 Jeremy Scahill, "Find, Fix Finish: For the Pentagon, Creating an Architecture of Assasination Meant Navigating a Turf War with the CIA," *The Intercept,* October 15, 2015, https://theintercept.com/drone-papers/find-fix-finish/.

223 Joseph Trevithick, "USAF reveals details about some of its most secretive units," The Drive, July 12, 2018, accessed June 27, 2020.

224 *The Intercept* に掲載のタスクフォース 84-4 の作戦に関する文書を参照。https://theintercept.com/document/2015/10/14/small-footprint-operations-5-13/#page-5.

225 Nick Turse, "Target Africa: The U.S. Military's Expanding Footprint in East Africa and the Arabian Peninsula," *The Intercept,* October 15, 2015, https://theintercept.com/drone-papers/target-africa/;The Intercept に掲載のタスクフォース 84-4 の作戦に関する文書を参照。https://theintercept.com/document/2015/10/14/small-footprint-operations-5-13/#page-5.

226 Amnesty International, "Will I Be Next?: US Drone Strikes in Pakistan," Amnesty International Publications, 2013, https://www.amnestyusa.org/files/asa330132013en.pdf.

227 同上。

228 同上。

229 Micah Zenko, "Redefining the Obama Administration's Narrative on Drones," Council on Foreign Relations, June 13, 2013, accessed June 27, 2020, https://www.cfr.org/blog/refining-obama-administrations-drone-strike-narrative.

230 Amnesty International, "Will I Be Next?: US Drone Strikes in Pakistan," Amnesty International Publications, p. 19, 2013, https://www.amnestyusa.org/files/asa330132013en.pdf.

231 同上。

232 ACLU, "Al-Aulaqi v. Panetta?Constitutional Challenge to Killing of Three U.S. Citizens," June 4, 2014, https://www.aclu.org/cases/al-aulaqi-v-panetta-constitutional-challenge-killing-three-us-citizens.

233 同上。

234 Jon Shelton, "Court Hears Case on Germany's role in US Drone Deaths in Yemen," DW, March 14, 2019, https://www.dw.com/en/court-hears-case-on-germanys-role-in-us-drone-deaths-in-yemen/a-47921862.

235 "UN Rights Experts Call for Transparency in the Use of Armed Drones, Citing Risks of Illegal Use," UN News, October 25, 2013, https://

191 同上。

192 同上。

193 Christian Brose, *Kill Chain: Defending America in the Future*, p. 138.

194 Christopher J. Fuller, "The Eagle Comes Home to Roost: The Historical Origins of the CIA's Lethal Drone Program," *Intelligence and National Security*, p. 769-792, May 1, 2014, https://www.tandfonline.com/doi/abs/10.1080/02684527.2014.895569.

195 ネヴァダ州クリーチ空軍基地から飛び立ったリーパーは、ニューメキシコ州ホロマン空軍基地で第 9 攻撃飛行隊が操作していた。Jeffrey Richelson, *The US Intelligence Community*.

196 同上。

197 同上。

198 WikiLeaks, "Scenesetter: Turkey's CHOD and Minister of Defense Travel to Washington," Public Library of US Diplomacy, May 28, 2009, https://wikileaks.org/plusd/cables/09ANKARA756_a.html.

199 "US Terminates Secret Drone Programme with Turkey: US Officials," Middle East Eye, February 5, 2020, https://www.middleeasteye.net/news/us-terminates-secret-drone-program-turkey-us-officials.

200 WikiLeaks, "Pakistan Media Reaction: February 03, 2010," Public Library of US Diplomacy, February 3, 2010, https://wikileaks.org/plusd/cables/10ISLAMABAD265_a.html.

201 Fuller, *See it, shoot it*, p. 236.

202 クリストファー・フラーは、ドローンがアフガニスタンにおけるアメリカ軍の犠牲者数を減らした可能性があると主張している。Fuller, p. 237.

203 Gen. John P. Abizaid (US Army, Ret.) and Rosa Brooks, "Recommendations and Report of The Task Force on US Drone Policy," Stimson, April 2015, https://www.stimson.org/wp-content/files/file-attachments/recommendations_and_report_of_the_task_force_on_us_drone_policy_second_edition.pdf.

204 ジェームズ・クラーク空軍 ISR 技術革新担当局長は、ミッションの 90% は戦闘中に実施されたと述べた。Senior Airman James Thompson, "Sun Setting the MQ-1 Predator: A History of Innovation," Nellis Air Force Base, February 14, 2018, accessed June 25, 2020, https://www.nellis.af.mil/News/Article/1442622/sun-setting-the-mq-1-predator-a-history-of-innovation/.

205 同上。パイロットの生活の詳細は、以下を参照。Senior Airman Christian Clausen, "Flying the RPA Mission," U.S. Air Force, March 22, 2016, accessed July 7, 2020, https://www.af.mil/News/Article-Display/Article/699974/flying-the-rpa-mission/.

206 たとえば 1965 年、アメリカはヴェトナムで展開していたローリング・サンダー作戦中に無人機を 5 万 5000 回出撃させた。Michael Clodfetter, *Warfare and Armed Conflict*, New York: 2017, Accessed June 27, 2020.

207 Joseph Trevithick and Tyler Rogoway, "Shedding Some Light on the Air Force's Most Shadowy Drone Squadron," The Drive, April 25, 2018. Accessed June 27, 2020, https://www.thedrive.com/the-war-zone/19318/uncovering-the-air-forces-most-mysterious-drone-squadron.

208 詳細はアメリカ空軍のウェブサイトを参照。第 432 航空遠征航空団に関する記事のリストは、https://www.acc.af.mil/News/Tag/84014/432nd-wing432nd-air-expeditionary-wing/; 第 15 攻撃飛行隊のリストは https://www.acc.af.mil/News/Tag/89078/15th-attack-squadron/; 第 11 攻撃飛行隊のリストは https://www.acc.af.mil/News/Tag/84124/11th-attack-squadron/; and Senior Airman James Thompson, "Sun Setting the MQ-1 Predator: A History of Innovation," Nellis Air Force Base, February 14, 2018, accessed June 25, 2020, https://www.nellis.af.mil/News/Article/1442622/sun-setting-the-mq-1-predator-a-history-of-innovation/.

209 スティーブン・ジョーンズと著者のインタビュー。2020 年 6 月 28 日。

210 アメリカ空軍から著者に送られた略歴。

211 同上。

212 *Accidents Will Happen*, Drone Wars UK, p. 14.

213 Micah Zenko, "What Was That Drone Doing in Benghazi?" Council on Foreign Relations, November 2, 2012, https://www.cfr.org/blog/what-was-drone-doing-benghazi.

214 Mark Thompson, "Why the U.S. Military Can't Kill the Benghazi Attackers With a Drone Strike," *TIME*, February 2, 2014, https://time.com/3316/why-the-u-s-military-cant-kill-the-benghazi-attackers-with-a-drone-strike/.

MQ-1 Predator: A History of Innovation," Nellis Air Force Base, February 14, 2018, accessed June 25, 2020, https://www.nellis.af.mil/News/Article/1442622/sun-setting-the-mq-1-predator-a-history-of-innovation/.

167 Singer, *Wired for War*.（P・W・シンガー『ロボット兵士の戦争』、小林由香利訳、日本放送出版協会、2010 年）。

168 Singer, *Wired for War*.（P・W・シンガー『ロボット兵士の戦争』、小林由香利訳、日本放送出版協会、2010 年）。

169 K. Valavanis and George J. Vachtsevanos (Eds.), *Handbook of Unmanned Aerial Vehicles*.

170 "Transforming Joint Air Power," *The Journal of the JAPCC*, 2006, http://www.japcc.org/wp-content/uploads/japcc_journal_Edition_3.pdf.

171 Steve Linde, "50 Years Later, Ammunition Hill Hero Recalls Key Battle for Jerusalem," *The Jerusalem Post*, February 6, 2017, https://www.jpost.com/israel-news/50-years-later-ammunition-hill-hero-recalls-key-battle-for-jerusalem-480727.

172 ラファエル社のガル・パピエとのインタビュー。2020 年 5 月 4 日。

173 リチャード・ケンプとのインタビュー。2020 年 3 月 2 日。

174 ケビン・マクドナルドとのインタビュー。2020 年 4 月 27 日。

175 "Transforming Joint Air Power," *The Journal of the JAPCC*, Edition 3, p. 24, 2006, http://www.japcc.org/wp-content/uploads/japcc_journal_Edition_3.pdf.

176 David Mets, *Airpower and Technology*.

177 Rudolph Herzog, "Rise of the Drones," *Lapham's Quarterly*, accessed June 11, 2020, https://www.laphamsquarterly.org/spies/rise-drones.

178 Dan Hawkins, "RPA Training Next Transforms Pipeline to Competency-Based Construct," U.S. Air Force, June 3, 2020, Accessed July 7, 2020, https://www.af.mil/News/Article-Display/Article/2207074/rpa-training-next-transforms-pipeline-to-competency-based-construct/.

179 匿名の無人機オペレーターとのインタビュー。2020 年 7 月 4 日。

180 以下も参照。Tony Guerra, "Rank & Job Description of Air Force Drone Pilots," Chron, Accessed July 7, 2020, https://work.chron.com/rank-job-description-air-force-drone-pilots-20092.html; See also job description for "Remote Piloted Aircraft Pilot," U.S. Air Force, accessed July 7, 2020, https://www.airforce.com/careers/detail/remotely-piloted-aircraft-pilot.

181 Brett Velicovich, *Drone Warrior*, page 10（ブレット・ヴェリコヴィッチ , クリストファー・S・スチュワート『ドローン情報戦：アメリカ特殊部隊の無人機戦略最前線』、北川蒼訳、原書房、2018 年）。

182 Joseph Trevithick, "USAF Reveals Details," The Drive, July 13, 2018, https://www.thedrive.com/the-war-zone/22158/usaf-reveals-details-about-some-of-its-most-secretive-drone-units-with-new-awards; See also 432nd Wing/432nd Air Expeditionary Wing Public Affairs, "Air Force Awards First Remote Device: Dominant Persistent Attack Aircrew Recognized," Air Combat Command, July 11, 2018, accessed July 7, 2020, https://www.acc.af.mil/News/Article-Display/Article/1572831/air-force-awards-first-remote-device-dominant-persistent-attack-aircrew-recogni/.

183 Greg Goebel, "Modern US Endurance UAVs," TUAV, March 1, 2010, https://web.archive.org/web/20110907171245/http:/www.vectorsite.net/twuav_13.html#m5.

184 James Hasik, *Arms and Innovation: Entrepreneurship and Innovation in the 21st Century*.

185 *Permanent War: Rise of the Drones, The Washington Post*, August 13, 2013 を参照。

186 Christopher Fuller, See it/shoot it, p. 127.

187 "The Drone War in Pakistan," New America Foundation, https://www.newamerica.org/international-security/reports/americas-counterterrorism- wars/the-drone-war-in-pakistan/.

188 同上。

189 匿名の元無人機パイロットとのインタビュー。

190 Alice Ross, Chris Woods, and Sarah Leo, "The Reaper Presidency: Obama's 300th Drone Strike in Pakistan," The Bureau of Investigative Journalism, December 3, 2012, https://www.newamerica.org/international-security/reports/americas-counterterrorism-wars/the-drone-war-in-pakistan/.

and INF Treaty," September 2000; Richard Whittle, *Predator: The Secret Origins of the Drone Revolution*; ウェブサイトに記載のプレデターの歴史に関する文書リスト、accessed June 24, 2020, https://nsarchive2.gwu.edu/NSAEBB/NSAEBB484/.

143 Richard Whittle, *Predator: The Secret Origins of the Drone Revolution*; ウェブサイトに記載のプレデターの歴史に関する文書リスト、accessed June 24, 2020, https://nsarchive2.gwu.edu/NSAEBB/NSAEBB484/.

144 同上；クラークのメモ、https://nsarchive2.gwu.edu/NSAEBB/NSAEBB147/clarke%20attachment.pdf.

145 Christopher J. Fuller, "The Origins of the Drone Program," Lawfare, February 18, 2018, https://www.lawfareblog.com/origins-drone-program.

146 Richard Whittle, *Predator: The Secret Origins of the Drone Revolution*; ウェブサイトに記載のプレデターの歴史に関する文書リスト、accessed June 24, 2020, https://nsarchive2.gwu.edu/NSAEBB/NSAEBB484/.

147 同上。

148 Christopher J. Fuller, "The Origins of the Drone Program," Lawfare, February 18, 2018, https://www.lawfareblog.com/origins-drone-program.

149 Christopher Westland, *Global Innovation Management*, p. 264.　当時就役中のプレデターの数はわずか42で、4機がコソボでの作戦で失われた。最終的に11機がその他の理由で失われた。各プレデター・システムは、無人機4機と地上管制および衛星リンクからなる。2001年、契約中のプレデターは80機で、地上管制の数は12だった。使用中のプレデターは10機、それ以外の機体は第11および第15偵察飛行隊に配備されていた。2001年議会証言、Department of Defense appropriations hearngs, p. 247, accessed July 11, 2020を参照。

150 P.W Singer, *Wired for War*.（P・W・シンガー『ロボット兵士の戦争』、小林由香利訳、日本放送出版協会、2010年）。

151 Laurence Newcome, *Unmanned Aviation: A Brief History of Unmanned Aerial Vehicles*, p. 83.

152 Mark Bowden, "How the Predator Drone Changed the Character of War," *Smithsonian Magazine*, November 2013, https://www.smithsonianmag.com/history/how-the-predator-drone-changed-the-character-of-war-3794671/.

153 同上。アフガニスタンに投入された最初の年、プレデターは115のターゲットを攻撃した。

154 以降150機が製造された。Singer, *Wired for War*.（P・W・シンガー『ロボット兵士の戦争』、小林由香利訳、日本放送出版協会、2010年）。

155 David Glade, UAVs: Implications for Military Operations. 2000.

156 Daniel McGrory, Michael Evans, and Elaine Monaghan, "Robotic Warfare Leaves Terrorists No Hiding Place," *The Times*, November 6, 2002, https://www.thetimes.co.uk/article/robotic-warfare-leaves-terrorists-no-hiding-place-0srcfhq7nq5.

157 彼のフルネームはカド・サリム・シンヤン・アルハラシ。James Hasik, *Arms and Innovation: Entrepreneurship and Innovation in the 21st Century*.

158 Avery Plaw, "The Legality of Targeted Killing as an Instrument of War: The Case of the US Targeting Qaed Salim Sinan al-Harethi," *The Metamorphisis of War*, p. 55-72.

159 Philip Smucker, "The Intrigue Behind the Drone Strike," *The Christian Science Monitor*, November 12, 2002, https://www.csmonitor.com/2002/1112/p01s02-wome.html.

160 同上。

161 Christopher J. Fuller, "The Origins of the Drone Program," Lawfare, February 18, 2018, https://www.lawfareblog.com/origins-drone-program.

162 無人機をAIM-92スティンガー・ミサイルで武装化するという提案があった。War is Boring, "Yes, America Has Another Secret Spy Drone?We Pretty Much Knew That Already," *Medium*, December 6, 2013, https://medium.com/war-is-boring/yes-america-has-another-secret-spy-drone-we-pretty-much-knew-that-already-41df448d1700.

163 James Hasik, *Arms and Innovation: Entrepreneurship and Innovation in the 21st Century*.

164 同上。

165 Singer, *Wired for War*.（P・W・シンガー『ロボット兵士の戦争』、小林由香利訳、日本放送出版協会、2010年）。

166 Senior Airman James Thompson, "Sun Setting the

media/wwwlboroacuk/content/systems-net/downloads/pdfs/GLOBAL%20HAWK%20SYSTEMS%20ENGINEERING%20CASE%20STUDY.pdf.

118 同上。

119 同上。

120 "RQ-4A 'Global Hawk'," Museum of Aviaton Foundation, accessed June 24, 2020, https://museumofaviation.org/portfolio/rq-4a-global-hawk/.

121 Bill Kanzig, MacAulay-Brown, Inc., "Global Hawk Systems Engineering Case Study, Air Force Center for Systems Engineering," Air Force Center for Systems Engineering, Wright-Patterson AFB, 2010, https://www.lboro.ac.uk/media/wwwlboroacuk/content/systems-net/downloads/pdfs/GLOBAL%20HAWK%20SYSTEMS%20ENGINEERING%20CASE%20STUDY.pdf.

122 同上、p. 76.

123 同上。

124 Jeffrey Richelson, *The US Intelligence Community*.

125 Greg Goebel, "Modern US Endurance UAVs," TUAV, March 1, 2010, https://web.archive.org/web/20110907171245/http:/www.vectorsite.net/twuav_13.html#m5.

126 Kara Platoni, "That's Professor Global Hawk," *Air and Space Magazine*, May 2011, https://www.airspacemag.com/flight-today/thats-professor-global-hawk-433583/.

127 国防総省の調達に関する証言、1997 年、Department of Defense procurement testimony 1997, https://fas.org/irp/gao/nsi97138.htm.

128 調達に関する議会証言、https://fas.org/irp/gao/nsi97138.htm.

129 "The Northrop Grumman MQ-4 Triton is the Naval Equivalent of the Land-Based RQ-4 Global Hawk UAV with Notable Changes to Suit the Maritime Role," Military Factory, Last Edited November 3, 2020, https://www.militaryfactory.com/aircraft/detail.asp?aircraft_id=983.

130 Greg Goebel, "Modern US Endurance UAVs," TUAV, March 1, 2010, https://web.archive.org/web/20110907171245/http:/www.vectorsite.net/twuav_13.html#m5.

131 Jeffrey Richelson, *The US Intelligence Community*.

132 David Axe, "The U.S. Drone Shot Down by Iran is $200 Million Prototype Spy Plane," *The Daily Beast*, June 20, 2019, https://www.thedailybeast.com/bams-d-drone-shot-down-by-iran-is-a-dollar200-million-prototype-spy-plane.

133 "CENTCOM Releases Video of US Navy BAMS-D Shoot Down Over Straight of Hormuz," *Naval Today*, June 21, 2019, https://www.navaltoday.com/2019/06/21/centcom-releases-video-of-us-navy-bams-d-shoot-down-over-strait-of-hormuz/.

134 Patrick Tucker, "How the Pentagon Nickel-and-Dimed Its Way Into Losing a Drone," Defense One, June 20, 2019, https://www.defenseone.com/technology/2019/06/how-pentagon-nickel-and-dimed-its-way-losing-drone/157901/.

135 "Tracked and Killed," Middle East Eye, Jan 4, 2020. Accessed June 25, 2020.

136 TOI Staff, "Four Hellfire Missiles and a Severed Hand: The Killing of Qassem Soleimani," *The Times of Israel*, Jan. 3, 2020, Accessed June 25, 2020, https://www.timesofisrael.com/four-hellfire-missiles-and-a-severed-hand-the-killing-of-qassem-soleimani/.

137 Reuters Staff, "Trump Gives Dramatic Account of Soleimani's Death: CNN," Reuters, January 18, 2020, Accessed August 30, 2020, https://www.reuters.com/article/us-usa-trump-iran/trump-gives-dramatic-account-of-soleimanis-last-minutes-before-death-cnn-idUSKBN1ZH0G3.

138 "As Iran Missiles Battered Iraq Base, US Lost Eyes in the Sky," *Bangkok Post*, January 15, 2020, https://www.bangkokpost.com/world/1836219/as-iran-missiles-battered-iraq-base-us-lost-eyes-in-sky.

139 ダグラス・フェイスとのインタビュー、2020 年 3 月 15 日。

140 P.W. Singer, *Wired for War*.（P・W・シンガー『ロボット兵士の戦争』、小林由香利訳、日本放送出版協会、2010 年）。

141 Headquarters Air Combat Command, Cable, "RQ-1, Predator, Program Direction," May 1, 2000; Richard Whittle, *Predator: The Secret Origins of the Drone Revolution*; ウェブサイトに記載のプレデターの歴史に関する文書リスト、accessed June 24, 2020, https://nsarchive2.gwu.edu/NSAEBB/NSAEBB484/.

142 空軍省、E メール、"Predator Weaponization

"Lockheed Confirms P-175 Polecat UAV Crash," Flight Global, March 20, 2007, https://www.flightglobal.com/lockheed-confirms-p-175-polecat-uav-crash/72561.article.

98 Hearings on National Defense Authorization, 1996, p. 833.

99 同上。

100 Hearings on National Defense Authorization, 1996, p. 840.

101 同上。

102 Dr. Daniel L. Haulman, "U.S. Unmanned Aerial Vehicles in Combat, 1991-2003," June 9, 2003, accessed May 23, 2020, https://apps.dtic.mil/dtic/tr/fulltext/u2/a434033.pdf.

103 "Defying the years, Global Hawk Goes from Strength to Strength," Shepherd Media, November 27, 2019, https://www.shephardmedia.com/news/uv-online/defying-years-global-hawk-goes-strength-strength/.

104 "Teledyne Ryan Rolls Out Global Hawk UAV," Aviation Week Network, February 21, 1997, https://aviationweek.com/teledyne-ryan-rolls-out-global-hawk-uav; "Teledyne Ryan Plans First Engine Runs of Global Hawk," Flight Global, December 18, 1996, https://www.flightglobal.com/teledyne-ryan-plans-first-engine-runs-of-global-hawk-reconnaissance-uav/4878.article. テレダイン・ライアンはコープRとコンパス・アローの設計をもとにしたアイデアを用いた。

105 無人機調達に関する議会証言、1997年、https://fas.org/irp/gao/nsi97138.htm.

106 "Northrop Grumman Celebrates 20th Anniversary of Global Hawk's First Flight," Northup Grumman, February 28, 2018, accessed June 24, 2020, https://news.northropgrumman.com/news/releases/northrop-grumman-celebrates-20th-anniversary-of-global-hawks-first-flight.

107 同上。

108 Bill Kanzig, Global Hawk Systems Engineering Case Study, Air Force Center for Systems Engineering, 2010.

109 "Defying the Years: Global Hawk Goes from Strength-to-Strength (Studio)," Shephard Media, November 27, 2019, https://www.shephardmedia.com/news/uv-online/defying-years-global-hawk-goes-strength-strength/.

110 Bill Kanzig, MacAulay-Brown, Inc., "Global Hawk Systems Engineering Case Study, Air Force Center for Systems Engineering," Air Force Center for Systems Engineering, Wright-Patterson AFB, 2010, https://www.lboro.ac.uk/media/wwwlboroacuk/content/systems-net/downloads/pdfs/GLOBAL%20HAWK%20SYSTEMS%20ENGINEERING%20CASE%20STUDY.pdf.　AV-3も1999年12月に事故を起こした。滑走路を猛スピードで走行し、前輪を損傷したのだ。AV-3は2008年まで運用され、その後はライト・パターソン空軍基地内の空軍博物館に展示された。

111 "RQ-4A Global Hawk (Tier II+ HAE UAV)," FAS Intelligence Resource Program, https://fas.org/irp/program/collect/global_hawk.htm.

112 "Prototype Global Hawk Flies Home after 4,000 Combat Hours," Tech. Sgt. Andrew Leonard, 380th Air Expeditionary Wing Public Affairs, Air Force Link, 14 February 2006.

113 "Defying the Years: Global Hawk Goes from Strength-to-Strength (Studio)," Shephard Media, November 27, 2019, https://www.shephardmedia.com/news/uv-online/defying-years-global-hawk-goes-strength-strength/.

114 Northup Grumman Aeorspace Systems, "Global Hawk Turns 20," Edwards Air Force Base, February 28, 2018, https://www.edwards.af.mil/News/Article/1453679/global-hawk-turns-20/

115 Bill Kanzig, MacAulay-Brown, Inc., "Global Hawk Systems Engineering Case Study, Air Force Center for Systems Engineering," Air Force Center for Systems Engineering, Wright-Patterson AFB, 2010, https://www.lboro.ac.uk/media/wwwlboroacuk/content/systems-net/downloads/pdfs/GLOBAL%20HAWK%20SYSTEMS%20ENGINEERING%20CASE%20STUDY.pdf.

116 "RQ-4A 'Global Hawk'," Museum of Aviaton Foundation, accessed June 24, 2020, https://museumofaviation.org/portfolio/rq-4a-global-hawk/.

117 Bill Kanzig, MacAulay-Brown, Inc., "Global Hawk Systems Engineering Case Study, Air Force Center for Systems Engineering," Air Force Center for Systems Engineering, Wright-Patterson AFB, 2010, https://www.lboro.ac.uk/

edu/NSAEBB/NSAEBB484/docs/Predator-Whittle%20Document%202%20-%20Air%20Force%20assigned%20as%20Predator%20lead%20service%209%20April%201996.pdf.

68 ブラッド・ボウマンとのインタビュー、2020 年 3 月 2 日。

69 クラークのメモ、https://nsarchive2.gwu.edu/NSAEBB/NSAEBB484/docs/Predator-Whittle%20Document%203%20-%20Snake%20Clark%20Taszar%20trip%20report%20%2028%20April%201997.pdf.

70 この無人機開発計画は同年 10 月に中止となった。アメリカの無人機開発の取り組みに関する議会証言、1997 年、https://fas.org/irp/gao/nsi97138.htm.

71 ドイチェのメモ、1993 年 7 月 12 日、https://nsarchive2.gwu.edu/NSAEBB/NSAEBB484/docs/Predator-Whittle%20Document%201%20-%20Deutch%20Endurance%20UAV%20Memo%2012%20July%201993.pdf.

72 Axe, *Shadow Wars*, p. 42.

73 空軍省の「プレデター」に関するメモ、1997 年 4 月 28 日、https://nsarchive2.gwu.edu/NSAEBB/NSAEBB484/docs/Predator-Whittle%20Document%203%20-%20Snake%20Clark%20Taszar%20trip%20report%20%2028%20April%201997.pdf.

74 クラークのメモ、https://nsarchive2.gwu.edu/NSAEBB/NSAEBB484/docs/Predator-Whittle%20Document%203%20-%20Snake%20Clark%20Taszar%20trip%20report%20%2028%20April%201997.pdf.

75 Richard Whittle, *Predator: The Secret Origins of the Drone Revolution*; ウェブサイトに記載のプレデターの歴史に関する文書リスト、accessed June 24, 2020, https://nsarchive2.gwu.edu/NSAEBB/NSAEBB484/.

76 同上。

77 アメリカ海軍ウェブサイトに記載のジョセフ・ラルストンの略歴、https://www.af.mil/About-Us/Biographies/Display/Article/105866/general-joseph-w-ralston/.

78 *Air Force Magazine*, December 1995, p. 27.

79 "The Term 'CINC' is Sunk," *Afterburner*: News for Retired USAF Personnel, Vol. 45, no. 1, January 2003, page 4,https://www.retirees.af.mil/Portals/53/documents/AFTERBURNER-ARCHIVE/Afterburner-January%202003.pdf?ver=2016-08-16-133713-257.

80 Ralston, *Air Force Magazine*, December 1995.

81 Ronald Wilson, "Eyes in the Sky," *Military Intelligence Professional*, Volume 22, 1996, p. 16.

82 C4I システムと呼ばれている。同上。

83 Charles Thomas, Vantage Point, *Military Intelligence Professional Bulletin*, Volume 22, p. 2.

84 同上。

85 アメリカの無人機開発の取り組みに関する議会証言、1997 年、https://fas.org/irp/gao/nsi97138.htm.

86 詳細は FAS ウェブサイトを参照。"Outrider Tactical UAV," FAS Intelligence Resource Program, https://fas.org/irp/program/collect/outrider.htm.

87 Vector Site web archive, accessed June 24, 2020, https://web.archive.org/web/20110908060052/http:/www.vectorsite.net/twuav_07.html#m6.

88 無人機調達に関する議会証言、1997 年、https://fas.org/irp/gao/nsi97138.htm.

89 Tim Ripley, *The Air War*, London: Pen and Sword, 2004. p. 50.

90 Bill Sweetman, "Drones: Invented and Forgotten," *Popular Science*, September 1994.

91 *US Air Force Magazine*, Volumes 79-80, May 1997.

92 Major Keith E. Gentile, "The Future of Airborne Reconnaissance," FAS, March 27, 1996, https://fas.org/irp/eprint/gentile.htm.

93 *US Air Force Magazine*, Volumes 79-80, May 1997, p. 189.

94 Hearings on National Defense Authorization, 1996, p. 833.

95 Stephen Trimble, "Lockheed's Skunk Works Reveals Missing Link in Secret UAV History," Flight Global, March 26, 2018, https://www.flightglobal.com/civil-uavs/lockheeds-skunk-works-reveals-missing-link-in-secret-uav-history/127509.article.

96 Vector Site Web Archive, accessed June 24, 2020, https://web.archive.org/web/20110907171245/http:/www.vectorsite.net/twuav_13.html#m5.

97 Andrew Tarantola, "Why Did Lockheed Blow Up Its Own Prototype UAV Bomber?" Gizmodo, March 20, 2014, https://gizmodo.com/why-did-lockheed-blow-up-its-own-prototype-uav-bomber-1532210554; 以下も参照。

weapons/drones.html.

45 同上。

46 Colin Clark, *Must Read Tale of Predator's Torturous Ride to Fame* and Rick Whittle's *Predator: The Secret Origins of the Drone Revolution*.（リチャード・ウィッテル『無人暗殺機ドローンの誕生』、赤根洋子訳、文藝春秋、2015 年）。

47 Frank Strickland, "The Early Evolution of the Predator Drone," CIA Center for the Study of Intelligence, March 2013, https://www.cia.gov/resources/csi/studies-in-intelligence/volume-57-no-1/the-early-evolution-of-the-predator-drone/.

48 Steve Coll, *Ghost Wars*.（スティーブ・コール『アフガン諜報戦争：CIA の見えざる闘い　ソ連侵攻から 9.11 前夜まで』、木村一浩、伊藤力司、坂井定雄訳、白水社、2011 年）。

49 Global Perspectives, トマス・トウェッテンとのインタビュー動画（YouTube、2011 年 3 月 7 日）https://www.youtube.com/watch?v=egF2tuHWL5M&feature=youtu.be.

50 3 分の 1 は墜落した。Curtis Peebles, *Dark Eagles: A History of Secret US Aircraft Programs*. Random House, NY, 1997, p. 208.　カレムはアンバーをゼネラル・アトミックスに売った。

51 Bill Sweetman, "Drones Developed and Forgotten," *Popular Science*, September 1994; 以下も参照。Richard Whittle, "The Man Who Invented the Predator," *Air and Space Magazine*, April 2013, accessed July 11, 2020, https://www.airspacemag.com/flight-today/the-man-who-invented-the-predator-3970502/?page=3.　スカラブについての詳細は以下を参照。Tyler Rogoway and Joseph Trevithick, "The US sold this spy drone to Egypt," The Drive, Nov. 17, 2018, accessed July 11, 2020, https://www.thedrive.com/the-war-zone/24966/the-united-states-sold-egypt-this-unique-stealth-recon-drone-called-scarab-in-the-1980s. It seemed the UAV market would be dominated by Teledyne Ryan's Scarab and Development Sciences Sky Eye or other ideas that were percolating around at the time.　無人航空機市場の主役は、テレダイン・ライアンのスカラブやディベロップメント・サイエンスのスカイアイ、あるいは当時浸透していたその他のアイデアだったようだ。

52 無人機 1 機の単位当たりのコストは推定 1600 万ドル。合計で 286 機製造され、2018 年現在も 100 機が現役。以下を参照。Deniz Cam and Christopher Helman, "The Quiet Billionaires Behind America's Predator Drone," Forbes, Jan. 7, 2020, accessed July 11, 2020, https://www.forbes.com/sites/denizcam/2020/01/07/the-quiet-billionaires-behind-americas-predator-drone-that-killed-irans-soleimani/?sh=4fb6c6895cb0.

53 Frank Strickland, "The Early Evolution of the Predator Drone," CIA Center for the Study of Intelligence, March 2013, https://www.cia.gov/resources/csi/studies-in-intelligence/volume-57-no-1/the-early-evolution-of-the-predator-drone/.

54 "To be effective as a persistent surveillance platform, however, the UAV also had to be able to receive instructions and deliver its data from places far from its ground control site," *Studies in Intelligence* 57, March 2013, p. 3.

55 Newcombe, *Unmanned Aircraft*.

56 Taylor Baldwin Kiland, *Strategic Inventions of the War on Terror*, New York: Cavendish, 2017 p. 25.

57 リック・フランコナから著者への E メール、2020 年 5 月 20 日。

58 Frank Strickland, "The Early Evolution of the Predator Drone," CIA Center for the Study of Intelligence, March 2013, https://www.cia.gov/resources/csi/studies-in-intelligence/volume-57-no-1/the-early-evolution-of-the-predator-drone/.

59 Richard Whittle, "The Man Who Invented the Predator," *Air and Space Magazine*, 2013, https://www.airspacemag.com/flight-today/the-man-who-invented-the-predator-3970502/?page=4.

60 David Axe, *Shadow Wars*, p. 19 を参照。

61 Coll, *Ghost Wars*.（スティーブ・コール『アフガン諜報戦争：CIA の見えざる闘い　ソ連侵攻から 9.11 前夜まで』、木村一浩、伊藤力司、坂井定雄訳、白水社、2011 年）。

62 Axe, *Shadow Wars*, p. 42 を参照。

63 1996 年の議会証言、*Hearings on National Defense Authorization Act*, p. 836.

64 Hasik, *Arms and Innovation*.

65 Coll, *Ghost Wars*.（スティーブ・コール『アフガン諜報戦争：CIA の見えざる闘い　ソ連侵攻から 9.11 前夜まで』、木村一浩、伊藤力司、坂井定雄訳、白水社、2011 年）。

66 Coll, *Ghost Wars*, p. 300.（同上）。

67 ペリーのメモ、1996年、https://nsarchive2.gwu.

19 Yair Dubester, "30 Years of Israeli UAV Experience," JAPCC, 2006. http://www.japcc.org/wp-content/uploads/japcc_journal_Edition_3.pdf.

20 その一例、ドローン迎撃を目的として試験飛行が行われた YF-12。Steve Pace, "Projects of Skunk Works," Voyager Press, p. 115.（スティーブ・ペイス『プロジェクト・オブ・スカンクワークス：ロッキード・マーチン ADP〈先進開発プログラム〉の 75 年』、石川潤一訳、イカロス出版、2018 年）。

21 Steve Pace, "Projects of Skunk Works," Voyager Press, p. 115-23.（スティーブ・ペイス『プロジェクト・オブ・スカンクワークス：ロッキード・マーチン ADP〈先進開発プログラム〉の 75 年』、石川潤一訳、イカロス出版、2018 年）。

22 フランスのノール・アビアシオンは CT-20 を、サーブは RB-08 を製造した。

23 Newcomb, *Unmanned Aviation: A History*, p. 83.

24 Hearings on National Defense Authorization Act 1997, p. 832.

25 同上。

26 ハンターに搭載された 2 つのエンジンは当初ドイツ製だったが、その後イタリア製に変わった。8 機はアメリカが調達した。

27 Laurence Newcome, *Unmanned Aviation: A Brief History;* Emily Goldman, Lesle Eliason, *The Diffusion of Military Technology and Ideas.*

28 Vector Site, Pioneer Entry, accessed June 24, 2020, https://web.archive.org/web/20110908060052/http:/www.vectorsite.net/twuav_07.html#m4.

29 デュベスターとのインタビュー；Richard Haillon, *Storm over Iraq: Air Power and the Gulf War.*（リチャード・P・ハリオン『現代の航空戦湾岸戦争』、服部省吾訳、東洋書林、2000 年）。

30 Grover Alexander, Aquila Remotely Pilot Vehicle, Lockheed, Sunnyvale California, Report April 1979, https://apps.dtic.mil/dtic/tr/fulltext/u2/a068345.pdf.

31 Hearings on National Defense Authorization, 1996, p. 832; Unmanned Aerial Vehicles, Dod Acquisition Efforts, April 9, 1997, https://fas.org/irp/gao/nsi97138.htm; 米国科学者連盟ウェブサイト , accessed June 24, 2020.

32 Hearings on Military Posture, H.R 3689, House of Representatives, Washington, 1976, https://babel.hathitrust.org/cgi/pt?id=umn.31951d03556686k&view=1up&seq=255.

33 Hearings Before the Special Reports Committee on Unmanned Aerial Vehicles, Washington, 1976, p. 3964.

34 Vector Site, Aquila entry, accessed June 24, 2020, https://web.archive.org/web/20110908060052/http:/www.vectorsite.net/twuav_07.html#m4. アクイラは 1983 年にアリゾナ州フォートフアチュカで試験が行われ、そこではデュベスターもイスラエル製無人機を披露していた。

35 Designation Systems.Net の PQM-149 に関する記述、Accessed June 24, 2020, http://www.designation-systems.net/dusrm/m-149.html. PQM-149 は R4E-40 に指定され中米で使用された。

36 "The Dronefather," *The Economist*, December 1, 2012, Accessed June 24, 2020, https://www.economist.com/technology-quarterly/2012/12/01/the- dronefather.

37 同上。アクイラの歴史はブラッドレー歩兵戦闘車の歴史と似ている。

38 Emily Goldman, Leslie Eliason, *Diffusion*, p. 187.

39 "New footage shows Niger attack," *The Guardian*, May 18, 2018, https://www.theguardian.com/world/2018/may/18/drone-footage-us-forces-desperately-trying-escape-niger-ambush.

40 Gen. John P. Abizaid (US Army, Ret.) and Rosa Brooks, "Recommendations and Report of The Task Force on US Drone Policy," Stimson, April 2015, https://www.stimson.org/wp-content/files/file-attachments/recommendations_and_report_of_the_task_force_on_us_drone_policy_second_edition.pdf.

41 ナットは最長 60 マイル（97 キロ）離れた場所を監視することができた。Mark Bowden, "How the Predator changed the character of war," *Smithsonian Magazine*, November 2013, https://www.smithsonianmag.com/history/how-the-predator-drone-changed-the-character-of-war-3794671/.

42 PBS Frontlines, Gulf War episode, weapons, PBS, https://www.pbs.org/wgbh/pages/frontline/gulf/weapons/drones.html.

43 UAV procurement report to Congress, 1997, https://fas.org/irp/gao/nsi97138.htm.

44 PBS Frontlines, Gulf War episode, weapons, PBS, https://www.pbs.org/wgbh/pages/frontline/gulf/

原 注

1 Bernard Gwertzman, "Weinberger to visit three Middle East Nations," *New York Times,* August 28, 1982, accessed June 23, 2020, https://www.nytimes.com/1982/08/28/world/weinberger-will-visit-threee-mideast-nations.html; Micah Zenko, "What else we don't know about drones," Council on Foreign Relations, February 27, 2012, accessed January 2, 2021, https://www.cfr.org/blog/what-else-we-dont-know-about-drones.

2 Hedrick Smith, "Weinberger says pact with Israel could be restored," *New York Times*, June 15, 1983, accessed June 23, 2020, https://www.nytimes.com/1983/06/15/world/weinberger-says-pact-with-israel-can-be-restored.html.

3 Israel Air Force Squadrons、IAF のウェブサイト、accessed June 23, 2020.

4 "Israeli drones keep an electronic eye on the Arabs," *New York Times*, May 23, 1981, accessed June 23, 2020, https://www.nytimes.com/1981/05/23/world/israeli-drones-keep-an-electronic-eye-on-the-arabs.html;1962 年当時の Q-2C ファイアビーの価格は 10 万ドルで、数百機製造された。Military Procurement Authorizations; United States Senate, Washington, 1961, p. 456 参照。

5 Israel Air Force Squadrons, IAF, accessed June 23, 2020, https://www.iaf.org.il/4968-33518-en/IAF.aspx.

6 Carl A. Schuster, "Lightning Bug War Over *Vietnam*," History.Net, accessed March 20, 2020, 初出は Vietnam 誌 2013 年2月号。https://www.historynet.com/lightning-bug-war-north-vietnam.htm.

7 Rudolph Herzog, "Rise of the Drones," *Lapham's Quarterly,* Accessed June 11, 2020, https://www.laphamsquarterly.org/spies/rise-drones.

8 Israel Drori, Shmuel Ellis, Zur Shapira, *The Evolution of a New Industry,* Stanford, Stanford Business Books, 2013. 56.

9 "Israeli drones keep an electronic eye on the Arabs," *New York Times*, May 23, 1981, accessed June 23, 2020, https://www.nytimes.com/1981/05/23/world/israeli-drones-keep-an-electronic-eye-on-the-arabs.html; スカウトの外見は、セスナ社製 O-2 スカイマスターなど、ヴェトナム戦争でアメリカ軍が敵を発見するために使用した既存の軍用機のミニチュア版のようだった。

10 Yaakov Lappin, "1970s platform offers reminder of Israeli drones," *The Jerusalem Post*, Sept 7, 2015, Accessed June 23, 2020, https://www.jpost.com/Business-and-Innovation/1970s-platform-offers-reminder-on-origins-of-Israeli-drone-revolution-at-exhibition-415529.

11 Carl Conetta, Charle Knight and Lutz Unterseher, "Toward Defensive Restructuring in the Middle East, research monograph," Feb. 1991, Accessed June 23, 2020, http://comw.org/pda/9703restruct.html.

12 Emily Goldman, The Diffusion of Military Technology, p. 187, accessed June 23, 2020.

13 Robert Frank Futrell, Ideas, Concepts, Doctrine, Basic thinking in the US air force 1964-84, vol. II, Alabama, 1989, p. 556. "Air Power in the 1991 war" chapter online, accessed June 23, 2020, http://hdl.handle.net/ 10603/14933.

14 *The Sword of David*, p. 125 も参照。

15 Yair Dubester, The Combat in the Bakaa Valley, "Transforming joint air power," accessed June 23, 2020, http://www.japcc.org/wp-content/uploads/japcc_journal_Edition_3.pdf.

16 Don McCarthy, *The Sword of David*, p. 125.

17 PBS Frontline, "Drones," Weapons of the Gulf War, accessed May 23, 2020, https://www.pbs.org/wgbh/pages/frontline/gulf/weapons/drones.html.

18 Yair Dubester, "30 Years of Israeli UAV Experience," JAPCC, 2006. http://www.japcc.org/wp-content/uploads/japcc_journal_Edition_3.pdf.

【著者】セス・J・フランツマン（Seth J. Frantzman）

アメリカ、メイン州生まれ。ジャーナリスト、研究者。アリゾナ大学卒業。2010年にエルサレムのヘブライ大学で博士号を取得。ヘブライ大学およびバー＝イラン大学客員講師、アル＝クッズ大学助教授等を歴任。著書に『After ISIS: America, Iran and the Struggle for the Middle East』がある。中東報告分析センター（MECRA）のディレクターとして、イラク、トルコ、ヨルダン、エジプト、イスラエルにおける紛争に関する報告・分析を行った。

【訳者】安藤貴子（あんどう・たかこ）

英語翻訳者。主な訳書にジョー・バイデン『約束してくれないか、父さん』（共訳）、カマラ・ハリス『私たちの真実』（共訳）、オザン・ヴァロル『ロケット科学者の思考法』などがある。

【訳者】杉田真（すぎた・まこと）

英語翻訳者。主な訳書にポール・スタメッツ『ヴィジュアル版　素晴らしき、きのこの世界』（共訳）、デール・S・ライト『エッセンシャル仏教』（共訳）、ブランド＆オスターワルダー『ビジネスアイデア・テスト』などがある。

Drone Wars
Pioneers, Killing Machines, Artificial Intelligence, and the Battle for the Future
by Seth J. Frantzman

「無人戦(むじんせん)」の世紀(せいき)

軍用(ぐんよう)ドローンの黎明期(れいめいき)から現在(げんざい)、AIと未来戦略(みらいせんりゃく)まで

●

2022年3月25日　第1刷

著者…………セス・J・フランツマン

訳者…………安藤貴子(あんどうたかこ)／杉田 真(すぎたまこと)

装幀…………一瀬錠二（Art of NOISE）

発行者…………成瀬雅人
発行所…………株式会社原書房

〒160-0022 東京都新宿区新宿 1-25-13
電話・代表 03（3354）0685
http://www.harashobo.co.jp
振替・00150-6-151594

印刷…………新灯印刷株式会社
製本…………東京美術紙工協業組合

ISBN978-4-562-07160-9, Printed in Japan